中等职业教育国家规划教材
全国中等职业教育教材审定委员会审定
中等职业教育农业农村部"十三五"规划教材

兽医基础 第四版

李玉冰 施兆红 主编

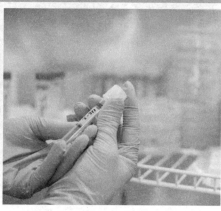
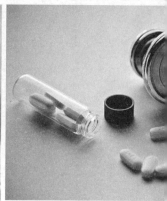

中国农业出版社
北京

内容简介

本教材包括临床诊断技术、实验室检验分析技术、病理剖检诊断技术、临床给药疗法与用药技术、仪器诊断分析技术、兽医临床基本诊疗方法和外科手术疗法七部分内容。本教材贴近我国飞速发展的兽医临床诊疗行业和最新的诊疗技术，将教、学、训融于一体，注重实践操作，强调"怎么做"。该教材全面涵盖了动物疫病防治员国家职业标准对兽医诊疗技术的工作要求，亦是国家"动物疫病防治员"岗位资格培训、考核与鉴定的参考教材。

中等职业教育国家规划教材出版说明

为了贯彻《中共中央国务院关于深化教育改革全面推进素质教育的决定》精神，落实《面向21世纪教育振兴行动计划》中提出的职业教育课程改革和教材建设规划，根据教育部关于《中等职业教育国家规划教材申报、立项及管理意见》（教职成［2001］1号）的精神，我们组织力量对实现中等职业教育培养目标和保证基本教学规格起保障作用的德育课程、文化基础课程、专业技术基础课程和80个重点建设专业主干课程的教材进行了规划和编写，从2001年秋季开学起，国家规划教材将陆续提供给各类中等职业学校选用。

国家规划教材是根据教育部最新颁布的德育课程、文化基础课程、专业技术基础课程和80个重点建设专业主干课程的教学大纲（课程教学基本要求）编写，并经全国中等职业教育教材审定委员会审定。新教材全面贯彻素质教育思想，从社会发展对高素质劳动者和中初级专门人才需要的实际出发，注重对学生的创新精神和实践能力的培养。新教材在理论体系、组织结构和阐述方法等方面均作了一些新的尝试。新教材实行一纲多本，努力为教材选用提供比较和选择，满足不同学制、不同专业和不同办学条件的教学需要。

希望各地、各部门积极推广和选用国家规划教材，并在使用过程中，注意总结经验，及时提出修改意见和建议，使之不断完善和提高。

教育部职业教育与成人教育司
2001年10月

第四版编审人员

主　编　李玉冰　施兆红

副主编　曹授俊

编　者（以姓氏笔画为序）
　　　　　于志海　李玉冰　邱　军　张玉仙
　　　　　施兆红　曹授俊　樱　桃

审　稿(行业指导)　赵景义

企业指导　张　磊

第一版编审人员

主　　编　李玉冰（北京农业职业学院）

编　　者　（以姓名笔画为序）

　　　　　　王树民（黑龙江省北安畜牧兽医综合站）

　　　　　　刘昌华（武汉市农业学校）

　　　　　　李玉冰（北京农业职业学院）

　　　　　　李国江（吉林省北华大学农业技术学院）

　　　　　　郭小琴（青海省湟源畜牧学校）

审　　定　李家瑞（湖北省黄冈职业技术学院）

责任主审　汤生玲

审　　稿　马吉飞　李佩国

第二版编审人员

主　编　李玉冰

副主编　李惠明

编　者（以姓名笔画为序）

　　　　王振玲（北京农业职业学院）

　　　　刘顺荣（贵州省畜牧兽医学校）

　　　　李玉冰（北京农业职业学院）

　　　　李惠明（贵州省畜牧兽医学校）

　　　　宋振清（辽宁省朝阳工程技术学校）

　　　　胡在钜（广西水产畜牧学校）

　　　　段玉娟（河北省邢台市农业学校）

　　　　董建平（四川省水产学校）

审　稿　刘　健（山西省畜牧兽医学校）

　　　　王治仓（甘肃畜牧工程职业技术学院）

第三版编审人员

主　编　李玉冰

副主编　李惠明

参　编　（以姓名笔画为序）

　　　　　宋振清　张守栋　段玉娟　龚筱丽　董建平

审　稿　徐建义

第四版前言

中等职业教育国家规划教材

兽医基础是中等职业学校畜牧兽医类专业的一门专业技术课程。《兽医基础》第四版按照毕业生应职岗位的职业素养需求和国家针对动物疫病防治员职业标准要求设计，通过课程岗位化教学模式，以岗位任务为驱动，以工学结合为导向，实现教、学、训一体化。本教材面向我国现代兽医职业技术教育和兽医临床实际需要，突出实用性和实践性，尽力反映国内外有关最新诊疗技术，以诊疗技能为主线，力求体现职教特色。诊疗动物以牛、猪、禽、犬为主体。技能技术路线以系统化、科学化、可操作为原则。教材配套了大量数字教学资源，通过扫描正文中二维码可观看视频和彩图，访问"智农书苑"网站或使用"智农书苑"App可随时学习《兽医基础》第四版数字教材。

教材修订的出发点是突出职业技术教育特点，力求做中教、做中学、做中会，以达到能胜任应职岗位所需要的技术与素质。为体现职业技术教育特色，使学生具有一技之长，本教材以动物疾病诊断技术和治疗技术的实践学习为主线。实践教学的主要目的在于使学生早日接触临床实践，通过实践锻炼培养其临床诊疗的基本技术与技能，并取得对于常见病的初步感性知识，为以后基本技能的熟练和专业课程的学习打下必要的基础。因此，学习中应以临床诊疗工作为主要内容，力求使学生掌握临床主要诊疗技术的操作要领及注意事项，参加实验室检验、药房及防疫检疫工作。实践教学宜在实习基地进行，结合临床实际进行学习，教师作为管理者、引导者，通过示教的方式进行教学，或在组织讨论的基础上进行总结，提高教学效果。

本教材编写分工如下：李玉冰（北京农业职业学院）负责编写提纲设计、全书统稿和定稿，编写外科手术疗法模块；施兆红（山东畜牧兽医职业学院）编写病理剖检诊断技术模块；曹授俊（北京农业职业学院）编写外科手术疗法模块；邱军（内蒙古民族大学）编写临床给药疗法与用药技术和兽医临床基本诊疗方法模块；樱桃（赤峰农牧学校）编写实验室检验分析技术；于志海（山东畜牧兽医职业学院）编写兽医临床诊断技术模块；张玉仙（北京农业职业学院）编写仪器诊断分析技术模块。

北京市动物疫病预防控制中心赵景义教授对本教材进行了审定，全心全意连锁动物医院张磊医师对本教材提出了宝贵建议，在此表示衷心感谢！

由于编者水平所限，教材中难免存在不妥之处，恳请读者和同行批评指正！

编 者

2019 年 2 月

第一版前言

中等职业教育国家规划教材

本教材是依据国家教育部 2000 年 12 月颁布的全国中等职业学校畜牧兽医专业《兽医基础》教学大纲编写的。《兽医基础》是新世纪教育部国家首批规划教材之一，是中等职业学校畜牧兽医专业的一门专业技术基础课程。它的任务是使学生具备基层动物疾病防治人员、防疫检疫人员和饲养管理人员所必需的动物疾病诊断与治疗基本知识和基本技能。为学生学习专业知识和职业技能、全面提高素质、增强适应职业变化的能力和继续学习的能力奠定基础。

本教材编写的宗旨是突出职业技术教育特点，力求做中教、做中学、做中会，以达到能胜任应职岗位所需要的技术与素质。

本教材力求体现中等职业学校学生培养目标的基本要求，在突出应用性、加强实践性、强调针对性和注重灵活性的前提下，遵循教学规律，以基本知识、基本理论和基本技能为轴线，着重阐述当前临床实践中所需的理论知识和实践操作技术，努力做到内容准确、文字精练、图文并茂。

本教材包括动物疾病诊断技术和治疗技术两部分。在内容组织上，为扩展学生学习的知识面和密切结合临床实际，编写了部分选修内容。一般临床检查、系统临床检查、特殊临床检查和特殊疗法由青海省湟源畜牧学校郭小琴编写；病理剖检诊断技术和病理变化识别由北京农业职业学院李玉冰编写；实验室检验由武汉市农业学校刘昌华编写；药物疗法由黑龙江省北安畜牧兽医综合站王树民编写；手术疗法由吉林省北华大学农业技术学院李国江编写。全书由湖北省黄冈职业技术学院副教授李家瑞审定。本教材得到了山东省畜牧兽医学校高级讲师徐建义、高级讲师王典进的鼎力支持和精心指导，在此一并表示衷心感谢。

为体现职业技术教育特色，使学生具有一技之长，本教材以动物疾病诊断技术和治疗技术的实践学习为主线。实践教学的主要目的在于使学生早日接触临床实践，通过实践锻炼培养其临床诊疗的基本技术与技能，并取得对于常见病的初步感性知识，为以后基本技能的熟练和专业课程的学习打下必要的基础，为此，学习中应以临床诊疗工作为主要内容，力求使学生掌握临床主要诊疗技术的操作要领及注意事项，参加实验室检验、药房及防疫检疫工作。实践教学宜在实习基地进行，结合临床实际进行学习，教师作为管理者、引导者，边教边学，或在组织讨论的基础上进行总结，提高教学效果。

由于时间仓促，加之水平有限，教材中错误之处在所难免，恳请同仁不吝赐教。

编　者

2001年10月

第二版前言

中等职业教育国家规划教材

《兽医基础》自2001年出版以来，已经在全国各中等职业学校使用达7年之久，教学应用效果较好，并得到广泛肯定。为了适应畜牧兽医诊疗新技术的快速发展和各职业学校教学改革的需要，中国农业出版社组织有关专家学者对《兽医基础》教材进行了研讨，广泛地征求了各中等职业学校对第一版教材的意见，确定了第二版教材的修订大纲，并组织全国在畜牧兽医类专业教学一线的教师对第二版教材开展了修订编写工作。

《兽医基础》定位是以专业基础课程（化学、解剖、生理、生化、微生物等）为基础，为兽医临床和畜禽生产课程奠定基础，是一门对动物疾病进行诊断和治疗的专业课程。

教材的修订注意保留了原版的技术风格和主要内容，针对中职特点，紧扣培养目标，更加强调了实用性、可操作性及实践性，增加了如血液常规检验等内容，尽可能地体现近年来兽医诊疗的新技术。

本教材的编写分工为：第一章由宋振清、王振玲编写，第二章由李惠明、刘顺荣编写，第三章由董建平编写，第四章由段玉娟编写，第五章由李玉冰、胡在钜编写，第六章由刘顺荣编写。全书由李玉冰统稿。本教材得到刘健和王治仓的精心审定，在此表示感谢。

由于水平有限，教材中错误之处在所难免，恳请广大同仁批评指正。

编 者

2008年11月

第三版前言

中等职业教育国家规划教材

兽医基础是兽医技术基础平台课程，是以化学、动物解剖、动物生理、动物生物化学、兽医微生物与免疫等学科为基础，为兽医临床课程（动物内科、动物外科与产科、动物传染病、动物寄生虫病等）和畜禽生产课程（养猪与猪病防治、养禽与禽病防治、牛羊生产与疾病防治、动物防疫与检疫等）奠定动物疾病诊断、治疗基本方法、基本技能、基本技术基础的一门专业课程。

《兽医基础》第三版教材面向门诊临床诊断技术岗位、实验室检验分析技术岗位、病理剖检诊断岗位、治疗处置室动物给药用药岗位、手术室岗位及养殖场兽医室等兽医岗位。以岗位任务为驱动，以岗位诊疗能力培养为核心，以培养技能型人才为指导，以岗位任务要求与能力要求为载体，是课程与临床诊疗岗位一体化、边教边学边训工学结合课程，是国家"动物疫病防治员"岗位资格培训考核鉴定的重要课程。

《兽医基础》是系统研究动物疾病诊断和治疗方法的实际应用科学，面向我国现代兽医职业技术教育和兽医临床实际需要，突出实用性和实践性。力求反映职业教育特色，诊疗动物以牛、猪、禽、犬为主体，理论到位并有所提升，体现了新成果、新技术。技能技术路线清晰、系统化、科学化、可操作。

编写人员及分工：北京农业职业学院李玉冰任主编，负责全书统稿定稿；贵州省畜牧兽医学校李惠明任副主编，编写模块6外科手术疗法；辽宁省朝阳工程技术学校宋振清编写模块1临床诊断技术；广东省高州农业学校张守栋编写模块2实验室检验技术；广西柳州畜牧兽医学校龚筱丽编写模块3病理剖检诊断技术；邢台现代职业学校段玉娟编写模块4给药疗法与兽医临床用药；四川省水产学校董建平编写模块5兽医临床基本疗法。山东畜牧兽医职业学院徐建义负责审稿，并提供了宝贵意见。

这部教材涉及学科较多，且作者水平有限，如有错误之处，恳请同行和读者不吝赐教。

编　者

2013年5月

CONTENTS 目 录

中等职业教育国家规划教材出版说明
第四版前言
第一版前言
第二版前言
第三版前言

模块 1 临床诊断技术 ... 1

技能 1.1 动物的接近 ... 1
- 1.1.1 接近动物的方法 ... 1
- 1.1.2 接近动物的注意事项 ... 1

技能 1.2 动物的保定 ... 2
- 1.2.1 保定中常用的绳结法 ... 2
- 1.2.2 动物的保定方法 ... 3

技能 1.3 临床检查基本方法 ... 8
- 1.3.1 问诊 ... 8
- 1.3.2 视诊 ... 9
- 1.3.3 触诊 ... 9
- 1.3.4 叩诊 ... 10
- 1.3.5 听诊 ... 11
- 1.3.6 嗅诊 ... 12

技能 1.4 一般临床检查 ... 12
- 1.4.1 整体状态观察 ... 12
- 1.4.2 被毛及皮肤的检查 ... 13
- 1.4.3 眼结膜检查 ... 14
- 1.4.4 浅表淋巴结检查 ... 16
- 1.4.5 体温、脉搏及呼吸数测定 ... 16

技能 1.5 系统临床检查 ... 18
- 1.5.1 心血管系统检查 ... 18
- 1.5.2 呼吸系统检查 ... 20
- 1.5.3 消化系统检查 ... 25
- 1.5.4 泌尿系统检查 ... 32
- 1.5.5 神经系统检查 ... 34

技能 1.6 临床检查程序与建立诊断 ... 37

  1.6.1 临床检查程序 ………………………………………………………………… 37
  1.6.2 病历记录及其填写方法 ……………………………………………………… 37
  1.6.3 建立诊断 ……………………………………………………………………… 38

模块 2　实验室检验分析技术 …………………………………………………………… 41

技能 2.1　血液标本采集 …………………………………………………………… 41
  2.1.1 血液标本类型 ………………………………………………………………… 41
  2.1.2 禽类血液标本采集 …………………………………………………………… 41
  2.1.3 猪血液标本采集 ……………………………………………………………… 42
  2.1.4 牛、羊血液标本采集 ………………………………………………………… 42
  2.1.5 犬、猫血液标本采集 ………………………………………………………… 42

技能 2.2　血液样本处理 …………………………………………………………… 43
  2.2.1 血样的处理 …………………………………………………………………… 43
  2.2.2 血液的抗凝处理 ……………………………………………………………… 43

技能 2.3　血液涂片制备与染色 …………………………………………………… 44
  2.3.1 血液涂片制备 ………………………………………………………………… 44
  2.3.2 血液涂片的染色 ……………………………………………………………… 45

技能 2.4　血液分析仪血常规检测 ………………………………………………… 47
  2.4.1 血液分析仪检测项目 ………………………………………………………… 47
  2.4.2 血液分析仪电阻抗法检测 …………………………………………………… 47
  2.4.3 全自动血液分析仪检测操作 ………………………………………………… 48
  2.4.4 血常规检验的临床意义 ……………………………………………………… 48

技能 2.5　生化分析仪的血液生化指标检测 ……………………………………… 50
  2.5.1 生化分析仪的结构 …………………………………………………………… 50
  2.5.2 生化分析仪的血液生化指标检测操作 ……………………………………… 51
  2.5.3 动物生化分析仪检测项目与建立诊断 ……………………………………… 52

技能 2.6　尿液检验 ………………………………………………………………… 53
  2.6.1 尿液样品的采集和保存 ……………………………………………………… 53
  2.6.2 尿液的物理学检查 …………………………………………………………… 54
  2.6.3 尿液的化学检查 ……………………………………………………………… 55
  2.6.4 尿沉渣显微镜检查 …………………………………………………………… 56

技能 2.7　粪检验 …………………………………………………………………… 58
  2.7.1 粪物理学检查 ………………………………………………………………… 58
  2.7.2 粪化学检查 …………………………………………………………………… 59
  2.7.3 粪显微镜检查 ………………………………………………………………… 60
  2.7.4 粪中寄生虫虫卵检查 ………………………………………………………… 61

技能 2.8　皮肤刮取物检验 ………………………………………………………… 63
  2.8.1 螨虫检验 ……………………………………………………………………… 63
  2.8.2 致病性真菌检验 ……………………………………………………………… 64

模块 3 病理剖检诊断技术 ... 66

技能 3.1 识别动物尸体变化 ... 66
- 3.1.1 尸冷 ... 66
- 3.1.2 尸僵 ... 66
- 3.1.3 尸斑 ... 66
- 3.1.4 血液凝固 ... 67
- 3.1.5 尸体自溶和尸体腐败 ... 67

技能 3.2 病理剖检诊断术式 ... 67
- 3.2.1 剖检病禽术式 ... 67
- 3.2.2 剖检病猪术式 ... 71
- 3.2.3 剖检病犬、病猫术式 ... 75
- 3.2.4 剖检病牛、病羊术式 ... 76

技能 3.3 病理组织材料采集与送检 ... 77
- 3.3.1 病理材料采集 ... 77
- 3.3.2 病理材料的保存与送检 ... 79

技能 3.4 病理变化识别 ... 79
- 3.4.1 充血 ... 79
- 3.4.2 出血 ... 79
- 3.4.3 贫血 ... 80
- 3.4.4 梗死 ... 81
- 3.4.5 水肿 ... 81
- 3.4.6 萎缩 ... 82
- 3.4.7 变性 ... 82
- 3.4.8 坏死 ... 83
- 3.4.9 炎症 ... 85
- 3.4.10 肿瘤 ... 88

模块 4 临床给药疗法与用药技术 ... 90

技能 4.1 注射给药法 ... 90
- 4.1.1 注射给药法原则 ... 90
- 4.1.2 注射给药法器材 ... 91
- 4.1.3 药液抽吸 ... 91
- 4.1.4 注射方法 ... 92

技能 4.2 灌药法 ... 98
- 4.2.1 胃管灌药法 ... 98
- 4.2.2 器具灌药法 ... 99

技能 4.3 群体动物给药法 ... 99
- 4.3.1 混饲给药法 ... 99

4.3.2　饮水给药法 ………………………………………………………………………… 100
　　4.3.3　药物熏蒸法 ………………………………………………………………………… 101
　　4.3.4　喷雾给药法 ………………………………………………………………………… 101
技能 4.4　兽医药物的应用 …………………………………………………………………… 102
　　4.4.1　药物的作用 ………………………………………………………………………… 102
　　4.4.2　药物的管理与贮存 ………………………………………………………………… 103
　　4.4.3　用药原则 …………………………………………………………………………… 104
　　4.4.4　药物的临床应用 …………………………………………………………………… 106
　　4.4.5　处方 ………………………………………………………………………………… 120

模块 5　仪器诊断分析技术 …………………………………………………………… 122

技能 5.1　X 线检查 …………………………………………………………………………… 122
　　5.1.1　X 线机的基本构造识别与安全防护 ……………………………………………… 122
　　5.1.2　X 线透视检查 ……………………………………………………………………… 123
　　5.1.3　X 线摄影检查 ……………………………………………………………………… 124
　　5.1.4　造影检查 …………………………………………………………………………… 126
　　5.1.5　动物骨骼与关节常见疾病 X 线检查 ……………………………………………… 127
　　5.1.6　胸肺疾病的 X 线诊断 ……………………………………………………………… 130
技能 5.2　B 型超声检查 ……………………………………………………………………… 132
　　5.2.1　B 型超声诊断仪的基本构造识别 ………………………………………………… 132
　　5.2.2　动物组织器官的声学特征与声像图术语 ………………………………………… 133
　　5.2.3　B 型超声检查探测方法 …………………………………………………………… 134
　　5.2.4　B 型超声检查的操作步骤 ………………………………………………………… 134
　　5.2.5　生殖器官的探查 …………………………………………………………………… 134
　　5.2.6　腹部脏器的探查 …………………………………………………………………… 136
技能 5.3　心电图检查 ………………………………………………………………………… 138
　　5.3.1　心电图检查操作方法 ……………………………………………………………… 138
　　5.3.2　心电图的组成与测量方法 ………………………………………………………… 139
　　5.3.3　心电图的分析与报告 ……………………………………………………………… 141
技能 5.4　内窥镜检查 ………………………………………………………………………… 143
　　5.4.1　内窥镜结构识别 …………………………………………………………………… 143
　　5.4.2　内窥镜检查的操作 ………………………………………………………………… 144
　　5.4.3　犬、猫内窥镜临床检查 …………………………………………………………… 144

模块 6　兽医临床基本诊疗方法 ……………………………………………………… 147

技能 6.1　穿刺术 ……………………………………………………………………………… 147
　　6.1.1　腹膜腔穿刺术 ……………………………………………………………………… 147
　　6.1.2　胸膜腔穿刺术 ……………………………………………………………………… 148
　　6.1.3　瘤胃穿刺术 ………………………………………………………………………… 148
　　6.1.4　膀胱穿刺术 ………………………………………………………………………… 149

6.1.5 皮下血肿、脓肿、淋巴外渗肿穿刺术 150

技能 6.2 冲洗术 150
 6.2.1 洗眼术与点眼术 150
 6.2.2 导胃与洗胃术 150
 6.2.3 阴道及子宫冲洗术 151

技能 6.3 补液疗法 151
 6.3.1 补液方法 151
 6.3.2 动物脱水补液量计算 152
 6.3.3 注意事项 153

技能 6.4 普鲁卡因封闭术 154
 6.4.1 病灶周围封闭法 154
 6.4.2 环状分层封闭法 154
 6.4.3 静脉内封闭法 154
 6.4.4 注意事项 154

技能 6.5 输氧法 154
 6.5.1 输氧方法 154
 6.5.2 注意事项 155

技能 6.6 自家血液疗法 155
 6.6.1 自家血液疗法 155
 6.6.2 注意事项 155

技能 6.7 灌肠术 156
 6.7.1 浅部灌肠法 156
 6.7.2 深部灌肠法 156
 6.7.3 注意事项 157

技能 6.8 雾化吸入术 157
 6.8.1 氧气雾化吸入法 157
 6.8.2 超声波雾化吸入法 157

技能 6.9 犬导尿术 158
 6.9.1 保定 158
 6.9.2 所需工具 158
 6.9.3 术前准备 158
 6.9.4 公犬导尿 158
 6.9.5 母犬导尿 159

模块 7 外科手术疗法 160

技能 7.1 手术前准备 160
 7.1.1 手术方案制订与手术组织分工 160
 7.1.2 手术人员与施术动物准备 161
 7.1.3 手术器械准备及消毒 162

技能 7.2　手术器械识别与使用 163
7.2.1　手术刀 163
7.2.2　手术剪 164
7.2.3　手术镊 165
7.2.4　止血钳 165
7.2.5　持针钳 166
7.2.6　其他常用钳类器械 166
7.2.7　牵引钩类 167
7.2.8　缝针与缝线 168

技能 7.3　麻醉技术 169
7.3.1　局部麻醉 169
7.3.2　全身麻醉 171

技能 7.4　组织切开技术 171
7.4.1　皮肤切开法 171
7.4.2　腹膜切开法 172
7.4.3　注意事项 172

技能 7.5　止血技术 173
7.5.1　全身预防性止血法 173
7.5.2　局部预防止血法 173
7.5.3　手术过程中止血法 174

技能 7.6　缝合技术 175
7.6.1　缝合打结 175
7.6.2　软组织缝合 176
7.6.3　剪线与拆线 180

技能 7.7　包扎 181
7.7.1　认识包扎材料及其应用 181
7.7.2　包扎法 182
7.7.3　复绷带 183
7.7.4　石膏绷带装置与拆除方法 183

技能 7.8　临床常用外科手术 185
7.8.1　气管切开术 185
7.8.2　开腹术 186
7.8.3　肠管手术 187
7.8.4　犬胃切开术 191
7.8.5　阉割术 193
7.8.6　剖宫产术 195

参考文献 198

模块 1 临床诊断技术

岗 位		门诊室、兽医室
岗位任务		动物疾病临床诊断
岗位目标	应 知	动物的接近与保定、临床检查基本方法、一般临床检查、系统临床检查、临床检查程序与建立诊断的临床意义及注意事项
	应 会	接近动物与保定动物的方法；问诊、视诊、触诊、叩诊、听诊、嗅诊、整体状态、被毛皮肤、眼结膜、浅表淋巴结、TPR 的检查及鉴别正常状况与病理变化；熟记常见各类动物正常体温、呼吸、脉搏的生理常数；各系统临床检查及鉴别正常状况与病理变化；临床检查程序与建立诊断
	职业素养	养成注重安全防范意识；养成不怕苦和脏、敢于操作的作风；养成认真仔细、实事求是的态度；养成善于思考、科学分析的习惯

技能 1.1 动物的接近

1.1.1 接近动物的方法

1.1.1.1 牛的接近 体况异常时或周围环境改变时，牛较敏感，常以头部、肩部攻击，或以后肢蹄外弹抵抗。检查者接近牛时应站在牛头前方，用温和的声音打招呼，然后用手触摸牛的皮肤并从前向后进行检查。检查时，检查者将一手放于牛的肩部或髋结节部，站成丁字步，牛剧烈骚动或抵抗时，即可作为支点迅速推开牛离开。

1.1.1.2 犬、猫的接近 犬、猫有攻击人的习性。犬主要用锋利的牙齿咬人，猫除了咬人外，还可用利爪抓人，这是临床接触犬、猫时必须随时注意的安全问题。犬、猫对其主人有较强的依赖性，接近时，主人最好在场。首先要询问犬、猫的主人，其犬、猫是否咬人，平时是否愿意让别人抚摸等；然后向其发出接近信号（如呼唤犬、猫的名字或发出温和的呼声，以引起犬、猫注意），从其前方徐徐绕至前侧方犬、猫的视线范围内，检查者用手轻轻抚摸犬、猫额头部、颈部、胸腰两侧及背部，并密切观察，待其安静后方可进行保定和诊疗活动。

1.1.1.3 羊和猪的接近 检查者从羊和猪前方接近时可抓住羊角或猪耳，从后方接近时抓住尾部；对于卧地的羊或猪可在其腹部轻轻抓痒，使其安静后再进行检查。

1.1.2 接近动物的注意事项

1.1.2.1 接近动物前应事先向动物主人或有关人员了解被接近动物有无恶癖（如牛低头凝视、羊低头后退；猪斜视、翘鼻、发出吼声；犬、猫龇牙咧嘴、鸣叫等），以做好准备。

1.1.2.2 接近动物时，检查者应首先用温和的声音向动物打招呼，然后再接近。

1.1.2.3 接近后，可用手轻轻抚摸患病动物的颈侧或臀部，待其安静后，再行检查。对猪可在其腹下部用手轻轻搔痒，使其静立或卧下，然后进行检查。

1.1.2.4 检查大动物时，应将一手放于患病动物的肩部或髋结节部，患病动物剧烈骚动或抵抗时，即可作为支点迅速向对侧推动离开。

1.1.2.5 接近被检动物前应了解患病动物发病前后的临床表现，估计其病情，以防止恶性传染病的接触传染。

技能 1.2 动物的保定

1.2.1 保定中常用的绳结法

1.2.1.1 单活结 一手持绳并将绳在另一手上绕一周，然后用被绳缠绕的手握住绳的另一端并将其经绳环处拉出即可（图 1-1）。

1.2.1.2 双活结 两手握绳右转至两手相对，此时绳子形成两个圈，再使两圈并拢，左手圈通过右手圈，右手圈通过左手圈，然后两手分别向相反的方向拉绳，即可形成两个套圈（图 1-2）。

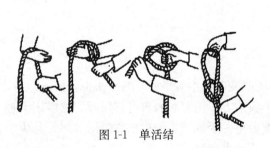

图 1-1 单活结

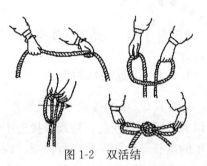

图 1-2 双活结

1.2.1.3 拴马结 左手握持缰绳游离端，右手握持缰绳，在左手上绕成一个小圈套；将左手小圈套从大圈套内向上向后拉出，同时换右手拉缰绳的游离端，把游离端做成小套穿入左手所拉的小圈内，然后抽出左手，拉紧缰绳的近端即成（图 1-3）。

1.2.1.4 猪蹄结 将绳端绕于柱上后，再绕一圈，两绳端压于圈的里边，一端向左，一端向右；或者两手交叉握绳，两手转动即形成两个圈的猪蹄结（图 1-4）。

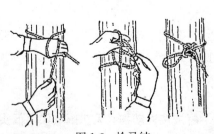

图 1-3 拴马结

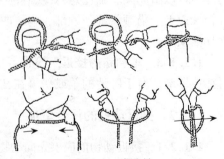

图 1-4 猪蹄结

1.2.2 动物的保定方法

1.2.2.1 牛的保定

(1) 徒手保定　保定者面向牛的头部，站在牛的一侧，一手握住内侧牛角基部，另一手提鼻绳、鼻环或用拇指与食指、中指捏住鼻中隔略向上提举即可固定（图1-5）。此法适用于一般检查、灌药、肌内注射及静脉注射。

(2) 鼻钳保定　将牛鼻钳的两侧钳嘴抵入牛的两鼻孔，夹紧鼻中隔，用手握持钳柄加以固定（图1-6）。此法适用于一般检查、灌药，以及肌内注射、静脉注射。

牛的保定技术

图1-5　牛的徒手保定

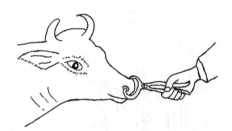
图1-6　牛的鼻钳保定

(3) 两后肢保定　取一条2m长的粗绳，折成等长两段，在跗关节上方将两后肢胫部围住，然后将绳的一端穿过折转处向一侧拉紧（图1-7）。此法适用于恶癖牛的一般检查、静脉注射，以及乳房、子宫、阴道疾病的治疗。

(4) 角根保定法　角根保定法主要是对有角动物的特殊保定方法。保定时将牛头略为抬高，紧贴柱干（或树干侧方），并使牛头向该侧偏斜，使牛角与柱干（树干）卡紧，用绳将牛角呈"8"字形缠绕在柱上。操作时用一条长绳先缠绕一侧角，绳的另一端缠绕对侧角，然后将该绳绑在柱干（树干）上，缠绕数次以固定头部（图1-8）。

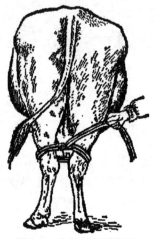
图1-7　牛的两后肢保定

图1-8　牛的角根保定

(5) 柱栏保定

二柱栏保定：将牛牵至二柱栏内，鼻绳系于头侧栏柱，然后缠绕围绳，吊挂胸、腹绳，即可固定。此法适用于临床检查、各种注射，以及颈、腹、蹄等部位疾病治疗。

四柱栏保定：将牛牵入四柱栏内，上好前后保定绳即可保定，必要时还可加上背带和腹带（图1-9）。

(6) 倒卧保定

背腰缠绕倒牛法：在绳的一端做一个较大的活绳圈，套在两角基部，将绳沿非卧侧颈部外面和躯干上部向后牵引，在肩胛后角处环胸绕一圈做成第一绳套，继而向后引至欣部，再环腹一周做成第二套。两人慢慢向后拉紧绳的游离端，另一人把持牛角，使牛头向下倾斜，牛即可蜷腿而缓慢倒卧。牛倒卧后，要固定好头部，不能放松绳端，否则牛易站起。一般情况下，不需捆绑四肢，必要时再行固定（图1-10）。

图1-9 牛的四柱栏保定

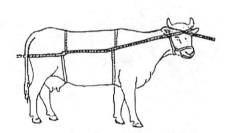

图1-10 背腰缠绕倒牛法

拉提前肢倒牛法：取一条长约10m的圆绳，折成长、短两段，于折转处做一套结并套于左前肢系部，将短绳一端经胸下至右侧并绕过背部再返回左侧，由一人拉绳；另将长绳引至左髋结节前方并经腰部返回绕一周，打结，再引向后方，由二人牵引。令牛前行一步，其抬左前肢的瞬间，三人同时用力拉紧绳索，牛即先跪下而后倒卧；之后一人迅速固定牛头，一人固定牛的后躯，另一人迅速将缠在牛腰部的绳套向后拉，并使其滑至两后肢跗部拉紧，最后将两后肢与前肢捆扎在一起（图1-11）。牛倒卧保定主要适用于去势及其他外科手术。

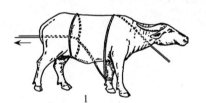  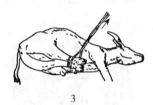

1. 倒牛绳的套结　2、3. 肢蹄捆系法

图1-11 提拉前肢倒牛法

1.2.2.2 猪的保定

(1) 站立保定法　对单个病猪进行检查时，可迅速抓提猪尾、猪耳或后肢，然后根据需要做进一步保定。亦可用绳的一端做一活套或用鼻捻棒绳套，自鼻部下滑，套入上颌犬齿并勒紧或向一侧捻紧即可固定（图1-12）。此法适用于检查体温、肌内注射、灌药及一般临床检查。

(2) 提举保定法　抓住猪的两耳，迅速提举，使猪腹面朝前，并以膝部夹住其胸部；也可抓住两后肢飞节并将其后肢提起,夹住背部而固定。抓耳提举适用于经口插入胃管或气管注射;后肢提举适用于腹腔注射及阴囊疝手术等。

图 1-12 猪绳套保定

1-13 猪提举保定

猪的保定技术

（3）网架保定法　将猪赶到或放置于用绳织成的网架上即可,网架由两根木棒和绳子组成,木棒长 100～150cm,间距 60～75cm,将绳子在两根木棒间织成网床（图 1-14）即为网架。此法主要用于一般临床检查、耳静脉注射及针刺等。

（4）保定架上的保定　将猪放在特制的活动保定架或较适宜的木槽内,使其呈仰卧姿势,然后固定四肢;也可背位保定（图 1-15）。此法用于前腔静脉注射、腹部手术及一般临床检查。

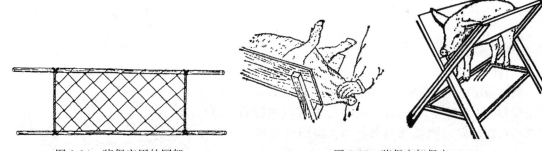

图 1-14　猪保定用的网架　　　　　图 1-15　猪保定架保定

1.2.2.3　羊的保定

（1）站立保定　保定者两手握住羊的两角或两耳,骑跨于羊身,以大腿内侧夹持羊两侧胸壁即可保定。可用于临床检查或治疗（图 1-16）。

（2）倒卧保定　保定者俯身从对侧一手抓住羊两前肢系部,或抓一前肢臂部,另一手抓住腹肋部膝襞处扳倒羊体,然后改抓两后肢系部,前后一起按住。可用于治疗或简单手术（图 1-17）。

1.2.2.4　犬、猫的保定

（1）**徒手保定法**

怀抱保定:保定者站在犬一侧,两只手臂分别放在犬胸前部和股后部将犬抱起,然后一只手将犬头颈部紧贴于自己胸部,另一只手抓住犬

犬的徒手保定法

图 1-16 羊站立保定

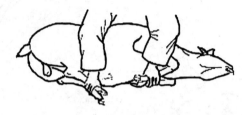

图 1-17 羊倒卧保定

两前肢,限制其活动(图 1-18)。此法适用于对小型犬和幼龄大、中型犬进行听诊等检查,并常用于皮下注射或肌内注射。

站立保定:保定者蹲在犬一侧,一只手向上托起犬下颌并捏住犬嘴,另一只手臂经犬腰背部向外抓住外侧前肢(图 1-19)。此法适用于比较温驯或经过训练的大、中型犬的临床检查,或用于皮下注射、肌内注射。

图 1-18 犬怀抱保定

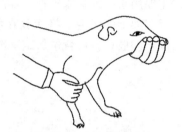

图 1-19 犬站立保定

(2)倒卧保定法

侧卧保定:主人保定犬、猫的头部,保定人员一边用温和的声音呼唤犬、猫,一边用手抓住其四肢的掌部和跖部,向一侧扳动四肢,犬、猫即可侧卧于地,然后用细绳分别捆绑两前肢和两后肢(图 1-20)。

俯卧保定:由主人或保定人员一边用温和的声音呼唤犬、猫,一边用细绳或纱布条分别系于四肢球节上方,向前后拉紧细绳使四肢伸展,犬、猫呈俯卧姿

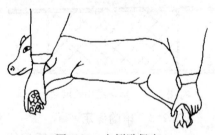

图 1-20 犬倒卧保定

势,用细绳或纱布条将头部固定于手术台或桌面上,也可用毛巾缠绕其颈部使头部相对固定。此法适用于静脉注射、耳的修整术以及局部处理。

仰卧保定:按犬、猫的俯卧保定方法,将犬、猫的身体翻转仰卧,保定于手术台上。此保定法适用于腹腔及会阴等部位的手术。

倒提保定:保定者提起犬的两后肢,使犬的两前肢着地。此法适用于犬的腹腔注射、腹股沟阴囊疝手术、直肠脱及子宫脱的整复等。

(3)扎嘴保定法 用长 1m 左右的绷带条,在绷带中间打一活结圈套(猪蹄结),将圈

套从鼻端套至犬鼻背中间（结应在下颌下方），然后拉紧圈套，使绷带条的两端在口角两侧向头背两侧延伸，在两耳后打结（图1-21）。

（4）嘴笼保定法 有皮革制嘴笼和铁丝嘴笼之分（图1-22）。嘴笼的规格，按犬的个体大小分为大中小3种，选择合适的嘴笼给犬戴上并系牢。保定人员抓住脖圈，防止犬将嘴笼抓掉。

图1-21 犬扎嘴保定

图1-22 犬嘴笼保定法

（5）颈圈保定法 商品化的宠物颈圈由坚韧且有弹性的塑料薄板制成。使用时将其围成圆环套在犬、猫颈部，然后利用上面的扣带将其固定（图1-23）。此法多用于限制犬、猫回头舔咬躯干或四肢的术部，以免再次受损，有利于创口愈合。

（6）颈钳保定法 主要用于凶猛咬人的犬。颈钳柄长1m左右，钳端为两个半圆形钳嘴，使之恰能套入犬的颈部（图1-24）。保定时，保定人员抓住钳柄，张开钳嘴将犬颈部套入后再合拢钳嘴，以限制犬头部的活动。

图1-23 猫颈圈保定

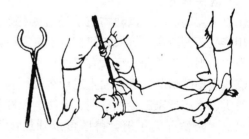

图1-24 犬颈钳保定法

1.2.2.5 保定动物注意事项

（1）应了解各种动物的习性，有无恶癖，以防意外事故发生，且应在畜主协助下完成。

（2）要有爱心，不要粗暴对待动物。

（3）保定时应根据实际情况选择适宜的保定方法，做到可靠、简便易行。

（4）保定动物要确实牢固，防止动物挣脱、逃跑。固定绳应打活结，便于解脱。

（5）保定动物时应根据动物大小选择适宜场地，地面平整，没有碎石、瓦砾等，以防动物受伤。

（6）无论是接近单个动物还是接近畜群，都应适当限制参与人数，切忌一哄而上，以防惊吓动物。

（7）应注意个人安全防护。

技能 1.3　临床检查基本方法

1.3.1　问诊

1.3.1.1　问诊内容

（1）现病史

①动物的来源及饲养期限。若是刚从外地购回的，则应考虑是否会带来传染病、地方病或由于环境因素突变导致发病。

②发病时间。包括疾病发生于饲前或喂后、使役中或休息时、舍饲或放牧中、清晨或夜间、产前或产后等，借以估计致病的可能原因。

③病后表现。向畜主或饲养人员问清楚其所见到的患病动物的饮食欲、是否呕吐及呕吐物性状、精神状态、排粪排尿状态及粪尿性状变化，有无咳嗽、气喘、流鼻液及腹痛不安、跛行表现，以及泌乳量和乳汁物理性状有无改变等。可作为确定检查的方向及重点参考依据。

④发病经过及诊治情况。症状的变化，又出现了什么新的症状或原有的什么症状消失；病后是否进行过治疗；用过什么药物及效果如何；曾诊断为何病；从发病到现在病情有何变化等，借以推断病势进展，也可作为确诊和用药的参考。

⑤畜主所能估计到的发病原因。如饲喂不当、使役过度、受凉等。

⑥畜群发病情况。同群或附近地区有无类似疾病的发生或流行，借以推断是否为传染病、寄生虫病、营养缺乏或代谢障碍病、中毒病等。

（2）既往病史

①以往发病情况。该动物之前还有哪些疾病，有没有类似疾病发生，当时诊断结果如何，用哪些药物治疗，效果如何？对于普通病，动物往往易复发或习惯性发生。如果有类似疾病发生，则对诊断和治疗大有帮助。

②疾病预防情况。之前发生过什么流行病，当时采取了哪些治疗措施；动物免疫接种的疫苗种类、生产厂家、接种日期、方法、免疫程序等，周边同种动物是否也接种了疫苗。通过对疾病预防情况的了解，兽医可以知道该动物对某种或某些流行病的免疫能力，以免误诊。

（3）饲养管理情况

①饲料日粮的种类、数量及质量，饲喂制度及方法。饲料品质不良、日粮配合不当，常常导致奶牛营养不良、发生代谢性疾病。饲料中缺乏磷元素或钙磷比例失调常常导致奶牛骨质软化症；长期饲喂劣质粗硬难以消化的草料，常会引起奶牛前胃弛缓或其他前胃疾病；饲喂发霉、变质或保管不当而混入毒物，加工或调制方法失误也有可能造成饲料中毒；放牧时，则应问及牧地与牧草的组成情况；饲料与饲养制度的突然改变，可引起牛的前胃疾病、猪的便秘与下痢等。

②畜舍卫生和环境条件。光照、湿度、通风、保暖、废物排出、设备，畜床及垫草、畜栏设置、运动场、牧地情况，以及附近三废（废气、废水及废渣）的污染和处理情况。

③动物使役情况及生产性能。动物被过度使役、运动不足等，也可能是致病因素。如短

期休息后剧烈运动可导致出现肌红蛋白尿;奶牛产后立即挤乳易发生产后瘫痪。

1.3.1.2 注意事项

(1) 对畜主的态度既要严肃又要和蔼可亲,方法要得当,要细心询问、耐心听取畜主叙述病情。

(2) 问话要通俗,不要使用畜主听不懂的医学术语。

(3) 应重视主诉,抓住重点询问,全面准确地掌握病情。

(4) 对问诊所得资料不要简单地肯定或否定,应结合临床检查结果进行综合分析,以便确诊。

1.3.2 视诊

1.3.2.1 视诊方法

(1) 个体视诊 检查者应与患病动物保持 2~3m 的距离,先观察其全貌,而后由前向后,从左到右,观察患病动物的头、颈、胸、腹、脊柱、四肢。当观察到动物正后方时,应注意其尾部、肛门及会阴部,并对照观察两侧胸、腹部及臀部的状态和对称性,再从右侧观察到前方。最后可牵遛,观察其运步状态。

(2) 畜群视诊 可深入畜群巡视,若发现精神沉郁、离群呆立或卧地不起、饮食异常、腹泻、咳嗽、喘息及被毛粗乱无光、消瘦衰弱的患病动物,则应从群中挑出进一步进行个体检查。

1.3.2.2 视诊应用范围

(1) 观察其整体状态,如体格大小、发育程度、营养状况、躯体结构、胸腹及肢体的匀称性等。

(2) 判断其精神及体态、姿势与运动、行为,如精神沉郁或兴奋,静止时的姿势改变或运动中步态的变化,是否有腹痛不安、运步强拘或强迫运动等病理性行为。

(3) 发现其表被组织的病变,包括被毛状态,皮肤、黏膜颜色,体表创伤、溃疡、肿物等病变的位置、大小、形状及特征。

(4) 某些生理活动异常,有无喘息、咳嗽;有无呕吐、腹泻;排粪、排尿姿势,及粪便、尿液数量、性状与混合物等有无异常。

(5) 检查与外界直通的体腔,如口腔、鼻腔、咽喉、阴道等。注意其黏膜颜色的改变及是否完整,并确定其分泌物或排泄物及其混合物的数量、性状。

1.3.2.3 注意事项 视诊时,最好在有自然光照的宽敞场所进行;患病动物一般不需保定,应尽量让其保持自然状态,然后进行视诊,且应在其进入诊疗室之前进行初步观察。

1.3.3 触诊

1.3.3.1 触诊方法

(1) 外部触诊法

①浅表触诊法。适用于检查躯体浅表组织器官。按检查目的和对象的不同,可采用不同的手法,如检查皮肤温度、湿度时,将手掌或手背贴于体表,不加按压而是轻轻滑动,依次感触;检查皮肤弹性或厚度时,用手指捏皱皮肤并提举检查;检查淋巴结等皮下器官的表面状况、移动性、形状、大小、软硬及压痛时,可用手指加压、滑推检查。

②深部触诊法。是从外部检查内脏器官的位置、形状、大小、活动性、内容物及压痛的方法。

双手按压触诊法：从病变部位的左右或上下两侧同时用双手加压，逐渐缩短两手间的距离，以感知小动物或幼龄动物内脏器官、腹腔肿瘤和积粪团块。如对小动物腹腔双手按压感知有香肠状样物体时，可疑为肠套叠；当小动物发生肠阻塞时，可触摸到阻塞的肠段。

插入触诊法：以并拢的2~3个手指，沿一定部位插入或切入触压，以感知内部器官的性状。适用于肝、脾、肾的外部触诊检查。

冲击触诊法：用拳或并拢垂直的手指，急促而强力地冲击被检查部位，以感知腹腔深部器官的性状与腹腔积液状态。适用于腹腔积液及瘤胃、网胃、皱胃内容物性状的判定。如腹腔积液时，呈现荡水音或击水音。

（2）内部触诊法　包括大家畜的直肠检查以及对食道、尿道等器官的探诊检查。如直肠内触诊检查，瘤胃积食时，呈现捏粉样或坚实感；瘤胃臌气时，瘤胃壁紧张而有弹性。再如探诊检查，当食道或尿道阻塞时，探管无法进入；有炎症时，动物则表现敏感不安。

1.3.3.2　触诊应用范围
一般用于检查动物体表状态，如皮肤的温度、湿度、弹性、皮下组织状态及浅表淋巴结；检查动物某一部位的感受能力及敏感性，如胸壁、网胃、肾区疼痛反应及各种感觉机能和反射机能；感知某些器官的活动情况，如心搏动、瘤胃蠕动及脉搏；检查腹腔内器官的位置、大小、形状及内容物状态。

1.3.3.3　触感

（1）捏粉样感　感觉稍柔软，如压生面团，指压留痕，除去压迫后慢慢复平。由组织中发生浆液浸润或胃肠内容物积滞所致。常于皮下水肿、瘤胃积食时出现。

（2）波动感　柔软而有弹性，指压不留痕，进行间歇压迫时有波动感。为组织间有液体潴留的表现。常于血肿、脓肿、淋巴外渗时出现。

（3）坚实感　感觉坚实致密，硬度如肝。常于组织间发生细胞浸润（如蜂窝织炎）或结缔组织增生时出现。

（4）硬固感　感觉组织坚硬如骨。常于骨瘤、结石时出现。

（5）气肿感　感觉柔软而稍有弹性，并随触压而有气体向邻近组织窜动感，同时可听到捻发音。表示组织内有气体蓄积。常于皮下气肿、气肿疽时出现。

1.3.3.4　注意事项

（1）触诊时，应注意安全，必要时应适当对患病动物进行保定。

（2）触诊检查牛的四肢和下腹部时，要一手放在畜体适当部位作支点，另一手按自上而下、从前向后的顺序逐渐接近预检部位。

（3）检查某部位敏感性时，应本着先健区后病区，先周围后中心，先轻触后重触的原则进行，并注意与对应部位或健区进行比较。

1.3.4　叩诊

1.3.4.1　叩诊方法

（1）直接叩诊法　是用手指或叩诊槌直接叩击被检部位，以判断其病理变化。

（2）间接叩诊法　是在被检部位先放一种振动能力较强的附加物（如手指或叩诊板等），然后向附加物叩击检查。又可分为指指叩诊法和槌板叩诊法。

①指指叩诊法。是将左手中指平放于被检部位,用右手中指或食指的第二指关节处呈90°屈曲,并以腕力垂直叩击平放于体表手指的第二指节处。适用于中、小动物的叩诊检查。

②槌板叩诊法。通常以左手持叩诊板,平放于被检部位,用右手持叩诊槌,以腕力垂直叩击叩诊板。适用于大家畜的叩诊检查。

1.3.4.2 叩诊应用范围　多用于胸、肺部及心脏、鼻旁窦的检查;也用于腹腔器官,如肠臌气和反刍动物瘤胃臌气时的检查。

1.3.4.3 叩诊音

(1) 清音　叩击具有较大弹性和含气组织器官时所产生的比较强大而清晰的音响,如同叩诊正常肺区中部所产生的声音。

(2) 浊音　叩击柔软致密及不含气组织器官时所产生的一种弱小而钝浊的音响,如同叩诊臀部肌肉时所产生的声音。

(3) 鼓音　是一种音调比较高朗、振动比较规则的音响。如同叩击正常牛瘤胃上1/3部时所产生的声音。

1.3.4.4 注意事项

(1) 叩诊必须在安静的环境,最好在室内进行。

(2) 间接叩诊时,手指或叩诊板必须与体表贴紧,其间不能留有空隙,被毛过长的动物,宜将其被毛分开,使叩诊板与体表皮肤紧密接触。当检查胸部时,叩诊板应与肋骨平行,以免横放在两条肋骨上而与胸壁之间产生空隙,但又不能过于用力压迫。

(3) 为了正确地判定声音及有利于听觉印象的积累,必须在每点连续叩击2~3次后再行移位。

(4) 叩诊用力应适当,一般对深在器官用强叩诊,对浅表器官用轻叩诊。

(5) 叩诊对称性器官发现异常叩诊音时,则应左、右或与健康部对照叩诊,加以判断。

1.3.5 听诊

1.3.5.1 听诊方法

(1) 直接听诊法　在听诊部位先放置听诊布,而后将耳直接贴于被检部位听诊。此法所得声音真切,但不方便。

(2) 间接听诊法　借助于听诊器进行听诊。

1.3.5.2 听诊应用范围

(1) 心脏血管系统　主要是听取心音。判定心音的频率、强度、性质、节律,以及是否有附加的心杂音。

(2) 呼吸系统　主要听取呼吸音,如喉、气管及肺泡呼吸音,附加的如胸膜摩擦音等。

(3) 消化系统　主要听取胃肠蠕动音,判定其频率、强度及性质;听取腹腔积液、瘤胃或真胃积液时的排水音。

1.3.5.3 注意事项

(1) 听诊必须在安静的环境,最好在室内进行。

(2) 检查者注意力应集中,注意观察动物的行为,如听诊呼吸音时,应同时观察其呼吸活动,以便准确判断肺的活动情况。

(3) 听诊时应注意区别动物被毛的摩擦音和肌肉的震颤音,防止听诊器胶管与手臂或衣服接触。

(4) 听诊器的接耳端要适当插入检查者外耳道；接触被检动物体端（听头）要紧密地放在体表被检部位，但不应过于用力压迫。

1.3.6 嗅诊

嗅诊是嗅闻动物呼出的气体、口腔气味，以及被检动物排泄物、分泌物及其他病理产物等有无异常气味，从而判断病变性质的一种检查方法。

来自患病动物皮肤、黏膜、呼吸道、胃肠道、呕吐物、排泄物、分泌物、脓液和血液等的气味，因患病不同，其特点和性质也不一样。例如，动物患病呼出气体及鼻液有特殊腐败臭味，提示呼吸道及肺的坏疽性病变；呕吐物出现粪便味常见于长期剧烈呕吐或肠结石；尿液及呼出气体有烂苹果味，可提示牛、羊醋酮血症；阴道分泌物的化脓、腐败臭味，可见于子宫蓄脓症或胎衣滞留；尿呈浓烈氨味常见于膀胱炎或尿毒症，是因尿液在膀胱内被细菌发酵所致等。

技能1.4 一般临床检查

1.4.1 整体状态观察

1.4.1.1 精神状态检查

(1) 兴奋状态　患病动物惊恐不安、前冲后撞、竖耳刨地，甚至攀爬饲槽。牛则暴眼怒视、哞叫甚至攻击人畜；猪有时伴有癫痫样动作。主要见于脑及脑膜炎症、日射病与热射病以及某些中毒病等。典型的狂躁行为是狂犬病的特征。

(2) 抑制状态　患病动物精神沉郁，重则嗜睡，甚至呈现昏迷状态。沉郁时可见离群呆立，萎靡不振，耳耷头低，对刺激反应迟钝。猪多表现为独居一隅或钻入垫草；鸡常见缩颈闭眼，两翅下垂。主要见于各种热性病、消耗性疾病和衰竭性疾病。

1.4.1.2 营养状况检查

(1) 营养良好的动物，肌肉丰满、皮下脂肪充盈，结构匀称、骨不显露、皮肤富有弹性，被毛有光泽。

(2) 营养不良时，动物消瘦、毛焦欣吊、皮肤松弛缺乏弹性、骨骼显露明显。常见于消化不良、长期腹泻、代谢障碍、慢性传染病、寄生虫病。急剧消瘦多由急性高热病、肠炎剧烈腹泻引起。

(3) 高度营养不良，并伴有严重贫血，称为恶病质，常是预后不良的指征。

(4) 营养中等的表现则介于营养良好、营养不良之间。

1.4.1.3 姿势与步态

(1) 强迫姿势　其特征为头颈平伸，背腰僵硬，四肢僵直，尾根举起，呈典型的木马样姿势，常见于破伤风。

(2) 异常站立　如单肢疼痛则患肢提起，不愿负重；两前肢疾病则两后肢极力前伸；两后肢疼痛则两前肢极力后移，以减轻病肢负重，多见于蹄叶炎。风湿症时，四肢常频频交替负重，站立困难。鸡两腿前后叉开，则为马立克氏病的表现（图1-25）。

图 1-25 鸡患马立克氏病时的姿势

图 1-26 鸡维生素 B_1 缺乏时曲颈背头的姿势

（3）站立不稳　躯体歪斜，依柱、靠壁站立，常见于脑病或中毒。鸡扭头曲颈，甚至躯体滚转，可见于鸡新城疫、维生素 B_1 缺乏等（图 1-26）。

（4）骚动不安　骚动不安常为腹痛病的特有症状。

（5）异常躺卧　患病动物躺卧不能站立，常见于奶牛生产瘫痪（图 1-27）、佝偻病（图 1-28）的后期、仔猪低血糖病等；后躯瘫痪见于脊髓损伤、肌麻痹等。

图 1-27 奶牛生产瘫痪时的姿势

图 1-28 猪患佝偻病时的瘫痪姿势

（6）运步异常　患病动物呈现跛行，常见于四肢病，如蹄病、牛肩胛骨移位、习惯性髌骨脱位；步态不稳多为脑病或中毒。

1.4.2 被毛及皮肤的检查

1.4.2.1 被毛检查　检查者采用视诊和触诊来观察被检动物被毛、羽的清洁、光泽及脱落情况。健康动物的被毛平顺而富有光泽，每年于春、秋两季脱换新毛。

被毛松乱、失去光泽、容易脱落，见于营养不良、某些寄生虫病、慢性传染病。局部被毛脱落，可见于湿疹、疥癣、脱毛癣等皮肤病。鸡啄羽症所致脱毛，多为代谢紊乱和营养缺乏所致。

1.4.2.2 皮肤检查

（1）颜色　对浅色猪的检查有重要意义。猪的皮肤上出现小点状出血（指压不褪色），常见于败血性传染病，如猪瘟；出现较大的红色疹块（指压褪色），常见于疹块型猪丹毒；皮肤呈青白或蓝紫色，常见于猪亚硝酸盐中毒；仔猪耳尖、鼻盘颜色发绀，常见于仔猪副伤寒。

（2）温度　检查皮温，常用手背触诊。对猪可检查耳及鼻端；牛、羊可检查鼻镜（正常时发凉）、角根（正常时基部有温感）、背腰部及四肢；禽类可检查肉髯及两足。

（3）湿度　皮肤的湿度与汗腺分泌有关。发汗增多，除因气温过高、湿度过大或运动之外，多属于病态。全身性多汗，常见于热性病、日射病与热射病，以及剧痛性疾病、内脏破裂（可见大量黏腻冷汗）；局部性多汗多为局部病变或神经机能失调。皮肤干燥见于脱水性疾病，如严重腹泻。

（4）弹性　检查皮肤的弹性时，将皮肤提起使之成皱襞状（大动物在颈侧或肩前、小动物在背部），然后放开，观察其恢复原状的快慢。健康家畜提起的皱襞，放开后很快恢复原状。皮肤弹性降低时，皱襞恢复很慢，多见于大失血、脱水、营养不良及疥癣、湿疹等慢性皮肤病。

（5）疹疱

①斑疹。是弥散性皮肤充血和出血的结果。用手指压迫，红色即退的斑疹，称之为红斑，见于猪丹毒及日光敏感性疾病；小而呈粒状的红斑，称之为蔷薇疹，见于绵羊痘；皮肤上呈现密集的出血性小点，称之为红疹，指压红色不退，见于猪瘟及其他有出血性素质的疾病。

②丘疹。呈圆形的皮肤隆起，由小米粒到豌豆大，是皮肤乳头层发生浸润所致。

③水疱。为豌豆大、内含透明浆液性液体的小疱，因内容物性质的不同，可分别呈淡黄色、淡红色或褐色。在口腔黏膜、蹄叉、乳房出现水疱，是牛、羊、猪口蹄疫的特征。患痘病时，水疱是其发病经过的一个阶段，其后转为脓疱。

④脓疱。为内含脓液的小疱，呈淡黄色或淡绿色。见于痘病、猪瘟及犬瘟热。

⑤荨麻疹。其特征为皮肤表面出现散在"鞭痕状"隆起，由豌豆大至核桃大，表面平坦，常有剧痒，呈急发急散，不留任何痕迹。见于昆虫刺蜇、突然变换高蛋白性饲料、上呼吸道感染和螨疫等。荨麻疹多由变态反应引起毛细血管扩张及损伤而发生真皮或表皮水肿所致。

（6）皮肤及皮下组织肿胀

①皮下浮肿。特征为局部无热、无痛反应，指压如生面团并留指压痕。炎性肿胀则有明显的热痛反应，一般较硬，无指压痕。

②皮下气肿。特征为边缘轮廓不清，触诊有气体窜动的感觉和捻发音。如牛、羊患气肿疽时，局部有热痛反应，切开局部可流出带泡沫状、腐败臭味液体。

③脓肿、水肿及淋巴外渗。多呈圆形突起，触诊多有波动感，见于局部创伤或感染，穿刺抽取内容物即可予以鉴别。

④其他肿物。

疝：用力触压可复性疝病变部位时，疝内容物即可还纳入腹腔，并可摸到疝孔。如腹壁疝、脐疝、阴囊疝。

体表局限性肿物：如触诊坚实感，则可能为骨质增生、肿瘤、肿大的淋巴结。

1.4.3　眼结膜检查

1.4.3.1　眼结膜检查方法

（1）牛的眼结膜检查　一手握住牛角，另一手握住鼻中隔并扭转头部或用两手分别握住两牛角并向一侧扭转，使头偏向侧方即可观察结膜（图1-29）。健康牛眼结膜颜色呈淡

图1-29　牛的眼结膜检查

粉红色。

（2）羊、猪、犬等中小动物的眼结膜检查　可用两手的拇指分别打开动物上下眼睑进行检查。猪、羊的眼结膜颜色（图1-30）比牛的稍深，并带有灰色。犬的眼结膜为淡红色，但很易因兴奋而变为红色（图1-31）。

图1-30　羊的眼结膜检查

图1-31　犬的眼结膜检查

1.4.3.2　眼及眼结膜病理变化

（1）眼睑及分泌物　眼睑肿胀并伴有畏光流泪，是眼炎或眼结膜炎的特征。轻度的结膜炎症，伴有大量的浆液性眼分泌物，可见于流行性感冒；黄色、黏稠性眼眵，是化脓性结膜炎的标志，常见于某些发热性传染病，如犬瘟热。猪眼角大量流泪，可见于流行性感冒。猪眼窝下方有流泪痕迹提示为传染性萎缩性鼻炎。仔猪眼睑水肿提示为水肿病。

（2）眼结膜颜色的病理变化

①结膜苍白。结膜苍白表示红细胞的丢失或生成减少，是各种贫血的表现。急速苍白，常见于大失血、肝脾破裂等；逐渐苍白，常见于慢性消耗性疾病，如牛、羊肠道寄生虫病、营养性贫血。

②结膜潮红。是血液循环障碍的表现，也见于眼结膜的炎症和外伤。根据潮红的性质，可分为弥漫性潮红和树枝状充血。弥漫性潮红是指整个眼结膜呈均匀潮红，见于各种急性热性传染病、胃肠炎、胃肠性腹痛病等；树枝状充血是由于小血管高度扩张、显著充盈而呈树枝状，常见于脑炎、日射病、热射病及伴有血液循环严重障碍的一些疾病。

③结膜黄染。结膜呈不同程度的黄色，是由于胆色素代谢障碍，致使血液中胆红素浓度增高，进而渗入组织所致，以巩膜及瞬膜处较易发现。常见于肝疾病、胆管阻塞（如结石、异物或寄生虫阻塞）或红细胞大量被破坏等。

④结膜发绀。即结膜呈蓝紫色，是由于血液中还原血红蛋白的绝对值增多所致。见于肺呼吸面积减少和大循环淤血的疾病，如各型肺炎、心力衰竭、中毒（如亚硝酸盐中毒或药物中毒）等。

⑤结膜有出血点或出血斑。结膜呈点状或斑块出血，是因血管壁通透性增大所致。

1.4.4 浅表淋巴结检查

1.4.4.1 常检查的浅表淋巴结　由于淋巴结体积较小并深埋于组织中，故在临床上只能检查少数浅表淋巴结。牛常检查下颌、肩前、膝上及乳房淋巴结（图1-32）；猪常检查腹沟淋巴结。

1.4.4.2 浅表淋巴结检查方法　主要通过触诊和视诊的方法进行淋巴结检查，必要时采用穿刺检查法。主要注意其位置、形态、大小、硬度、敏感性及移动性等。

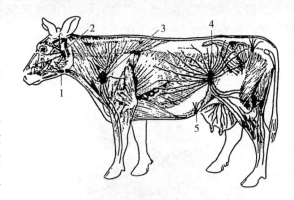

1. 颌下淋巴结　2. 腮腺淋巴结
3. 颈浅淋巴结　4. 髂下淋巴结　5. 乳房淋巴结

图1-32　常检牛浅表淋巴结

1.4.4.3 浅表淋巴结常见病理变化

（1）急性肿胀　淋巴结体积增大，有热痛反应，质地较硬，可见于炭疽、马腺疫及牛梨形虫病等。

（2）慢性肿胀　淋巴结多无热痛反应，质地坚硬，表面不平，活动性较差。常见于牛结核病及牛白血病。

（3）化脓　淋巴结肿胀隆起，皮肤紧张、增温、敏感并有波动感。

1.4.5 体温、脉搏及呼吸数测定

1.4.5.1 体温测定

（1）测定部位　家畜的体温在直肠内测量，禽类在翅膀下测量。

（2）测定方法　将体温计用力甩几次，将水银柱甩到35℃以下，然后将体温计插入肛门（图1-33）或放在翅膀下，3～5min后取出体温表，读数。

图1-33　肛门测温示意

(3) 正常体温　各种动物正常体温如表1-1所示。

表1-1　各种动物正常体温

动物种类	体温/℃	动物种类	体温/℃
黄牛、奶牛	37.5～39.5	犬	37.5～39.0
水牛	36.5～38.5	猫	38.5～39.5
牦牛	37.6～38.5	兔	38.0～39.5
绵羊	38.5～40.0	银狐	39.0～41.0
山羊	38.5～40.5	豚鼠	37.5～39.5
猪	38.0～39.5	鸡	40.5～42.0
骆驼	36.0～38.5	鸭	41.0～43.0
鹿	38.0～39.0	鹅	40.0～41.0

1.4.5.2　脉搏数的测定

（1）测定方法　应用触诊检查动脉脉搏，测定每分钟脉搏的次数，用"次/min"表示。牛通常检查尾动脉，兽医人员站在牛的正后方，左手抬起牛尾，右手拇指放于尾根背面，用食指与中指贴着尾根腹面进行检查；猪和羊可在后肢股内侧检查股动脉。

（2）正常脉搏数　各种动物正常脉搏数如表1-2所示。

表1-2　几种动物正常脉搏数

动物种类	脉搏数/（次/min）	动物种类	脉搏数/（次/min）
牛	40～80	骆驼	30～60
水牛	40～60	猫	110～130
羊	60～80	犬	70～120
猪	60～80	兔	120～140
鹿	36～78	禽（心跳）	120～200

1.4.5.3　呼吸数的测定

（1）测定方法　检查者站于动物一侧，观察胸腹部起伏动作，一起一伏即计算为一次呼吸；在寒冷冬季可观察呼出气流来测定；还可对肺进行听诊测数。鸡可观察肛门周围羽毛起伏动作计数。呼吸次数以"次/min"表示。

（2）正常呼吸数　各种动物的正常呼吸数如表1-3所示。

表1-3　各种动物正常呼吸数

动物种类	呼吸数/（次/min）	动物种类	呼吸数/（次/min）
黄牛、奶牛	10～30	骆驼	6～15
水牛	10～40	猫	10～30
羊	12～30	犬	10～30
猪	18～30	兔	50～60
鹿	15～25	禽	15～30

技能 1.5　系统临床检查

1.5.1　心血管系统检查

1.5.1.1　心脏的检查

（1）心搏动检查

①心搏动检查方法。牛等大动物视诊时，检查者位于动物左前方，将其左前肢向前拉半步露出心区观察即可。小动物（猫、犬）视诊时让其仰卧或侧卧露出心区进行观察。视诊时，仔细观察左侧肘后心区被毛及胸壁的震动情况；触诊时，检查者一手（通常是右手）放于动物的鬐甲部，用另一只手（通常是左手）的手掌，紧贴于被检动物的左侧肘后心区，感觉胸壁的震动，判定其频率和强度以及心搏动的次数。

②健康动物心搏动。健康的大动物只能看到相应心区的被毛轻微颤动，而小动物可见相应心区的胸壁有节律地跳动。触诊时，健康大动物有较强、均匀的心搏动，小动物则相对较弱。

③异常心搏动。

心搏动增强：触诊时感到心搏动强而有力，并且区域扩大，主要见于热性病初期、心脏病（如心肌炎、心内膜炎、心包炎）代偿期、贫血性疾病及伴有剧烈疼痛的疾病。

心搏动减弱：触诊时感到心搏动力量减弱，并且区域缩小，甚至难以感知，见于各种原因引起的心脏衰弱，及渗出性心包炎（如牛创伤性心包炎）、胸腔积水及垂危动物。

搏动移位：向前移位，见于胃扩张、腹水、膈疝；向右移位，见于左侧胸腔积液；向后移位，见于气胸、肺气肿。

心区压痛：触诊心区胸壁的肋间部（图1-34），可发现动物对触压反应敏感，强压时表现回顾、躲避、呻吟，见于心包炎、胸膜炎。

注：牛在左侧肩关节水平线下1/2部的第3～5肋间，在第4肋间最明显（共13对肋骨）。

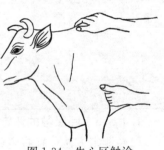

图1-34　牛心区触诊

（2）心脏叩诊

①叩诊方法。对牛等大动物进行叩诊时，先将其左前肢向前牵引，以暴露心区；对犬等小动物叩诊，则提取其左前肢，暴露心区。大动物宜用槌板叩诊法，小动物宜用手指叩诊法。

②健康动物的叩诊情况。健康动物的叩诊音为浊音，浊音可分为绝对浊音区和相对浊音区。各种动物的确定方法之间有差异。

③心脏叩诊所发现的病理变化。

浊音区扩大：见于心肥大、心扩张、心包积液、心包炎、肺萎陷。

浊音区缩小：见于肺泡气肿、气胸、瘤胃臌气。

心区鼓音：常见于反刍动物的创伤性心包炎。

心区敏感：提示心包炎或胸膜炎。

（3）心音听诊

①听诊心音的方法及位置。被检动物取站立姿势，使其左前肢向前伸出半步，以充分显

露心区。最常用的听诊方法是间接听诊。听诊时,检查者戴好听诊器,将听诊器的听头放于心区部位,使之与体壁紧密接触,判断心音的频率、节律、心音的强弱及性质,以及有无心音分裂及心杂音,依次推断心脏的功能。

在心区的任何一点都可以听到两个心音,但心音最为清楚的部位是较为固定的,几种动物的心音最佳听取点见表1-4。

表1-4 几种动物的心音最佳听取点

动物	第一心音		第二心音	
	二尖瓣口	三尖瓣口	主动脉瓣口	肺动脉瓣口
牛、羊	左侧第4肋间,较主动脉瓣口的位置远为靠下	右侧第3肋间,胸廓下1/3的中央水平线上	左侧第4肋间,肩关节水平线下方1~2指处	左侧第3肋间,胸廓下1/3的中央水平线下方
犬	左侧第4肋间,较主动脉瓣口的位置远为靠下	右侧第4肋间,肋骨与肋软骨结合部稍下方	左侧第4肋间,肩关节水平线上直下	左侧第3肋间,接近胸骨处
猪	左侧第4肋间,主动脉瓣口的远下方	右侧第3肋间,胸廓下1/3的中央水平线上	左侧第4肋间,肩关节水平线下方1~2指处	左侧第3肋间,胸廓下1/3的中央水平线下方

②正常的心音。听诊健康动物的心音时,每个心动周期内可听到"咚-嗒"两个相互交替的声音。"咚"是在心室收缩过程产生的心音,称收缩期心音或第一心音。"嗒"是在心室舒张过程中产生的声音,称舒张期心音或第二心音。

第一心音。主要由两个房室瓣(二尖瓣、三尖瓣)突然关闭的震动所形成,其次是心房收缩的震动、半月瓣开放和心脏射血冲击大动脉管壁引起的震动等形成。第一心音持续时间较长,音调较低,声音的末尾拖长。

第二心音。主要是由于心室舒张时,两个半月瓣突然关闭引起的震动所形成,其次是心室舒张时的震动、房室瓣开放和血流的震动等形成。第二心音则具有短促、清脆、末尾突然终止等特点。

③心音异常。看心音是否异常应从频率、强度、性质及节律等方面加以考虑。

1.5.1.2 脉管检查

(1)脉搏检查

①脉搏频率检查。多用触诊。各种动物的脉搏检查部位不同,牛在尾中动脉和颌下动脉(图1-35);猪、羊、犬在股动脉(图1-36)。

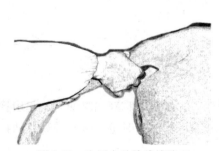

图1-35 牛尾中动脉脉搏检查

图1-36 犬股内动脉脉搏检查

②脉搏性质检查。

a. 脉搏的强弱与大小。脉搏的强弱是指脉搏搏动力量的强弱，其搏动力量强称强脉，反之称弱脉。脉搏的大小是指脉搏搏动时脉管壁振幅的大小，其振幅大称大脉，振幅小称小脉。强脉与大脉、弱脉与小脉，通常综合体现，形成强大脉与弱小脉。

b. 脉搏的虚实。脉搏的虚实是指脉管充盈度的大小。主要由每搏输出量及血液总量决定。可用检指加压、放开反复操作，依据脉管内径的大小判定。包括：

虚脉：脉管内径小，血液充盈不良，表示血容量不足，可见于大失血及严重脱水。

实脉：脉管内径大，血液充盈，为血液总量充足及心脏功能代偿性增强的表现，见于热性病初期及心脏肥大。

c. 脉搏的软硬。脉搏的软硬由脉管壁的紧张度所决定，依据脉管对检指的抵抗力的大小判定。包括：

软脉：检指轻压脉搏即消失，为脉管紧张度降低和脉管弛缓的表现，见于心力衰竭、长期发热及大失血。

硬脉：又称弦脉，对检指的抵抗力大，表示血管紧张度增高，见于破伤风、急性肾炎及疼痛性疾病过程中。硬而小的脉又称金线脉，见于重症腹膜炎、胃肠炎、肠变位。

（2）浅在静脉的检查

①颈静脉外观的检查。颈静脉沟处的肿胀、硬结，并伴有热、痛反应是颈静脉及其周围炎症的特征，多见于静脉注射时消毒不全或刺激性药液（如钙的制剂等）渗漏于脉管外。但应注意，创伤性心包炎引起的牛颈部垂皮浮肿较严重时，也可引起颈静脉沟肿胀，一般无热痛反应。局部静脉肿胀见于静脉瘤或淋巴瘤。

②静脉充盈状态检查。

a. 静脉萎陷。体表静脉不显露，即使压迫静脉，其远心端也不膨隆，将针头插入静脉内，血液不易流出。这是由于血管衰竭，大量血液都淤积在毛细血管库内的缘故，见于休克、严重毒血症。

b. 病理性静脉充盈。体表静脉呈明显的扩张或极度膨隆，似绳索状，可视黏膜潮红或发绀。一般见于心功能不全，引起静脉血液回流障碍（如见于心包炎、心肌炎、心脏瓣膜病等），进而导致胸腔膜内压升高的疾病（胸水、渗出性胸膜炎、肺气肿、胃肠内容物过度充盈）。在静脉栓塞、狭窄时，能引起局部静脉扩张。

③静脉搏动检查。随着心脏活动，表在大静脉也发生搏动，称为静脉搏动。实际检查中，一般检查颈静脉搏动。因为大动物的颈静脉比较粗大，颈静脉通向前腔静脉的入口距体表较近，易观察。

1.5.2 呼吸系统检查

1.5.2.1 呼吸运动检查

（1）呼吸方式

①胸腹式呼吸。健康动物的呼吸方式是胸腹式呼吸，即呼吸时胸廓和腹壁自然起伏且强度均匀，有时也称混合式呼吸。一些小动物（如犬）正常呼吸时有时也呈胸式呼吸。动物在呼吸困难时也表现为明显的胸腹式呼吸。

②胸式呼吸。特征为呼吸时胸壁起伏动作明显，而腹壁运动微弱。这种呼吸方式的出现

表明腹部有疼痛性疾病或腹压升高性疾病，如急性腹膜炎、腹壁损伤、瘤胃臌气、急性胃扩张、肠臌气及腹腔大量积液。

③腹式呼吸。特征为呼吸时腹壁起伏动作明显，而胸壁运动微弱。这种呼吸方式的出现表明胸部有疼痛性疾病或引起胸腔膜内压升高的疾病，如急性胸膜炎、胸膜肺炎、胸腔大量积液、肺气肿及肋骨骨折。

(2) 呼吸节律　健康动物呼吸时，吸气后紧接着呼气，每次呼吸之后，经过短暂的间歇期，再开始第2次呼吸。吸气与呼气所持续的时间有一定比例（猪1：1、绵羊1：1、山羊1：2.7、牛1：1.2、犬1：1.6），每次呼吸的间歇期其间距相等，这种规律性的呼吸运动称为节律性呼吸。

(3) 呼吸对称性　健康动物呼吸时，两侧胸壁起伏的强度完全一致，称为对称性呼吸。当一侧胸壁患病时，患侧胸廓的呼吸运动显著减弱或消失，而健侧胸廓的呼吸运动出现代偿性加强，称为不对称性呼吸。常见于一侧胸膜炎、肋骨骨折和气胸等。当胸部疾病遍及两侧时，胸廓两侧呼吸运动均减弱，但以病变较重的一侧减弱更为明显，也属不对称性呼吸。

(4) 呼吸困难　呼吸运动加强，同时伴有呼吸频率改变和呼吸节律异常，有时呼吸类型也发生改变，并且辅助呼吸肌参与活动，呈现一种复杂的病理性呼吸障碍，称为呼吸困难。高度的呼吸困难称为气喘。

①吸气性呼吸困难。特征为吸气非常用力或有辅助吸气动作出现，如患病动物吸气时鼻孔开张，头颈平伸，四肢广踏，胸廓明显扩张，肘部外展，肛门内陷，某些动物张口伸舌。此外，吸气时间显著延长，常伴有特异的吸入性狭窄音。见于上呼吸道狭窄性疾病，如鼻腔狭窄、喉水肿、咽喉炎和猪传染性萎缩性鼻炎、鸡传染性喉气管炎。

②呼气性呼吸困难。特征为呼气时间显著延长，呼气时非常用力，或有辅助呼气动作的出现，如呼气时腹部起伏动作明显，可出现连续二次呼气运动，称为二段呼吸。高度呼吸困难时，沿肋弓出现一条较深的凹陷沟，称为喘沟，又称喘线或息劳沟。同时，可见脊背弓曲，肷窝变平。由于腹部肌肉强力收缩，腹内压力加大，故呼气时肛门常突出，吸气时肛门反而下陷，称为肛门抽缩运动。呼气性呼吸困难，主要是由于肺泡弹性减退和细支气管狭窄，肺泡内空气排出困难所致。常见于急性细支气管炎、慢性肺气肿、胸膜肺炎。

③混合性呼吸困难。特征为吸气和呼气均困难，常伴有呼吸次数增加，是临床上最常见的一种呼吸困难。包括：

肺源性。主要由于肺和胸膜疾患引起。可见于各型肺炎、胸膜肺炎、急性肺水肿及侵害呼吸器官的传染病，如猪支原体肺炎、猪肺疫、山羊传染性胸膜肺炎。

心源性。由于心脏衰弱，血液循环障碍，肺换气受到限制，导致缺氧和二氧化碳滞留所致。此时，除混合性呼吸困难外，还常伴有明显的心血管症状，运动后心悸和气喘的现象更为突出，肺部可闻湿啰音。常见于心内膜炎、心肌炎、创伤性心包炎和心力衰竭。

血源性。严重贫血时，因红细胞和血红蛋白减少，血氧不足，导致呼吸困难，尤以运动后更显著。可见于各种类型贫血、血孢子虫病。

中毒性。内源性中毒，如瘤胃酸中毒、酮病和严重的胃肠炎。外源性中毒，如亚硝酸盐中毒、有机磷农药中毒、水合氯醛中毒、吗啡及巴比妥中毒。

中枢神经性。主要见于脑膜炎、脑出血、脑肿瘤。破伤风毒素可使中枢的兴奋性增高，导致中枢神经性呼吸困难。

腹压升高性。主要见于急性胃扩张、急性瘤胃臌气、肠臌气、肠阻塞、肠变位和腹腔积液。

1.5.2.2　上呼吸道检查

（1）呼出气体检查

①呼出气流的强度检查。可用双手置于两鼻孔前感觉。健康动物两侧鼻孔呼出气流的强度相等。当一侧鼻腔狭窄、一侧鼻窦肿胀或大量积液时，则患侧鼻孔呼出的气流小于健侧，并常伴有呼吸的狭窄音。当两侧鼻腔同时存在病变时，两侧鼻孔的呼出气流则是病变较重的一侧小于另一侧。

②呼出气体的温度检查。健康动物呼出的气体稍有温热感。呼出气体的温度升高，见于各种热性病。呼出气体的温度显著降低，见于内脏破裂、大失血、严重的脑病和中毒性疾病，以及濒死期动物。

③呼出气体的气味检查。用手将患病动物呼出的气体扇向检查者的鼻端嗅闻。健康动物呼出的气体一般无特殊气味。如有难闻的腐败臭味，则表示为鼻腔、鼻旁窦、咽喉、气管、肺部等处发生了腐败性感染；尿臭味见于尿毒症或膀胱破裂；烂苹果味见于酮病。

（2）鼻液检查　鼻液是呼吸道黏膜的分泌物或炎性渗出物。健康动物都有其特殊的排鼻液的方式，如猪、羊等动物均以喷鼻的方式排出鼻液，牛、犬、猫等动物则用舌舔去鼻液，故所有健康动物都看不见其鼻液或仅有少量浆液性鼻液。如出现大量鼻液，则为病理现象。

（3）咳嗽检查　检查咳嗽的方法有直接观察患病动物自发性咳嗽或人工诱咳法两种。直接观察法简单直接，而人工诱咳法则需检查者站在患病动物颈部侧方，面向头方，一手放在颈部背侧作支点，另一手的拇指与食指、中指捏压第一、二气管软骨。对健康牛，人工诱咳比较困难，可用双手或毛巾短时闭塞牛的两侧鼻孔，如引起咳嗽，多为病态。对小动物采取捏压其喉部、短时闭塞两侧鼻孔、提起背部皮肤、压迫或叩击胸壁等方法，均能引起咳嗽。检查咳嗽时，应注意其性质、频度、强度和疼痛反应等。

（4）鼻检查

①外部观察。

a. 鼻孔周围组织。鼻孔周围组织可发生各种各样的病理变化，如鼻翼肿胀、水疱、脓疱、溃疡和结节。鼻孔周围组织肿胀可见于异物刺伤及某些传染病，如口蹄疫、炭疽、气肿疽及羊痘。鼻孔周围的水疱、脓疱及溃疡可见于猪传染性水疱病、脓疱性口膜炎。牛的鼻孔周围结节见于牛丘疹性口膜炎和牛坏死性口膜炎。

b. 鼻甲骨形态变化。鼻甲骨增生、肿胀见于严重的骨软病。鼻甲骨萎缩、鼻盘翘起或歪向一侧是猪传染性萎缩性鼻炎的特征。

c. 鼻的痒感。患病动物常表现为经常在周围物体上摩擦鼻部。常见于羊鼻蝇蛆、萎缩性鼻炎、鼻卡他。

②鼻黏膜检查。将患病动物的头抬起，使其鼻孔对着阳光或人工光源，即可观察鼻黏膜的病理变化。因鼻孔深或鼻翼软下陷而无法直接看清时，可用单指或双指进行检查。单指检

查时一只手托住患病动物下颌并适当高举头部，另一只手的食指挑起鼻翼观察。双指检查是指用一手托住患病动物下颌并适当高举头部，另一只手的拇指和中指捏住鼻翼软骨并向上拉起，同时用食指挑起外侧鼻翼，即可观察。

观察鼻黏膜时应注意其颜色变化、有无肿胀、水疱、结节、溃疡及瘢痕。

(5) 鼻旁窦检查

①视诊。注意其外形变化，额窦和上颌窦部位隆起、变形，多见于窦腔积脓、软骨病、肿瘤、牛恶性卡他热、创伤和局限性骨膜炎。

②触诊。注意窦区的敏感性、温度和硬度，触诊时必须两侧对照进行。窦区病变较轻时，变化往往不明显，如窦区敏感、温度增高，则见于急性窦炎和急性骨膜炎。局部管壁凹陷并有疼痛反应，见于创伤。窦区隆起、变形、触诊坚硬、疼痛不明显，常见于骨软病、肿瘤和放线菌病。

③叩诊。对窦区进行先轻后重的叩打，同时两侧对照，以确定音响是否发生变化。健康动物的窦区呈清晰而高朗的空盒音，如叩诊出现浊音，则为窦腔积脓或被肿瘤充塞，以及骨质增生。

(6) 喉及气管的检查

①外部检查。检查者站在动物头颈侧方，以两手向动物喉部轻压同时向下滑动检查气管，以感知局部温度、硬度和敏感度，并注意有无肿胀。

a. 视诊。注意有无肿胀。喉部肿胀常由喉部皮肤和皮下组织水肿或炎性浸润所致，见于咽喉炎、喉囊炎。牛喉部肿胀，见于炭疽、恶性水肿、化脓性腮腺炎、放线菌病、创伤性心包炎。猪喉部肿胀，见于急性猪肺疫、猪水肿病和炭疽。羊喉部肿胀可见于各种寄生虫病。

b. 触诊。注意有无肿胀、增温、疼痛反应、咳嗽。喉部触诊时，有热感，患病动物疼痛，拒绝触压，并发咳嗽，多为急性喉炎的表现。

c. 听诊。听诊主要是判断喉和气管呼吸音有无改变。听诊健康动物喉部时可以听到一种类似"赫"的声音，称为喉呼吸音。喉呼吸音的病理变化常见的有呼吸音增强、狭窄音和啰音。

②内部检查。内部检查主要为直接视诊，检查时可使动物头略高举，用开口器打开其口腔，将舌拉出口外，并用压舌板压下舌根，同时对着阳光或人工光源，即可视诊喉黏膜，注意喉黏膜有无肿胀、出血、溃疡、渗出物和异物。

1.5.2.3 胸部检查

(1) 胸部叩诊

①叩诊方法。大动物用槌板叩诊法，即叩诊时一手持叩诊板将其顺着肋间隙密贴放置，另一手持叩诊槌，以腕关节做活动轴，垂直地向叩诊板中央做短促叩击，一般每点叩击2~3次。叩诊应按一定的顺序进行，在两侧肺区，均应由前到后或自上而下，沿肋间隙，每隔3~4cm为一叩诊点，依次进行普遍的叩诊检查，不能遗漏某个区域。叩诊力量的轻重或强弱，要按叩诊目的灵活掌握。胸壁厚，病变深在，宜用重叩诊。胸壁薄而病变浅在，要确定肺叩诊区和病变的界限时宜进行轻叩诊。当发现病理性叩诊音时，应与正常的音响反复仔细地进行对比，同时还应与对侧相应部位作对照，如此才可以较为准确地判断病理变化。小动物用指指叩诊法。

②健康动物肺叩诊区。牛肺叩诊区近似三角形或椭圆形,背界为与脊柱平行的直线并距背中线约一掌宽(10cm左右),前界为自肩胛骨后角沿肘肌下所划的类似S形的曲线,止于第4肋间,后界是由第12肋骨与上界的交点开始,向下、向前的弧线,依次经过髋结节水平线与第11肋间的交点、肩关节水平线与第8肋间的交点,而止于第4肋间与心脏相对浊音区交界处(图1-37)。

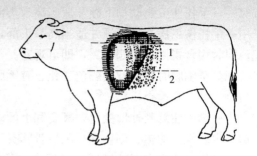

1. 髋结节水平线   2. 肩端水平线

图1-37 牛肺叩诊区

羊、犬的叩诊区分别见图1-38、图1-39。

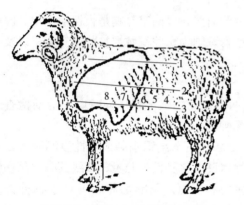

1. 髋结节水平线   2. 坐骨结节水平线
3. 肩关节水平线   4. 第13肋骨   5. 第11肋骨
6. 第9肋骨   7. 第7肋骨   8. 第5肋骨

图1-38 羊肺叩诊区

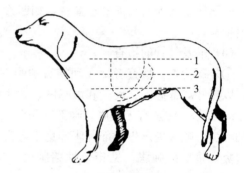

1. 髋结节水平线
2. 坐骨结节水平线   3. 肩关节水平线

图1-39 犬肺叩诊区(弧形点线为叩诊区)

③叩诊区的病理变化。

a. 肺叩诊区扩大。是肺过度膨胀(肺气肿)和胸腔积气(气胸)的结果。

b. 肺叩诊区缩小。是下界上移或后界前移的结果。下界上移见于心脏肥大、心脏扩张、心包积液。后界前移见于腹压升高,如妊娠后期、急性胃扩张、急性瘤胃臌气、肠臌气、腹腔积液、肝肿大。

④叩诊音。

a. 肺的正常叩诊音:健康的大动物肺区的中1/3叩诊呈清音,其特征是音响较长,响度较大,音调较低,而肺区的上1/3和下1/3声音较弱,肺的边缘则带有半浊音性质。但在小动物,如小犬、猫、兔等,由于肺中空气柱振幅较小,故肺区叩诊音稍带鼓音性质。

b. 肺叩诊音的病理变化:

浊音、半浊音。表明所叩击的肺组织不含空气或含气极少。见于各种类型的肺炎、肺充血、肺水肿、肺脓肿、肺坏疽、肺结核、鼻疽、牛肺疫、肺棘球蚴病、肺肿瘤、肺纤维化、肺萎陷、胸腔积液、胸壁及胸膜增厚。散在性浊音区,提示小叶性肺炎;成片性浊音区,则是大叶性肺炎肝变期的特征。

鼓音。表明有肺空洞、支气管扩张、气胸或含气的腹腔器官进入胸腔等现象存在。见于肺脓肿、肺坏疽、肺结核、鼻疽、牛肺疫等疾病引起的肺空洞、气胸。

过清音。表明肺内气体过度充盈，介于清音和鼓音之间的一种过渡性声音，类似敲打空盒声音，故又称为空盒或匣音。主要见于肺气肿。

破壶音。其音类似叩击破壶时所发出的声音。见于有与支气管相通的大空洞形成，如肺脓肿、肺坏疽和肺结核等形成的大空洞。

⑤叩诊敏感反应。以叩诊作为一种有效刺激，根据患病动物的反应来判断胸膜的敏感性或有无疼痛，从而诊断疾病。叩诊敏感或疼痛时，患病动物表现为回顾、躲闪、抗拒、呻吟，有时还可引起咳嗽。见于肋骨骨折、胸膜炎、肺炎、支气管炎等胸部疼痛性疾病。

（2）胸部听诊

①听诊的方法。大动物多采用间接听诊法，在特殊情况下也可采用直接听诊法。肺听诊区和叩诊区基本一致。听诊时宜先从肺部的中 1/3 部开始，由前向后逐渐听取，其次是上 1/3，最后是下 1/3。每个部位听 2~3 次呼吸音后再变换位置，直至听完全肺。如发现异常呼吸音，为了确定其性质，应将该处与临近部位进行比较，必要时还要与对侧相应部位对照听取。当呼吸音不清楚时，宜以人工方法增强呼吸，如加强运动，或闭塞其鼻孔片刻，然后松开，立即听诊，往往可以获得良好效果。

②正常呼吸音。

a. 肺泡呼吸音：类似柔和的"夫"音，一般在健康动物的肺区内可以听到。将唇做成发"夫"音的口形，缓慢地吸入或呼出气体所发的声音类似肺泡呼吸音。肺泡呼吸音一般由以下声音构成：毛细支气管和肺泡入口之间空气出入的摩擦音；空气由细小的支气管进入比较宽广的肺泡内产生漩涡运动，气流冲击肺泡壁产生的声音；肺泡收缩与舒张过程中由于弹性变化而形成的声音。

肺泡呼吸音的强度和性质，可因动物的种类、品种、年龄、营养状况、胸壁的厚度和代谢状况不同而有所不同。

b. 支气管呼吸音：是一种类似将舌抬高呼出气体时发出"赫"音，或强的"咻"音。支气管呼吸音是空气通过声门裂隙时产生气流漩涡所致。正常情况下，绵羊、山羊、猪和牛在第 3~4 肋间，肩关节水平线上下可以听到柔和而轻微的混合性呼吸音。只有犬在整个肺部都能听到明显的支气管呼吸音。

1.5.3 消化系统检查

1.5.3.1 采食和饮水检查

（1）食欲的检查

①食欲减退。患病动物不愿采食或食量减少，绝大多数疾病都有这种现象。

②食欲废绝。患病动物完全拒食饲料，见于各种高热性、剧痛性、中毒性疾病，以及急性胃肠道疾病，如急性瘤胃臌气、急性肠臌气、肠阻塞、肠变位。

③食欲不定。患病动物食欲时好时坏，变化不定，见于慢性消化不良、牛创伤性网胃炎等。

④食欲亢进。患病动物食欲旺盛，采食量多。主要见于重病恢复期、胃肠道寄生虫病、糖尿病、甲状腺功能亢进等疾病。

⑤异嗜。患病动物喜食异物，如灰渣、泥土、粪便、被毛、木片、碎布等。主要见于营

养代谢障碍性疾病，蛋白质、矿物质、维生素、微量元素缺乏性疾病。如骨软病、佝偻病、幼畜白肌病、仔猪贫血、啄羽癖、啄肛癖，以及猪的咬尾和母猪食仔、吞食胎衣等。

(2) 饮欲检查

①饮欲增加。患病动物口渴多饮，常见于热性病、大失水（如剧烈呕吐、腹泻、多尿、大出汗）、渗出过程（如胸膜炎和腹膜炎）及猪、鸡食盐中毒。

②饮欲减退。患病动物不饮水或饮水量少，见于意识障碍的脑病及不伴有呕吐和腹泻的胃肠病。

(3) 采食、咀嚼和吞咽动作检查

①采食障碍。患病动物采食不灵活，或不能用唇、舌采食，或采食后不能进行咀嚼，见于唇、舌、齿、下颌骨、咀嚼肌疾患，如口炎、舌炎、齿龈炎、异物刺入口腔黏膜、下颌关节脱臼、下颌骨骨折。某些神经系统疾病，如面神经麻痹、破伤风时咀嚼肌痉挛，以及脑和脑膜的疾病，均可引起采食障碍。

②咀嚼障碍。患病动物咀嚼缓慢，不敢用力，或咀嚼过程中突然停止，将饲料吐出口外（俗称吐槽），然后又重新采食，严重的甚至完全不能咀嚼。咀嚼紊乱常为牙齿、颌骨、口黏膜、咀嚼肌及相关支配神经的疾患，如牙齿磨灭不整、齿槽骨膜炎、骨软病、放线菌病、严重口膜炎、破伤风、面神经麻痹、舌下神经麻痹以及脑病。

③吞咽障碍。患病动物吞咽时摇头、伸颈、前肢刨地，屡次试图吞咽而中止，或吞咽时引起咳嗽，并大量流涎。吞咽障碍多提示咽与食管的疾病，如咽炎、咽麻痹、食管阻塞、痉挛等。

(4) 反刍检查　健康反刍动物，一般在饲喂后 0.5~1h 即开始反刍，每昼夜 4~8 次，每次持续时间为 30~50min，每次返回口腔的食团，平均再咀嚼 40~70 次。

①反刍机能减弱。患病动物出现反刍的时间延迟，每昼夜反刍的次数减少，每次反刍持续时间过短，咀嚼无力，时而中止，每个食团咀嚼次数减少。常见于前胃弛缓、瘤胃积食、瘤胃臌气、创伤性网胃炎、热性病、中毒病、代谢病和脑病。

②反刍完全停止。见于前胃运动机能严重障碍、病情危重。如结核病后期、恶病质或严重的全身性慢性消耗性疾病。

(5) 嗳气检查　嗳气是反刍动物的一种生理现象。反刍动物通过嗳气排出瘤胃内微生物发酵所产生的气体。健康奶牛一般每小时嗳气 20~30 次，黄牛 17~20 次，绵羊 9~12 次，山羊 9~10 次。采食后嗳气增多，空腹时减少。可在反刍动物左侧颈部沿食管沟处看到由下向上的气体移动波，有时还可听到嗳气的"咕噜"音。

①嗳气减少。常由瘤胃内微生物活力减弱、发酵过程变慢、气体产生减少、瘤胃兴奋性降低、瘤胃蠕动力减弱所致。见于前胃弛缓、瘤胃积食、创伤性网胃炎、瓣胃阻塞、皱胃疾病，以及继发前胃机能障碍的热性病及传染病。

②嗳气完全停止。可见于瘤胃内气体排出受阻（如食管阻塞）以及严重的前胃收缩力不足或麻痹。

③嗳气增多。可见于瘤胃臌气的初期或的动物采食了容易发酵产气的食物。

(6) 呕吐检查　胃内容物不自主地经口或鼻腔排出，称为呕吐。

①中枢性呕吐。见于脑病（如延髓的炎症过程）、传染病（如犬瘟热）、药物（如氯仿等）的作用。

②外周性呕吐。主要因消化道（如软腭、舌根、咽、食管、胃肠黏膜）、腹腔器官（如肝、肾、子宫）及腹膜的各种异物、炎性及非炎性刺激，反射性地引起呕吐中枢兴奋所导致。见于食管阻塞、胃扩张、胃内异物、小肠阻塞、肠炎、腹膜炎、子宫蓄脓。

③中毒性呕吐。可见于有机磷农药中毒、尿毒症、安妥中毒、砷中毒、铅中毒、马铃薯中毒、肝炎、肾炎、酮病、糖尿病。

1.5.3.2 口腔、咽及食管检查

（1）口腔的检查方法

①各种动物的开口法。

a. 牛的徒手开口法：检查者站在牛头侧方，可先用手轻轻拍打牛的眼睛，在牛闭眼的瞬间，以一只手的拇指和食指从牛两侧鼻孔同时伸入并捏住鼻中隔（或握住鼻环）向上提举，再将另一只手伸入牛口中握住舌头并拉出，牛口即张开（图1-40）。

b. 羊的徒手开口法：检查者一只手拇指与中指由羊颊部捏握上颌，另一只手拇指及中指由羊左、右口角处握住下颌，同时用力上下拉即可开口，但应注意防止被羊咬伤手指。

c. 猪的开口法：必须使用特制的开口器（图1-41）。

d. 犬、猫的开口法：对于性情温驯的犬，可令助手握紧其前肢，检查者右手拇指置于犬上唇左侧，其余四指置于犬上唇右侧，在握紧上唇的同时，用力将唇部皮肤向下内方挤压；用左手拇指与其余四指分别置于犬下唇的左、右侧，用力向内上方挤压唇部皮肤。左、右手用力将上下颌向相反方向拉开即可（图1-42），必要时可用金属开口器打开口腔。猫的开口法是由助手握紧猫的前肢，检查者两手将猫上、下颌分开即可。

图1-40 牛的徒手开口法

图1-41 猪的开口法

图1-42 犬的开口法

②口腔检查的内容。

a. 气味。健康动物的口腔一般无特殊臭味，仅在采食后，留有某种饲料的气味。病理状态下如出现甘臭味，则是由于动物消化机能紊乱，长时间食欲废绝，口腔脱落的上皮和饲料残渣腐败分解引起的，常见于口炎、肠炎和肠阻塞。腐败臭味常见于齿槽骨膜炎、坏死性口炎。类似氯仿味常见于牛的酮病。

b. 流涎。口腔中的分泌物或唾液流出口外，称为流涎。健康动物口腔稍湿润，无流涎现象。大量流涎是由于异物刺激（如麦芒、金属等异物刺伤口腔），口炎及伴发口炎的传染病（如传染性水疱病、口蹄疫），吞咽或咽下障碍性疾病（如咽炎或食管阻塞），中毒（猪的食盐中毒和鸡的有机磷中毒）及营养障碍（犬的烟酰胺缺乏、坏血病）所致。

③口腔黏膜。

a. 颜色。健康动物口腔黏膜的颜色为淡红色且有光泽。在病理情况下，口腔黏膜与眼结膜颜色的变化及其临诊意义大致相同。

b. 温度。可将手指伸入动物口腔中感知口腔温度。口腔温度与体温的临诊意义基本一致。

c. 湿度。健康动物口腔湿度中等。口腔过分湿润是唾液分泌过多或吞咽障碍的表现，见于口炎、咽炎、唾液腺炎、口蹄疫、狂犬病及破伤风等。口腔干燥，见于热性病、脱水。

d. 完整性。口腔黏膜出现红肿、结节、水疱、脓疱、溃疡、表面坏死、上皮脱落，除见于一般性口炎外，也见于口蹄疫、痘疹等过程中。

④舌。

a. 舌苔。舌苔是舌面表层脱落不全的上皮细胞沉淀物，是胃肠消化不良时所引起的一种保护性反应，可见于胃肠病和热性病。舌苔厚薄、颜色变化，通常与疾病的轻重和病程的长短有关。舌苔黄厚，一般表示病情重或病程长。舌苔薄白，一般表示病情轻或病程短。

b. 舌色。健康动物舌的颜色与口腔黏膜相似，呈粉红色且有光泽。在病理情况下，其颜色变化与眼结膜及口腔黏膜颜色变化的临诊意义大致相同。

c. 形态变化。如舌硬如木，体积增大，致使口腔不能容纳而垂于口外，见于牛放线菌病；舌麻痹，舌垂于口角外并失去活动能力，见于各种类型脑炎后期或饲料中毒（如霉玉米中毒及肉毒梭菌毒素中毒病）。猪的舌下和舌系带两侧有高粱米粒大乃至豌豆大的水疱状结节，是猪囊尾蚴的特征性表现。

d. 舌体咬伤。通常因中枢神经机能紊乱，如狂犬病、脑炎引起。

⑤牙齿。牙齿病患主要由对合不整齐、牙齿磨灭不整、尖锐齿、过长齿、赘生齿、波状齿、龋齿、牙齿松动、脱落、损坏引起。这些病患多为矿物质缺乏所致。牙齿上有黄褐色或黑色斑点，多见于氟中毒。

（2）咽部检查

①咽的外部视诊。外部视诊时，如患病动物有吞咽障碍，头颈伸直，头颈夹角增大，运动不灵活，局部肿胀，常见于咽炎。

②咽的外部触诊。检查者两手拇指放在患病动物左右寰椎翼的外角上做支点，其余四指并拢向咽部轻轻压迫，如出现明显肿胀、增温、敏感性增强或咳嗽，牛多见于咽后淋巴结化脓、结核病和放线菌病；猪多见于咽炎、急性猪肺疫、咽部炭疽、仔猪链球菌病。

（3）食管检查

①视诊。注意吞咽过程饮食沿食道沟通过的情况及局部是否有肿胀。

②触诊。检查者站于动物左侧用两手分别沿动物颈部食管沟，自上向下加压滑动检查，注意感知是否有肿胀、异物，以及内容物的硬度、有无敏感反应及波动感。

③探诊。一般根据动物的种类及大小选定不同口径及相应长度的胃管（或塑料管），大动物常用规格为长 $2.0\sim2.5m$，内径 $10\sim20mm$，管壁厚 $3\sim4mm$，其软硬度应适宜。使用前胃管应用消毒液浸泡，并涂润滑油类，动物要保定，尤其要保定好头部，如必须经口探诊，则应加装开口器，大动物及羊一般可经鼻、咽探诊。

操作时，检查者站在动物头的一侧，一只手把握住动物鼻翼，另一只手持胃管，自鼻道（或经口）徐徐送入，胃管前端到达咽部时（大动物 $30\sim40cm$ 深度）可感觉有阻力，此时可稍停推进并轻轻前后抽动，待动物发生吞咽动作时，趁机送下；如动物不吞咽，则可由助手捏压其咽部以引起其吞咽动作，再趁机将胃管送下。

胃管通过咽后，应立即判定是否正确插入食管内。插入食管内的标志是，用胶皮球向胃管内打气时，不但能顺利打入，而且在左侧颈沟可见有气流通过的波动，同时压扁的胶皮球不会鼓起来。此外，胃管在食管内向下推进时可感到有阻力。插入气管的标志是，用胶皮球打气时，在颈沟部看不到气流波动，被压扁的胶皮球可迅速鼓起来，且可引起咳嗽并随呼气阶段有呼出的气流。如胃管在咽部转折，则打气困难，也看不到颈沟部的波动。

胃管误插入气管时，应取出重插，胃管不宜在鼻腔内多次扭转，以免引起黏膜破损、出血。

食管探诊主要用于食道阻塞性疾病、胃扩张或抽取胃内容物，对食管狭窄、食管憩室及食管受压等病变也具有诊断意义。食管和胃的探诊兼有治疗作用。

（4）腹部及胃肠检查

①反刍动物腹部及胃肠检查。

A. 腹部检查

a. 腹部视诊：

腹围增大：左腹侧上方膨大，肷窝凸出，腹壁紧张而有弹性，叩诊呈鼓音，见于急性瘤胃臌气。左腹侧下方膨大，肷窝消失，叩诊呈浊音，见于瘤胃积食。右侧腹肋弓后下方膨大，主要见于皱胃积食及瓣胃阻塞。腹部下方两侧膨大，触诊有波动感，叩诊呈水平浊音，见于腹水和腹膜炎。

腹围缩小：主要见于长期饲喂不足、食欲紊乱、顽固性腹泻，以及慢性消耗性疾病，如贫血、营养不良、内寄生虫病、结核病和副结核病。

b. 腹部触诊：腹壁敏感性增强，见于急性腹膜炎和肠套叠。

B. 前胃和皱胃检查

a. 瘤胃检查：反刍动物的瘤胃占据左侧腹腔的绝大部分位置，与腹壁紧贴。通常用视诊、触诊、叩诊及听诊等方法对瘤胃进行检查。

视诊：正常时左侧肷窝部稍凹陷。如肷窝凸出与髋结节同高，见于急性瘤胃臌气；如凹陷较深，见于饥饿或长期腹泻。

触诊：触诊时，检查者站于牛的左侧方，面向动物后方，左手放于动物背部作支点，用右手手掌或拳放于左肷上部，用力反复触压瘤胃，或冲击触诊以判断瘤胃内容物性状，也可用恒定的力量按压感知其蠕动力量及蠕动次数。正常瘤胃上部有少量气体，中、下部内容物较坚实。病理情况下，内容物性状、蠕动强度和次数均可发生不同程度的改变。上腹壁紧张而有弹性，用力强压亦不能感到胃中坚实的内容物，则表示瘤胃臌气；内容物如硬固或呈面团样，压痕久久不能消退，见于瘤胃积食；内容物稀软，瘤胃上部气体层增厚，见于前胃弛缓。

听诊：听诊在左肷部进行，正常瘤胃蠕动音为弱的"沙沙"声。蠕动次数，牛为每2min 2～5次或每分钟1～3次；绵羊、山羊为每2min 3～6次或每分钟2～4次；每次收缩持续时间15～30s。瘤胃蠕动力量微弱，次数稀少，持续时间短促，或蠕动完全消失，见于前胃弛缓、瘤胃积食、热性病和其他全身性疾病。瘤胃蠕动加强，次数频繁，持续时间延长，见于急性瘤胃臌气初期，毒物中毒或给予瘤胃兴奋药物之后。

叩诊：健康牛左肷上部为鼓音，其音的强弱依瘤胃内气体多少而异。由肷窝向下逐渐变为半浊音至下部完全为浊音。浊音范围扩大，为瘤胃积食；鼓音范围扩大，则为瘤胃臌气。

b. 网胃检查：网胃位于腹腔左前下方，相当于第6～8肋骨间。网胃的疾病主要为创伤性网胃炎，检查方法也针对此而定。

捏压法：由助手捏住牛的鼻中隔，向前牵引，使额线与背线成水平，检查者强捏鬐甲部皮肤。

拳压法：检查者蹲于牛的左前肢稍后方，以右手握拳，顶在牛的剑状软骨部，肘部抵于右膝上，以右膝频频抬高，使拳顶压其网胃区。

抬压法：两名检查者分别站于牛的胸部两侧，以一木棒横放于剑状软骨下，两人自后向前抬举。

病牛下坡或急转运动：牵着病牛走下坡路或向左侧作急转弯运动。

应用以上方法检查时，如病牛表现不安、呻吟、躲闪、反抗或企图卧下，或当病牛下坡和急转弯时，表现运步小心、步态紧张、不愿前进、四肢集于腹下，甚至呻吟、磨牙等疼痛反应时，则提示有创伤性网胃-心包炎。

c. 瓣胃检查：瓣胃在牛的右侧第7～9肋间，肩关节水平线上下各3～5cm，一般在这个部位进行检查。

听诊：正常瓣胃蠕动音是继瘤胃蠕动音之后发出细弱的捻发音或"沙沙"声。瓣胃蠕动音减弱或消失，见于瓣胃阻塞、严重的前胃疾病及热性病。

触诊：瓣胃的触诊法有两种：一是在右侧瓣胃区第7、8、9肋间用伸直的手指指尖实施重压触诊；二是在靠近瓣胃区的肋弓下部，用平伸的指尖进行冲击式或切入式触诊。如有敏感反应或瓣胃坚实、体积增大、胃壁后移，则提示瓣胃阻塞。

d. 皱胃检查：皱胃位于右腹部第9～11肋骨，沿肋骨弓下部区域直接与腹壁接触。可通过视诊、触诊、叩诊、听诊进行皱胃检查。

视诊：检查者站在牛的正后方观察，右侧腹壁皱胃区向外突出，提示皱胃严重阻塞和扩张。

触诊：将手指插入牛的肋弓下方行强压触诊，如牛回顾、躲闪、呻吟、后肢踢腹，则表示有皱胃炎、真胃溃疡和扭转；如触诊皱胃区，感到内容物坚实或坚硬，则表示为皱胃阻塞；如冲击触诊有波动感并能听到击水音，则提示皱胃扭转或幽门阻塞、十二指肠阻塞。

叩诊：正常时皱胃区叩诊为浊音，如叩诊出现鼓音，则提示皱胃扩张。

听诊：皱胃蠕动类似流水音或含漱音。蠕动音增强，见于皱胃炎。蠕动音减弱或消失，见于皱胃阻塞。

C. 肠管检查：健康反刍动物肠蠕动音短而稀少，声音也较微弱。如听诊肠音明显增强，频繁似流水，连绵不断，见于各种腹泻、急性肠炎和内服泻剂之后；如肠音明显减弱，见于一切热性病、瓣胃阻塞引起消化道机能障碍的疾病；如肠音消失，见于肠套叠及肠便秘等。

②猪的腹部及胃肠检查。

A. 腹部检查

腹部容积扩大：除见于母猪妊娠后期及饱食不久等生理情况外，还可见于胃食滞或肠臌气、肠变位、肠阻塞、腹膜炎。

腹部容积缩小：见于长期饲喂不足、食欲下降、顽固性腹泻、慢性消耗性疾病（如仔猪营养不良、仔猪贫血、慢性副伤寒、猪支原体肺炎、肠道寄生虫）及热性病。此外，视诊脐部有时可发现圆形囊状肿物，多为脐疝。

B. 胃肠检查

a. 胃：猪胃容积较大，位于剑状软骨上方的左季肋部，其大弯可达剑状软骨后方的腹底壁。视诊时如左肋下区突出，病猪呼吸困难，表现不安或呈犬坐姿势，见于胃臌气或过食。触压胃部时如引起猪只疼痛反应或呕吐，则常提示伴发胃炎。

b. 肠：

视诊：当腹部隆起时表明有肠臌气。

触诊：检查瘦小的猪时，可采取横卧保定，两手上下同时配合触压，如感知有坚硬粪块呈串状或盘状，则常提示肠阻塞。

听诊：猪的肠音，如高朗、连绵不断，多见于急性肠炎及伴有肠炎的传染病，如副伤寒、大肠杆菌病及传染性胃肠炎；如肠音低沉、微弱或消失，则多见于肠阻塞。

1.5.3.3 直肠检查

（1）准备工作

①牛的准备。保定以六柱栏较为方便，以足夹套将牛的左右后肢分别固定于栏柱下端，以防牛后踢；为防止牛卧下及跳跃，要加腹带及压绳；尾部向上或向一侧吊起。如在野外，可在车辕内保定；根据情况和需要，也可采取横卧保定。牛的保定可钳住鼻中隔，或用绳系住两后肢。

牛的直肠检查技术

对腹围膨大的牛应先行瘤胃穿刺术排气，否则腹压过高不宜检查，尤其是横卧保定时，更要注意防止窒息。

对心脏衰弱的牛，可先给予强心剂；对腹疼剧烈的牛应先行镇静，以便检查。

一般可先用温水1 000～2 000mL灌肠，以缓解直肠的紧张度并促使牛排出粪便，便于检查。

②术者准备。术者剪短指甲并磨光，充分露出手臂并涂以润滑油类，必要时戴乳胶手套。

（2）操作方法　术者将拇指放于掌心，其余四指并拢集聚呈圆锥形，以旋转动作通过肛门进入直肠，若肠内蓄积粪便，则应将其取出，再行入手；如膀胱内贮有大量尿液，则应按摩、压迫以刺激其反射排空或行人工导尿术，以利于检查。

手沿肠腔方向徐徐深入，直至检手套有部分直肠狭窄部肠管时方可进行检查，当被检动物频频努责时，手可暂停前进或随之后退，即按照"努则退、缩则停，缓则进"的要领进行操作。切忌检手未找到肠管方向就盲目前进，或未套入狭窄部就忙于检查。当狭窄部套手困难时，可以采用胳膊下压肛门的方法，诱导病牛做排粪反应，使狭窄部套在手上，同时还可减少牛努责。如被检牛过度努责，必要时可用10%普鲁卡因 10～30mL 作尾骶穴封闭，以使牛的直肠及肛门括约肌弛缓而便于检查。

检手套入部分直肠狭窄部或全部套入（指大牛）后，检手做适当的活动，用并拢的手指轻轻向周围触摸，根据脏器的位置、大小、形状、硬度、有无肠带，移动性及肠系膜状态等，判定病变的脏器、位置、病变的性质和程度。无论何时手指均应并拢，绝不允许叉开并随意抓搔、锥刺肠壁，切忌动作粗暴以防损伤肠管。并应按一定顺序进行检查（图1-43）。

（3）检查顺序

①肛门及直肠。注意检查肛门的紧张度及附近有无寄生虫、黏液、肿瘤等，并感知直肠内容物的数量及性状，以及黏膜的温度和状态等。

②骨盆腔内部。入手稍向前下方检查可摸到膀胱、子宫等。膀胱位于骨盆腔底部。无尿时可感触到如梨状的物体，当其内尿液过度充盈时，感觉如一球形囊状物，有弹性波动感。触诊骨盆腔壁光滑，注意有无脏器充塞或粘连现象，如被检牛有后肢运动障碍时，应注意检查有无盆骨骨折。

③腹腔内部检查。牛的直肠检查，除主要用于母畜妊娠诊断外，对于肠阻塞、肠套叠、真胃扭转及膀胱、肾等的疾病检查均有一定意义。

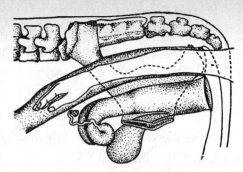

图 1-43　牛直肠检查示意

检手伸入直肠后，以水平方向渐次前进，当至结肠的后段 S 状弯曲部，即可按顺序检查。

(4) 注意事项

①做病牛徒手直肠检查时，病牛一定要保定牢固，检查者指甲要剪短、磨光。

②检查期间，发现肛门或者直肠内有出血现象，要细心诊断，确定是黏膜或者是肠道破裂，则要立即采取止血和治疗措施。

1.5.3.4　排粪动作检查

(1) 正常的排粪动作　排粪动作是动物的一种复杂的反射活动。正常状态下，各种动物均采取固有的排粪姿势。如大动物排粪时，背部微拱起，后肢稍开张并略前伸。犬排粪时，采取近似蹲坐姿势。正常动物的排粪次数与其采食饲料的数量、种类，以及消化吸收机能和使役情况有密切关系。

(2) 排粪动作障碍　排粪动作障碍主要表现有以下几种：

①便秘。排粪次数减少，排粪费力，屡呈排粪姿势而排出粪便量少、干硬、色暗，常见于热性病、慢性胃肠卡他、肠阻塞、瘤胃积食、瓣胃阻塞。

②腹泻。频繁排粪，粪呈稀粥状，甚至水样，常见于各种类型的肠炎。如猪传染性胃肠炎、猪副伤寒、犬瘟热、大肠杆菌病、牛副结核病、肠道寄生虫病及有毒植物和农药中毒。

③排粪失禁。动物不采取固有的排粪动作，而不自主地排出粪便，主要是由于动物肛门括约肌弛缓或麻痹所致，常见于顽固性腹泻、腰荐部脊髓损伤及患病动物濒死期。

④排粪痛苦。动物排粪时，表现疼痛不安，呻吟，拱腰努责。见于直肠炎和直肠损伤、腹膜炎及牛创伤性网胃炎。

⑤里急后重。动物不断做出排粪姿势并强度努责、呻吟（牛）、鸣叫（犬、猪），而仅排出少量粪便或黏液，常见于直肠炎及顽固性腹泻。

1.5.4　泌尿系统检查

1.5.4.1　排尿动作检查

(1) 正常排尿　各种动物因种类和性别的不同，其所采取的排尿姿势也不相同。公牛和公羊排尿时，不作排尿准备动作，仅借助会阴尿道部的收缩排尿，尿液呈细流状排出，在行走或进食时均可排尿。母牛和母羊排尿时，后肢分开下蹲，拱背举尾，腹肌收缩，尿液呈急流状排出。公猪排尿时，尿液急促而断续地射出。母猪排尿动作与母羊相似。

健康状态下，动物每昼夜排尿次数，牛为5～10次，尿量6～10L，最高达25L；绵羊和山羊2～5次，尿量0.5～2L；猪2～3次，尿量2～5L。

（2）排尿障碍　泌尿、贮尿、排尿的任何障碍都可表现为排尿异常。

①多尿和频尿。

多尿：指总排尿量增加，表现排尿次数增多，而每次排尿量并不减少，见于大量饮水后、慢性肾病、渗出性疾病的吸收期，以及应用利尿剂、尿崩症、糖尿病等。

频尿：表现排尿次数增多，而每次仅见少量尿液排出，见于膀胱炎、尿道炎、肾盂炎。

②少尿和无尿。少尿是指总排尿量减少，表现为排尿次数减少，排尿量减少。常见于急性肾炎、严重的腹泻；热性病和饮用水不足时，亦可见排尿减少。无尿亦称为排尿停止，分为真性无尿和假性无尿。真性无尿又称尿闭，膀胱内也无尿，常见于肾衰竭；假性无尿又称尿潴留，膀胱内充满尿液，见于膀胱麻痹、尿道阻塞等。

③尿潴留。肾泌尿机能正常，而膀胱充满尿液不能排出，见于尿路阻塞（如尿道结石、尿道狭窄）、膀胱麻痹、膀胱括约肌痉挛，以及腰荐部脊髓损害。

④排尿失禁。特点是患病动物不自主地或未采取固有的排尿姿势与动作，尿液自行流出，见于脊髓疾患、膀胱括约肌麻痹、脑病昏迷和濒死期动物。

⑤排尿痛苦。其特征是患病动物在排尿过程中有明显的疼痛表现或腹痛姿势；排尿时呻吟、努责、摇尾踢腹、回顾腹部且排尿困难。不时取排尿姿势，但无尿排出，尿液呈滴状或细流状排出。多见于膀胱炎、尿道炎、尿道结石、生殖道炎症及腹膜炎。

⑥尿淋漓。指排尿不畅，尿液呈点滴状或细流状断续排出。此种现象多是排尿失禁、排尿痛苦和神经性排尿障碍的一种表现，有时也见于老龄体衰、胆怯和神经质的动物。

1.5.4.2　泌尿器官检查

（1）肾检查

①症状观察。动物表现腰脊僵硬、拱起、运步小心、后肢向前移动迟缓，常见于肾炎。

②外部触诊。小动物（如绵羊、山羊、犬、猫和兔）的外部触诊的作用与大动物直肠检查的作用相同。外部触诊是用双手在腰肾区捏压或用拳槌击，观察动物有无疼痛反应。如动物表现不安、拱背、举尾或躲避压迫，则多为急性肾炎或肾损害。

③直肠触诊。正常时，直肠内触诊肾，肾坚实、表面光滑、动物没有疼痛反应。肾体积增大，触诊敏感疼痛，见于急性肾炎、肾盂肾炎、肾硬化、肾肿瘤、肾结石；肾体积缩小，多见于肾萎缩或间质性肾炎。

（2）肾盂和输尿管检查　大动物可通过直肠内进行触诊。如触诊肾盂时，患病动物疼痛明显，见于肾盂肾炎。发现一侧或两侧肾盂部肿大，呈现波动，有时还发现输尿管扩张，则提示有肾盂积水。健康动物的输尿管很细，经直肠检查难于触及；如触到手指粗的索状物、紧张、有压痛，见于输尿管炎。肾盂部或输尿管有结石时，偶尔可触到这些部位有坚硬石块或结石相互摩擦的感觉，患病动物呈现疼痛反应。

（3）膀胱检查　大动物的膀胱位于骨盆腔底部。小动物的膀胱比较靠前，位于耻骨联合前方的腹腔底部。大动物只能通过直肠触诊进行膀胱检查。健康牛膀胱内无尿时，触诊呈柔软的梨形体，拳头大小；膀胱充满尿液时，壁变薄，紧张而有波动感，体积明显增大呈球形。对于小动物，可将手指伸入其直肠进行膀胱触诊，也可由腹壁外进行膀胱触诊。腹壁外触诊膀胱，动物取仰卧姿势，用一手在腹中线处由前向后触压，也可用两手分别由腹部两侧逐渐向体中线压迫,以感知膀胱。小动物膀胱充满尿液时,在下腹壁耻骨前缘会触到一个有弹性的光滑球形体,过度充盈时可达脐部。病理情况下,膀胱可能出现下列变化:

①膀胱过度充盈。其特点是膀胱剧烈增大,紧张性显著增高,充满于整个骨盆腔并伸向腹腔后部。多见于膀胱麻痹、膀胱括约肌痉挛、膀胱出口或尿道阻塞。

②膀胱空虚。常因肾功能不全或膀胱破裂造成。膀胱破裂后,患病动物长期停止排尿,腹腔积尿,下腹膨大,腹腔穿刺排出大量淡黄、微混浊、有尿臭气味的液体,或为污红色混浊液体,常伴发腹膜炎,有时其皮肤散发尿臭味。

③膀胱压痛。见于急性膀胱炎和膀胱结石。膀胱炎时,膀胱多空虚,但可感到膀胱壁增厚。膀胱结石时多伴有尿潴留,但膀胱不太充盈时,可触到坚硬的硬块物或沙石样结石。

(4) 尿道检查　母畜尿道较短,开口于阴道前庭的下壁,可将手指伸入阴道,在其下壁直接触摸到尿道外口,亦可用开膣器对尿道口进行视诊,探诊尿道。

公畜尿道位于骨盆腔内的部分,可连同贮精囊和前列腺进行直肠内触诊;对位于坐骨弯曲以下的部分,进行外部触诊。尿道的常见异常变化是尿道结石,多见于公牛、公羊和公猪。此外,还有尿道炎、尿道损伤、尿道狭窄、尿道阻塞。

1.5.4.3　外生殖器检查

(1) 公畜外生殖器检查

①睾丸及阴囊检查。检查方法有视诊和触诊。检查时注意阴囊及睾丸的大小、形状、硬度、有无肿胀、发热和疼痛反应。阴囊一侧性显著膨大,触诊时无热,柔软而有波动感,似有肠管存在,有时经腹股沟管可以还纳,提示为阴囊疝。阴囊肿大,睾丸实质肿胀,触诊时发热,有压痛,睾丸在阴囊中的移动性很小,见于睾丸炎或睾丸周围炎。

②阴茎和包皮检查。阴茎脱垂常见于支配阴茎肌肉的神经麻痹或中枢神经机能障碍、阴茎损伤。包皮肿胀多见于龟头局部肿胀及肿瘤。

(2) 母畜外生殖器检查

①阴门检查。检查时如发现阴门红肿,为发情期或有阴道炎。如阴门流出腐败坏死组织块或脓性分泌物时,常为产后排恶露、产后子宫的感染、胎衣不下、阴道炎、子宫炎。阴门周围肿胀,见于肿瘤。

②阴道检查。当发现阴门红肿或有异常分泌物流出时,应借助开膣器,仔细观察阴道黏膜的颜色、湿度、损伤程度、炎症、肿物、溃疡及阴道分泌物的变化,同时注意子宫颈的状态。

(3) 乳房检查

①视诊。乳房在产后1周内水肿为正常生理现象,其他时间的乳房肿胀、皮肤发红则提示为乳腺炎。如出现瘢痕和水疱,则为口蹄疫。如出现菜花状增生物则为疣。

②触诊。注意乳房皮肤的温度、厚度、硬度、有无肿胀、疼痛和硬结以及乳房淋巴结的状态。

③乳汁的感官检查。如挤出的乳汁浓稠,内含絮状物或纤维蛋白性凝块,或混有脓汁、血液,则见于乳腺炎。

1.5.5　神经系统检查

1.5.5.1　精神状态检查

(1) 精神兴奋　精神兴奋是中枢神经系统机能亢进的结果。轻者表现为骚动不安、惊恐、竖耳刨地；重者受轻微刺激即产生强烈反应，不顾障碍地前冲、后退，甚至攀爬饲槽或跳入沟渠、狂奔乱跑、攻击人畜，常见于脑神经疾患（如脑膜充血、炎症及颅内压升高），代谢障碍（如酮病、维生素缺乏），微生物毒素、化学药品或有毒植物等中毒，以及日射病、热射病、传染病（如传染性脑脊髓炎、狂犬病、犬瘟热）。

（2）精神抑制　是中枢神经系统机能抑制过程占优势的表现。依程度不同可分为：

①沉郁。为中枢神经系统轻度抑制现象。呈现嗜睡状态，即患病动物对周围事物反应迟钝，离群呆立，头低耳耷，眼睛半闭，不听呼唤。牛常卧地，头颈弯向胸侧。猪常卧于暗处。鸡两翅常下垂，垂头缩颈，闭目呆立或独自呆卧于僻静处，但对轻度刺激仍有反应。一般疾病的畜禽都会出现该症状。

②昏睡。为中枢神经系统中度抑制的现象。患病动物处于不自然的熟睡状态，对外界刺激反应异常迟钝，给以强刺激才能产生短暂反应，但很快又陷入沉睡状态。见于脑炎、颅内压升高。

③昏迷。为大脑皮层机能高度抑制现象。患病动物意识完全丧失，对外界刺激全无反应，卧地不起，全身肌肉松弛，反射消失，甚至瞳孔散大，粪尿失禁，仅保留节律不齐的呼吸和心脏搏动，对强烈刺激也无反应。常为预后不良的征兆，见于脑神经病变（如脑炎、脑肿瘤、脑震荡）及代谢性脑病（如酮病、心血管机能障碍、贫血、低血糖、辅酶缺乏，以及脱水和肾功能障碍引起的尿毒症）。

1.5.5.2　运动机能检查

（1）运动状态的检查

①强迫运动。患病动物呈现圆圈运动、卧地四肢作游泳状运动，见于脑炎、脑内的肿瘤、脑室积水、牛和羊脑包虫病，以及某些中毒（如氟乙酰胺）。

②盲目运动。患病动物无目的游走，不注意周围事物，不顾外界刺激而不断前进，遇障碍物时则头顶于障碍物不动或原地踏步，见于脑部炎症、脑室水肿。

③暴进及暴退。患病动物将头高举或低下，以常步或速步不顾障碍向前狂进，甚至跌入沟渠而不躲避，称为暴进。暴退是患病动物头颈后仰，连续后退，甚至倒地。暴进常见于动物大脑皮层运动区、纹状体、丘脑等受损害；暴退见于小脑损伤、颈肌痉挛。

④滚转运动。患病动物不自主地向一侧倾倒或强制卧于一侧，或以躯体的长轴为中心向患侧滚转，见于延髓、小脑脚、前庭神经、内耳迷路受损的疾病，小动物易发。若大动物出现滚转运动，一般多由于大脑皮层运动中枢、中脑、脑桥、小脑、前庭核、迷路等部位受损害，特别是一侧性损害所致，常见于脑炎、脑脓肿、脑肿瘤、急性脑室积水，以及牛和羊脑包虫病。应与腹痛引起的滚转或共济失调引起的一侧性倾倒相区别。

（2）共济失调　健康动物依靠小脑、前庭、锥体系统和锥体外系统来调节肌肉的张力或收缩力量，协调肌肉的动作，维持平衡和运动的协调。运动时，肌群动作不协调导致动物体位和各种运动的异常表现，称为共济失调。

①静止性失调。动物在站立状态下出现的体位平衡失调现象。表现为头和体躯摇摆不稳，如"醉酒状"，偏斜，四肢肌肉紧张力降低，软弱，常以四肢叉开站立，以试图保持体位平衡，提示小脑、前庭神经或迷路受损害。

②运动性失调。运动时出现的共济失调，动作缺乏节奏性、准确性和协调性。表现为运步时整个身躯摇晃，步态笨拙，举肢很高，用力踏地如"涉水样"步态，提示深部感觉障

碍，见于大脑皮层（颞叶或额叶）、小脑、脊髓（脊髓背根或背索）、前庭神经或前庭核、迷路的损害。

（3）痉挛　痉挛是横纹肌不随意收缩的一种病理现象，可表现为阵发性痉挛和强直性痉挛。

①阵发性痉挛。指肌肉短时间、间断性不随意运动，根据病因可分为：

a. 中枢性痉挛。见于脑炎、脑内的肿瘤、脑结核、中暑。

b. 发热性痉挛。见于持续性高热的疾病过程。

c. 局部贫血性痉挛。见于肿瘤等压迫血管或突然受到寒冷刺激，是血管收缩造成局部贫血引起的痉挛。

d. 中毒性痉挛。见于有机磷中毒、士的宁中毒。

e. 疲劳性痉挛。见于动物过度使役过程中。

f. 矿物质缺乏性痉挛。见于钙、磷等矿物质缺乏的疾病。

②强直性痉挛。指肌肉长时间均等的连续收缩而无弛缓的一种不随意运动。见于破伤风、中毒（如有机磷、士的宁中毒）、脑炎、反刍动物的酮血病及生产瘫痪。

（4）瘫痪　瘫痪是横纹肌的随意运动机能减弱或消失现象，亦称为麻痹。

①根据瘫痪的程度可划分为以下两种。

a. 全瘫。肌肉运动机能完全丧失。

b. 不全瘫。亦称轻瘫，肌肉运动机能不完全丧失。根据其表现的部位可分为3种：

单瘫：某一肌肉、肌群或一肢肌肉运动机能丧失，见于支配这些部位肌肉的神经麻痹。

偏瘫：一侧躯体的肌肉运动机能丧失，见于支配这些部位肌肉的神经麻痹。

对称截瘫：躯体两侧对称部位瘫痪，见于脊髓炎、脊髓肿瘤、脊髓挫伤、脊髓震荡。

②根据神经系统损伤的解剖部位可分为以下两种。

a. 中枢性瘫痪。特点是麻痹范围广泛，反射机能增强，肌肉痉挛，常伴有意识障碍（图1-44）。见于脑炎、脑出血、脑积水、脑肿瘤及脑寄生虫病。

b. 外周性瘫痪。特点是麻痹范围局限，反射机能降低，肌肉松弛，易发生萎缩，但动物意识清楚（图1-45）。见于面神经麻痹、三叉神经麻痹、肩胛上神经麻痹、桡神经麻痹、坐骨神经麻痹。

图1-44　犬中枢性瘫痪

图1-45　犬外周性瘫痪

技能 1.6 临床检查程序与建立诊断

1.6.1 临床检查程序

1.6.1.1 患病动物登记　患病动物登记就是系统地记录就诊动物的一般情况和特征，以便识别。同时，也可为诊疗工作提供某些参考条件。登记的内容包括：动物的种类、品种、性别、年龄、个体特征（如动物名、动物号、毛色、烙印等），以及畜主的姓名、住址、单位及就诊时间等。

1.6.1.2 病史调查　病史调查包括现病史及既往病史的调查。主要通过问诊进行了解，必要时需深入现场进行流行病学调查。

1.6.1.3 现症的临床检查　对患病动物进行客观的临床检查是发现、判断症状及病变的主要阶段。临床检查包括一般检查、各系统检查及根据需要而选用的实验室检验或特殊检查。最后综合分析前述检查结果，建立初步诊断，并拟定治疗方案，予以实施，以验证和充实诊断，直至获得确切的诊断结果。

（1）一般检查　包括体温、脉搏及呼吸次数测定；整体状况的观察（如精神、食欲、饮水、咀嚼、吞咽、营养、体格、姿势、运动等）；被毛、皮肤、可视黏膜以及浅表淋巴结的检查。

（2）各器官、系统检查　心血管系统的检查、呼吸（器官）系统检查、消化（器官）系统检查、泌尿和生殖（器官）系统检查、神经系统检查。

（3）特殊检查　根据临床检查的需要，并在条件允许的情况下，进行实验室检验，特殊仪器检查。

1.6.2 病历记录及其填写方法

1.6.2.1 建病历

（1）病历格式　一份完整的病历包括以下 6 个部分（表 1-5）。

①患病动物登记事项。
②病史资料记录。
③临床检查记录（包括实验室和临床辅助检查结果）。
④诊断意见（初步诊断、最后诊断）。
⑤治疗和护理措施。
⑥总结。治疗结束时，以总结方式，概括诊断、治疗结果，并对今后动物的生产能力加以评定，并指出在饲养管理方面应注意的事项。

如发生死亡转归时，应进行尸体剖检并附剖检报告。
最后整理、归纳诊疗过程中的经验、教训或附病例讨论。

（2）病历日志

①逐日记录患病动物的体温、脉搏、呼吸次数。
②各器官系统症状、变化（一般只记录与前日不同之处）。
③各种辅助、特殊检查结果。

④治疗原则、方法、处方、护理,以及改善饲养管理方面的措施。
⑤会诊人员、意见及决定。

表1-5 病历记录格式

年　月　日　门诊编号＿＿＿

畜主		住址		
畜种	年龄	性别	毛色	特征
诊断	月　日		转归	年　月　日	兽医师签字
	月　日				
主诉及病史:					
检查所见:	体温（℃）	脉搏（次/min）		呼吸（次/min）	
月　日	检查所见及处置			兽医师签字	
分　析					
治疗及护理					
小　结					

1.6.2.2 填写病历的原则

（1）全面而详细　应详细记录问诊、临床检查、特殊检验的所见及结果。某些检查项目的阴性结果亦应记入（如肺听诊未见异常声音），其目的是可作为排除某诊断的依据。

（2）系统而科学　应按系统或检查部位有顺序地记录所有内容，以便归纳、整理各种症状，应以通用名词或术语加以客观描述，不宜以病名概括所见的现象。

（3）具体而严谨　各种症状的表现和变化力求真实具体，最好以数字、程度标明或用实物加以恰当的比喻，必要时附上简图，进行确切地形容和描述。避免用可能、似乎、好像等模棱两可的词句，至于一时无法确定的，可在词语后加一个"？"，以便继续观察和确定。

（4）通俗易懂　记录词句应通俗易懂。主诉内容可用畜主自述话语记录。

（5）签字　在治疗及护理栏内，应列出处方、处理方法及护理的原则和具体措施。最后医生签字，以示负责。

1.6.3　建立诊断

1.6.3.1　建立诊断的步骤
首先通过病史调查、一般检查和系统检查，并根据需要进行必要的实验室检验或X线、B超等仪器检查，系统全面地收集症状和有关发病经过资料；

然后，对所收集到的症状、资料进行综合分析、推理、判断，初步确定病变部位、疾病性质、致病原因及发病机理，建立初步诊断；最后依据初步诊断进行治疗，以验证、补充和修改，最后对疾病做出确切诊断。

1.6.3.2 建立诊断的方法

（1）论证诊断法　是根据可以反映某疾病本质的特有症状提出该病的假定诊断，并将实际所具有的症状、资料与假定的疾病加以比较和分析，若全部或大部分主要症状及条件都相符，所有现象和变化均与该病相符，则这一诊断即可成立，建立初步诊断。

论证诊断是以丰富而确切的病史、症状资料为基础，但同一疾病的不同类型、程度或时期，所表现的症状也不相同。而动物的种类、品种、年龄、性别及个体的营养条件和反应能力不同，其症状也有所差异。所以，论证诊断时不能机械地对照书本或主观臆断，应对具体情况具体分析。

论证诊断应以病理学为基础，要全面考虑，以解释所有现象，并找出其中的关系。对并发症与继发症、主要疾病与次要疾病、原发病与继发病要有明确认识，以求深入认识疾病的本质和规律，制订合理的综合防治措施。

（2）鉴别诊断法　是根据某一个或某几个主要症状提出一组可能的、相近似的而有待区别的疾病，并从病因、症状、发病经过等方面进行分析和比较，采用排除法逐个排除，最后留下一个或几个可能性较大的疾病，作为初步诊断结果，并根据治疗实践的验证做出确切诊断。

例如，反刍动物前胃弛缓症状的鉴别诊断。前胃弛缓是瘤胃、网胃、瓣胃神经肌肉装置感受性降低，平滑肌主动运动性减弱，内容物运转迟滞所引发的反刍动物消化障碍综合征。其临床特征是食欲减退，反刍障碍，前胃运动减弱甚至停止。前胃尤其是瘤胃的消化运动是否正常，常被看做是反刍动物是否健康的一面镜子。因此，兽医临床工作者往往都习惯于从前胃弛缓这一消化不良综合征入手，对反刍动物的各种胃肠疾病以至相关的各类群体性疾病进行症状鉴别诊断。

1.6.3.3 预后判断　预后是对动物所患疾病发展趋势及结局的估计与推断。预后不仅要判断患病动物的生死，同时也要推断患病动物的生产能力，以及是否淘汰等问题。诊断越准确，则预后判断也越准确。临床上常把疾病的预后分为预后良好、预后不良、预后慎重、预后可疑4种：

（1）预后良好　是患病动物不仅能完全治愈，而且能保持原有的生产能力和经济价值。如感冒、气管炎、口炎等。

（2）预后不良　是指患病动物危重或死亡，或丧失生产能力和经济价值。如胃肠破裂、鸡新城疫、慢性肺气肿等。

（3）预后慎重　是指患病动物的结局良好与否不能判定，有可能在短时内完全治愈，保持原有的生产能力和经济价值。也有可能转为死亡或丧失生产能力和经济价值。如中毒、急性重症瘤胃臌气等。

（4）预后可疑　是指材料不全或病情正在发展变化之中，结局尚难推断，一时不能做出肯定的预后。如额窦炎，可以治愈而预后良好，还可进一步波及脑膜，继发脑膜炎而预后不良。

技能考核

① 理论考核

1. 动物的接近、保定的临床意义及注意事项。
2. 临床检查基本方法的临床意义及注意事项。
3. 一般临床检查的临床意义及注意事项。
4. 系统临床检查的临床意义及注意事项。
5. 临床检查程序、建立诊断的临床意义及注意事项。

② 操作考核

对下列各项进行临床检查操作，记录各检查项目，建立初步临床诊断：

1. 接近与保定各类动物。
2. 问诊、视诊、触诊、叩诊、听诊、嗅诊。
3. 动物的整体状态、被毛皮肤、眼结膜、浅表淋巴结、TPR 的检查，鉴别正常情况与病理变化。
4. 常见各类动物的体温、呼吸、脉搏的生理常数。
5. 对各系统进行临床检查，鉴别正常情况与病理变化。

模块 2 实验室检验分析技术

岗 位		化验室、检验室
岗位任务		动物疾病实验室化验、检验诊断
岗位目标	应 知	血液标本采集、血液样本处理、血液涂片制备与染色、血液常规检验、血液分析仪血常规检测、生化分析仪的血液生化指标检测、尿液检验、粪便检验、皮肤刮取物检验临床意义与检验注意事项
	应 会	禽类、猪、牛、羊、犬、猫血液标本采集；血样处理与血液的抗凝处理；血液涂片制备与染色；ESR、PCV、HGB、RBC、WBC、DC检测；血液分析仪与生化分析仪的血液指标检测；尿液样品采集和保存、尿液的物理学检查、尿液的化学检查、尿沉渣显微镜检验；粪便物理学检验、粪便化学检验、粪便显微镜检查、粪便中寄生虫虫卵检查；螨虫检验、致病性真菌检验
	职业素养	养成实验室化验认真仔细习惯；养成注重安全防范意识；养成不怕苦和脏、敢于操作作风；养成善于思考、科学分析问题解决问题能力

技能 2.1 血液标本采集

2.1.1 血液标本类型

2.1.1.1 全血

（1）静脉全血 即来自静脉的全血，血液标本应用最多。采血的部位依据动物种类而定，如马、牛、羊多在颈静脉，猪在耳静脉或前腔静脉，犬、猫常在前臂皮下静脉（头静脉）和后肢外侧小隐静脉采取。

（2）动脉全血 主要用于血气分析，采血部位主要为股动脉。

（3）毛细血管全血 适用于微量血液的检验。

2.1.1.2 血浆
全血抗凝、离心后除去血细胞成分即为血浆，用于血浆化学成分的测定和凝血试验等。

2.1.1.3 血清
血液离体自然凝固后分离出来的液体。血清与血浆相比，主要缺乏纤维蛋白原。血清主要用于兽医临床化学与免疫学检测。

2.1.1.4 分离或浓缩的血细胞成分
有些特殊的检验项目需要特定的血细胞作为标本，如浓缩的粒细胞、淋巴细胞或分离的单核细胞等。

2.1.2 禽类血液标本采集

2.1.2.1 翼根静脉取血
将禽的翅膀展开，暴露腋窝，拔掉羽毛，即

禽血液标本采集

可见明显的由翼根进入腋窝较粗的翼根静脉,局部皮肤用碘酒、酒精消毒,术者用左手拇指、食指压迫此静脉向心端,使血管怒张,右手持接有5(1/2)号针头的注射器将针头由翼根向翅尖方向沿静脉平行刺入血管内,让血液自行流出,不可用注射器用力抽取,以免引起静脉塌陷或出现气泡。

2.1.2.2　心脏采血　将禽侧卧保定,于胸外静脉后方约1cm的三角坑处垂直刺入,穿透胸壁后,阻力减小,继续刺入感觉有阻力且注射器随心脏搏动轻轻摆动时,即刺入心脏,徐徐抽出注射器推筒,采集心血至5～10mL。

2.1.3　猪血液标本采集

2.1.3.1　耳静脉采血　成年猪一般在耳静脉采血。将耳根压紧,待耳静脉怒张时,局部消毒,用较细的针头刺入血管即可抽出血液。

2.1.3.2　前腔静脉采血　如所需血液量大或有特殊需要时可采用此法。将猪仰卧保定(仔猪或中等大小的猪)或站立保定(育肥猪),将两前肢向后拉直或用绳环套住上腭拴于柱栏内,仰卧保定时要将头颈伸展,充分暴露胸前窝,在右侧(也可左侧)胸前窝处局部消毒,手持注射器使针头斜向对侧或向后内方与地面呈60°角刺入3～6cm即可抽出血液,术后常规按压止血和消毒(图2-1)。

图2-1　猪前腔静脉采血

2.1.4　牛、羊血液标本采集

牛的血液标本采集技术

牛、羊一般多取颈静脉采血。在颈静脉上1/3与中1/3交界处,局部剪毛、消毒,术者左手拇指紧压颈静脉近心端,待颈静脉怒张时,右手持针头对准血管先垂直进针,待针头进入血管之后慢慢调整针头方向(逆着血流方向采血),见血液流出后连接注射器抽取,或直接用抗凝剂处理的容器收接即可获得血液样品。目前多采用真空采血器进行。此外,奶牛可在腹壁皮下静脉(乳前静脉)采血。牛也可在尾中静脉采血:助手尽量将牛尾向上高举,术者用针头在第二、三尾椎间垂直刺入,轻轻抽动注射器内芯,直到抽出一定量的血液为止。

2.1.5　犬、猫血液标本采集

犬、猫常在后肢外侧小隐静脉和前臂皮下静脉(即头静脉)采血。后肢外侧小隐静脉在后肢胫部下1/3的外侧浅表皮下,由前侧方向后行走。抽血前,将犬等固定,局部剪毛,用碘酒、酒精消毒皮肤。采血者左手拇指和食指握紧剪毛区近心端或用乳胶管适度扎紧,使静脉充盈,右手用接有6号或7号针头的注射器迅速穿刺入静脉,左手放松将针头固定,以适当速度抽血。采集前臂皮下静脉或前臂头静脉血的操作方法基本相同(图2-2、图2-3)。

如需采集颈静脉血,则取侧卧位,局部剪毛消毒。将颈部拉直,头尽量后仰。用左手拇指压住近心端颈静脉入胸部位的皮肤,使颈静脉怒张,右手持接有6(1/2)号针头的注射器,针头沿血管平行方向远心端刺入血管。静脉在皮下易滑动,针刺时除用左手固定好血管

图 2-2 前臂头静脉采血

图 2-3 小隐静脉采血

犬的静脉采血

外,刺入要准确,取血后注意压迫止血。

技能 2.2 血液样本处理

2.2.1 血样的处理

采集血液后,最好立即进行检验,或放入冰箱中保存,夏天室温放置不得超过 24h;不能立即检验的,应将血片涂好并固定。需用血清的,采血时不加抗凝剂,采血后将血液置于室温或 37℃ 恒温箱中,血液凝固后,将析出的血清移至容器内冷藏或冷冻保存。需用血浆者,采抗凝血,将其及时离心(2 000~3 000r/min)5~10min,吸取血浆于密封小瓶等容器中冷冻保存。进行血液电解质检测的血样,应注意血清或血浆内不应混入血细胞或发生溶血。血样保存最长期限,白细胞记数为 2~3h,红细胞记数、血红蛋白测定为 24h,红细胞沉降率为 3h,血细胞比容测定为 24h,血小板记数为 1h。

2.2.2 血液的抗凝处理

2.2.2.1 抗凝剂

(1)乙二胺四乙酸(EDTA)盐 能与血液中钙离子结合成螯合物 EDTA-Ca 而起抗凝作用,常用其钠盐($EDTA-Na_2 \cdot 2H_2O$)或钾盐($EDTA-K_2 \cdot 2H_2O$)。EDTA 盐对血细胞和血小板形态影响很小,但对其功能影响较大,因此适用于一般血液学检验。因 EDTA 能抑制或干涉纤维蛋白凝块形成时纤维蛋白单体的聚合,所以不适合用于凝血现象及血小板功能检验,也不适合用于钙、钾、钠及含氮物质的测定。其有效抗凝浓度为每毫升血液 1~2mg,常配成 1.5% 水溶液。

EDTA 作为抗凝剂,其优点是溶解性好、价廉,但此类抗凝剂浓度过高时,会造成细胞失水皱缩。EDTA 溶液的 pH 与盐类关系较大,低 pH 可使细胞吸水膨胀。此外,EDTA 还影响某些酶的活性。

(2)草酸盐合剂 草酸盐溶解后解离的草酸根离子与血液中的钙离子结合生成不溶性的草酸钙,使钙离子失去凝血功能,凝血过程被阻断。常用的草酸盐为草酸钾、草酸钠和草酸铵。高浓度钾离子或钠离子易使血细胞脱水皱缩,而草酸铵则可使血细胞吸水膨胀,故临床上常用草酸盐合剂。分别取草酸铵 1.2g 和草酸钾 0.8g,溶解于 100mL 蒸馏水中,此溶液 0.5mL 分装后于 80℃ 烘干后可使 2~5mL 血液不凝固。常用于血液生化测定。由于此抗凝剂能保持红细胞的体积不变,故也适用于血细胞比容测定。但因其影响白细胞形态,并可造成血小板聚集，所以不能用于白细胞分类计数和血小板计数。

（3）枸橼酸盐 枸橼酸根与血液中钙离子形成难解离的可溶性枸橼酸钙复合物，使血液中钙离子减少，从而阻止血液凝固。常用的是枸橼酸三钠。该类抗凝剂溶解度较低，抗凝效果较弱，临床上主要用于红细胞沉降速率测定、凝血功能测定和输血，不适合用于血液化学检验。该抗凝剂的使用浓度一般为3.8%，1mL抗凝剂可抗凝4mL血液。

（4）肝素 肝素是一种含有硫酸基团的黏多糖，因有硫酸基团而带有强大的负电荷。肝素与抗凝血酶Ⅲ（AT-Ⅲ）结合，使AT-Ⅲ的精氨酸反应中心更易与各种丝氨酸蛋白酶起作用，从而使凝血酶的活性丧失，并阻止血小板聚集，从而起到抗凝作用。肝素具有抗凝效果好、不影响血细胞形态及不易溶血等优点；缺点是可引起白细胞聚集，且血涂片在瑞氏染色时效果较差，价格较高。可用于多种血液生物化学分析和血细胞比容测定，是红细胞渗透脆性检验最理想的抗凝剂，不适合用于白细胞计数、血小板计数、血涂片检查及凝血检查。常配成1%溶液，取0.5mL分装后于37～50℃烘干后可抗凝5mL血液。肝素抗凝剂应及时使用，放置过久易失效。

2.2.2.2 商品抗凝管 目前市场上用于兽医临床诊疗、生物实验等方面已经有经过抗凝剂处理过的商品抗凝试管，以试管头盖颜色分类。

（1）普通血清管 红色头盖，采血管内不含添加剂，用于常规血清生化相关检验。

（2）EDTA抗凝管 紫色头盖，血样常温可保存数小时。适用于一般血液学检验，不用于凝血试验及血小板功能检查，亦不用于钙离子、钾离子、钠离子、铁离子、碱性磷酸酶、肌酸激酶和亮氨酸氨基肽酶的测定及PCR试验。

（3）肝素抗凝管 绿色头盖，采血管内添加有肝素，血样常温可保存数小时。适用于红细胞脆性试验、血气分析、血细胞比容、血沉及一些生化测定，不适于做血凝试验。过量的肝素会引起白细胞的聚集，不能用于白细胞计数。因其可使血片染色后背景呈淡蓝色，故也不适于白细胞分类。

（4）枸橼酸钠凝血试验管 蓝色头盖，适用于凝血实验，血样常温可保存2h。抗凝剂浓度是3.2%或3.8%（相当于0.109mol/L或0.129mol/L），抗凝剂与血液的比例为1∶9。

技能2.3 血液涂片制备与染色

2.3.1 血液涂片制备

选取一张边缘光滑的载玻片做推片，用左手的拇指和中指（或食指）夹持一张洁净载玻片的两端，取被检血液一滴（最好是新鲜的未加抗凝剂的血液），置于载玻片的右端，右手持推片（将载玻片一端的两角磨去即可，也可用血细胞计数的盖片做推片）置于血滴前方，并轻轻向后移动推片，使之与血液接触，待血液扩散开后，再以30°～45°角向前均速推进，即形成血膜（图2-4）。良好的血片，其头、体、尾明显，

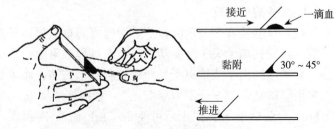

图2-4 血液涂片的制备方法

血液分布均匀,厚薄适宜,血膜边缘整齐,并留有一定空隙,对光观察呈霓虹色。待血膜自然风干后,于载玻片两端留有空隙处注明动物种类、编号、日期等,即可进行染色。

推片时,血滴越大,角度(两玻片之间的锐角)越大,推片速度越快,则血膜越厚;反之则血膜越薄。白细胞分类计数的血膜宜稍厚,进行红细胞形态及血液原虫检查的血片宜稍薄。推好的血片可于空气中左右挥动,使其迅速干燥,以防细胞皱缩而使血细胞变形。反之,则需重行制作,直至合格,再行染色。

2.3.2 血液涂片的染色

2.3.2.1 瑞氏染色法

(1)瑞氏染色液的配制　瑞氏染色粉0.1g,甲醇60mL。将0.1g瑞氏染色粉置于研钵中,加少量甲醇研磨,然后将已溶解的染色液倒入洁净的棕色瓶,剩下未溶解的染料再加少量甲醇研磨,如此连续操作,直至染料全部溶解。染色液于室温下保存1周(每天振摇1次),过滤后即可应用。

血液涂片制备与染色

新配的染色液偏碱性,放置时间越久染色效果越好。配制时可在染色液中加入中性甘油3mL,可防止染色时甲醇过快挥发,且可使细胞着色更清晰。

(2)染色方法　先用玻璃铅笔在血膜两端各画1条竖线,以防染液外溢,将血片平置于水平染色架上;于血片上滴加瑞氏染色液,以将血膜盖满为宜;染色1~2min后,再加等量磷酸盐缓冲液(pH6.4~6.8,或中性蒸馏水),并轻轻摇动或用洗耳球轻轻吹动,以使染色液与缓冲液混合均匀,继续染色3~5min;最后用蒸馏水或清水冲洗涂片,自然干燥或用吸水纸吸干,待检。所得血片呈樱桃红色者为佳。

2.3.2.2 吉姆萨染色法

(1)吉姆萨染色液的配制　吉姆萨染色粉0.5g,中性甘油33mL,中性甲醇33mL。先将0.5g吉姆萨染色粉置于清洁的研钵中,加入少量甘油,充分研磨,然后加入剩余甘油,在50~60℃水浴中保持1~2h,并用玻璃棒搅拌,使染色粉溶解,最后加入中性甲醇,混合后置于棕色瓶中,保存1周后滤过即成原液。

(2)染色方法　先将涂片用甲醇固定3~5min,然后置于新配吉姆萨应用液(于0.5~1.0mL原液中加入pH6.8磷酸盐缓冲液10.0mL即得)中染色30~60min;取出血片,用蒸馏水冲洗,吸干,待检。染色良好的涂片应呈玫瑰紫色。

pH6.8磷酸盐缓冲液的配置:量取1%磷酸二氢钾30.0mL和1%磷酸氢二钠30.0mL混合后,再加双蒸水定容至1 000.0mL。

2.3.2.3 瑞-吉复合染色法

(1)瑞-吉复合染色液的配制　瑞氏染色粉0.5g,吉姆萨染色粉0.5g,甲醇500mL。取瑞氏染色粉和吉姆萨染色粉各0.5g置于研钵中,加少量甲醇研磨,倾入棕色瓶中,用剩余甲醇再研磨,最后一并装入瓶中,保存1周后过滤即可。

(2)染色方法　先于血膜上滴加染色液,0.5~1min后,加等量磷酸盐缓冲液(pH6.8),混匀,继续染色5~10min,水洗,吸干,待检。

染色效果主要由两个环节决定,首先,染色液的酸碱度,染色液偏碱时呈灰蓝色,偏酸时呈鲜红色。因此,要保证甲醇、甘油、蒸馏水、玻片等保持中性或弱酸性,并尽可能使用磷酸盐缓冲液。其次,染色时间,这与染液性能、浓度、室温和血片的厚薄有关。

2.3.2.4 动物各类血细胞的形态特征 见图 2-5 至图 2-8。

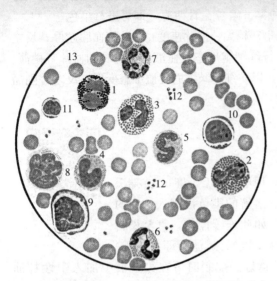

1. 分叶型嗜碱性粒细胞   2. 杆状核型嗜酸性粒细胞
3. 分叶型嗜酸性粒细胞   4. 晚幼型嗜中性粒细胞
5. 杆状核嗜中性粒细胞   6、7. 分叶型嗜中性粒细胞
8. 单核细胞   9. 大淋巴细胞   10. 中淋巴细胞
11. 小淋巴细胞   12. 血小板   13. 红细胞

图 2-5 牛血涂片

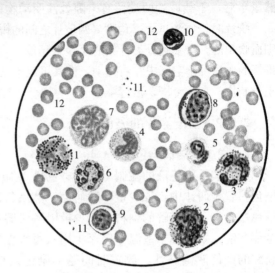

1. 嗜碱性粒细胞   2. 杆状核型嗜酸性粒细胞
3. 分叶型嗜酸性粒细胞   4. 晚幼型嗜中性粒细胞
5. 杆状核嗜中性粒细胞   6. 分叶型嗜中性粒细胞
7. 单核细胞   8. 大淋巴细胞   9. 中淋巴细胞
10. 小淋巴细胞   11. 血小板   12. 红细胞

图 2-6 绵羊血涂片

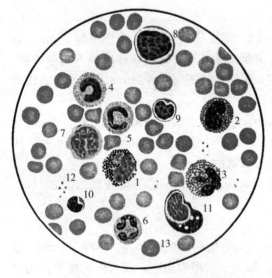

1. 嗜碱性粒细胞   2. 晚幼型嗜酸性粒细胞
3. 分叶型嗜酸性粒细胞   4. 晚幼型嗜中性粒细胞
5. 杆状核嗜中性粒细胞   6. 分叶型嗜中性粒细胞
7. 单核细胞   8. 大淋巴细胞   9. 中淋巴细胞
10. 小淋巴细胞   11. 浆细胞   12. 血小板
13. 红细胞

图 2-7 猪血涂片

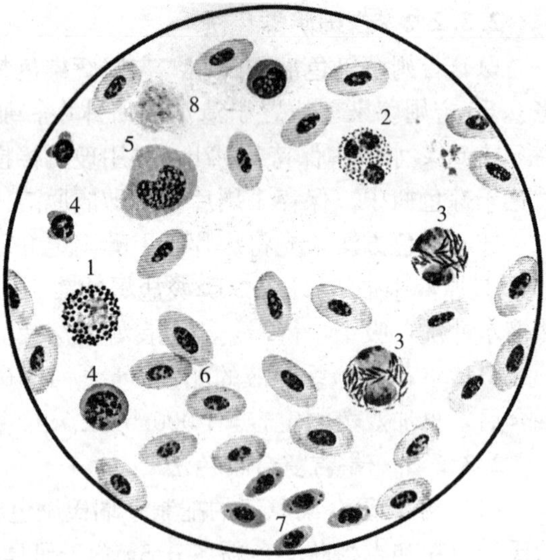

1. 嗜碱性粒细胞   2. 嗜酸性粒细胞
3. 嗜中性粒细胞   4. 淋巴细胞   5. 单核细胞
6. 红细胞   7. 血小板   8. 核的残余

图 2-8 鸡血涂片

2.3.2.5 注意事项

（1）载玻片应事先处理干净。新玻片常有游离的碱质，应先用肥皂水洗刷，流水冲洗，然后浸泡于1％～2％盐酸或醋酸溶液中约1h再用流水冲洗，烘干后浸于95％以上的酒精中备用。旧玻片则应先放入加洗衣粉的水中煮沸30min左右（若是细菌涂片则应先高压灭菌再进行煮沸处理），洗刷干净后再用流水反复冲洗，烘干后浸于95％以上的酒精中备用。使用时用镊子取出载玻片擦干，切勿用手指直接与玻片表面接触，以保持玻片的清洁。

（2）推制血片时，两张玻片不要压得太紧，用力要均匀。

（3）用玻璃铅笔在血膜的两端画线，能起到防止染色液外溢的作用，不影响染色效果。

（4）滴加瑞氏染色液的量不宜太少，太少易挥发而形成颗粒；滴加缓冲液要混合均匀，否则血片颜色深浅不一。

（5）冲洗时应将蒸馏水或清水直接向血膜上倾倒，使液体自血片边缘溢出，沉淀物从液面浮去，切不可先将染液倾去再冲洗，否则沉淀物附着于血膜表面而不易被冲掉。

（6）染色良好的血涂片应呈樱桃红色，若呈淡紫色，则表明染色时间过长；若呈红色，则表明染色时间过短。染色液偏碱时血片呈烟灰色；偏酸时血片呈鲜红色。

技能2.4 血液分析仪血常规检测

2.4.1 血液分析仪检测项目

一般血液分析仪检测为血常规项目的细胞计数和细胞分类，检测项目包括红细胞总数（RBC）、血红蛋白（HGB）、血细胞比容（HCT）、红细胞平均体积（MCV）、红细胞平均血红蛋白含量（MCH）、红细胞平均血红蛋白浓度（MCHC）、红细胞体积分布宽度（RDW）、白细胞总数（WBC）、淋巴细胞数目（LY#）、单核细胞数目（MO#）、粒细胞数目（GR#）、淋巴细胞百分比（LY％）、单核细胞百分比（MO％）、粒细胞百分比（GR％）、血小板总数（PLT）及白细胞直方图、红细胞直方图、血小板直方图等。

2.4.2 血液分析仪电阻抗法检测

2.4.2.1 电阻抗法血液分析仪器组成 电阻抗法血液分析仪器主要组成部分包括：信号发生器、放大器、阈值调节器、甄别器、整形器、计数系统。

2.4.2.2 电阻抗法检测原理 血细胞具有相对非导电的性质，悬浮在电解溶液中的血细胞颗粒在通过计数小孔时引起电阻变化，于是瞬间引起了电压变化而出现一个脉冲信号，细胞体积越大产生的脉冲振幅越高，测量脉冲的大小即可测出细胞体积大小，记录脉冲的数量就可测定细胞的数量，因而可以对血细胞进行计数和体积测定。这就是电阻抗原理，又称库尔特原理。

（1）白细胞计数和分类计数检测原理 不同体积的白细胞通过小孔时产生的脉冲大小有明显的差异，依据这些脉冲的大小，可对白细胞进行分群。仪器可将体积为35～450fL的血细胞分为256个通道，每个通道为64fL，根据细胞大小分别置于不同的通道中，从而显示出白细胞体积分布直方图。

（2）红细胞检测原理 红细胞计数和血细胞比容检测原理同白细胞计数。当红细胞通过计数小孔时,产生相应大小的脉冲,脉冲的高低代表每个红细胞的体积,脉冲的多少即为红细胞的数目,脉冲高度叠加经换算得出血细胞比容。

(3)血红蛋白检测原理 当稀释血液中加入溶血剂后,红细胞溶解并释放出血红蛋白,血红蛋白与溶血剂中的某些成分结合形成一种血红蛋白衍生物,进入血红蛋白测试系统,在特定波长(一般为530~550nm)下进行比色;吸光度的变化与稀释液中血红蛋白含量成正比,仪器通过计算可显示出血红蛋白的浓度。

(4)血小板测定 与红细胞采用一个共同的分析系统,根据不同的阈值,计算机分别给出红细胞和血小板数目。

2.4.3 全自动血液分析仪检测操作

(1)开机前的准备 检查稀释液、冲洗液、溶血剂是否足量,有无混浊、变质,试剂管道有无扭结,倒空废液瓶。检查记录仪,打印纸是否充足,安装是否到位。

(2)开机 按下机器开关键,电源指示灯亮,主机进行内部初始化,仪器自检系统硬件是否正常、试剂是否足量。完毕后进入计数界面。

(3)本底检查 出现计数界面后,机器将自动测量的本底数值显示在屏幕上,本底结果要求:WBC≤0.3、RBC≤0.03、HGB≤1、PLT≤10。如果本底没有达到仪器要求,仪器将提示"本地异常"请执行清洗或维护程序。

(4)全血测定 在计数界面下,按[模式]设置为"全血"。制作抗凝血标本。把处理好的样品,送到采样针下。按开始键进行测定。

(5)末梢血测量 在计数界面下,按[模式]设置为"末梢血"。按[稀释液],按开始键,用试管从采样针下取0.7mL稀释液,用毛细血管采取的20μL末梢血迅速注入盛有0.7mL稀释液的试管中,制成稀释血样。将稀释血样混匀,放置3min后再次摇匀放到采样针下,按开始键计数。

(6)关机 使用完毕,仪器进行清洗,执行[关机]程序,最后关闭电源。

(7)检测注意事项 为了提高检测结果的准确性,要实行全面质量控制和校正;要正确采集血液标本,血液要新鲜,合理使用合格的抗凝剂;对异常的细胞计算结果和直方图异常者应该进行人工显微镜复查。

2.4.4 血常规检验的临床意义

2.4.4.1 红细胞计数(RBC)

(1)标本 末梢血或乙二胺四乙酸抗凝静脉血。

(2)参考值 犬$(5.5\sim8.5)\times10^{12}$个/L,猫$(5\sim10)\times10^{12}$个/L,牛$(5\sim10)\times10^{12}$个/L,马$(6\sim12)\times10^{12}$个/L,猪$(5\sim7)\times10^{12}$个/L,绵羊$(9\sim15)\times10^{12}$个/L,山羊$(8\sim12)\times10^{12}$个/L。

(3)临床意义

①相对增多:见于呕吐、腹泻、多尿、多汗、急性胃肠炎、肠梗阻、肠变位、渗出性胸膜炎、某些传染病及发热性疾病。

②绝对增多:原发性增多与促红细胞生成素产生过多有关,见于肾癌、肝细胞癌、雄激素分泌细胞肿瘤、肾囊肿等。继发性红细胞增多,是由于代偿作用使红细胞绝对数增多,见

于缺氧、高原环境、一氧化碳中毒、代偿机能不全的心脏病及慢性肺部疾病。

③红细胞减少：见于多种原因引起的贫血，如大失血、红细胞破环过多、造血原料缺乏或造血功能障碍等。

2.4.4.2 血红蛋白测定（HGB）

（1）标本　末梢血或乙二胺四乙酸抗凝静脉血。

（2）参考值　犬 120～180g/L，猫 80～150g/L，牛 80～150g/L，马 100～180g/L，猪 90～130g/L，绵羊 90～150g/L，山羊 80～120g/L。

（3）临床意义　增减意义与红细胞计数类似。

2.4.4.3 血细胞比容测定（HCT）

（1）标本　末梢血或乙二胺四乙酸抗凝静脉血。

（2）参考值　犬 37%～55%，猫 30%～45%，牛 24%～46%，马 32%～48%，猪 36%～43%，绵羊 27%～45%，山羊 22%～38%。

（3）临床意义　增减意义与红细胞计数和血红蛋白类似。

2.4.4.4 白细胞计数（WBC）

（1）标本　末梢血或乙二胺四乙酸抗凝静脉血。

（2）参考值　犬 $(6\sim17)\times10^9$ 个/L，猫 $(5.5\sim19.5)\times10^9$ 个/L，牛 $(4\sim12)\times10^9$ 个/L，马 $(6\sim12)\times10^9$ 个/L，猪 $(11\sim12)\times10^9$ 个/L，绵羊 $(4\sim12)\times10^9$ 个/L，山羊 $(4\sim13)\times10^9$ 个/L。

（3）临床意义

①增加：全身性感染、局部感染、中毒（代谢障碍、化学物质、药物及蛇毒）、生长迅速的肿瘤、急性出血、白血病、创伤等。

②减少：伤寒、副伤寒、布鲁氏菌病、疟疾、过敏性休克、系统性红斑狼疮、粟粒性结核、败血症、重症细菌感染、造血系统障碍、放射治疗、肿瘤化疗。

2.4.4.5 白细胞分类计数（DC）

（1）标本　末梢血或乙二胺四乙酸抗凝静脉血。

（2）参考值　各种动物白细胞分类平均值见表2-1。

表2-1　各种动物白细胞分类平均值

	犬	猫	牛	马	猪	绵羊	山羊
中性分叶粒细胞/%	60～70	35～75	15～45	30～75	20～70	10～50	30～48
中性杆状粒细胞/%	0～3	0～3	0～2	0～1	0～4	0	0
嗜碱性粒细胞/%	0	0	0～2	0～3	0～3	0～3	0～1
嗜酸性粒细胞/%	2～10	2～12	2～20	1～10	0～15	0～10	1～8
淋巴细胞/%	12～30	22～50	45～75	25～40	35～75	40～75	50～70
单核细胞/%	3～10	1～4	2～7	1～8	0～10	0～6	0～4

（3）临床意义

①中性粒细胞增多：见于急性感染性炎症，如化脓性胸膜炎、化脓性腹膜炎、创伤性心

包炎、肺脓肿、胃肠炎、肺炎、子宫炎、乳腺炎等；某些传染病如炭疽、猪丹毒；某些慢性传染病如鼻疽、结核病，以及大手术后、外伤、酸中毒、烫伤等。

②嗜中性粒细胞减少：白细胞减少其中主要是中性粒细胞减少，主要见于病毒感染性疾病、再生障碍性贫血、缺铁性贫血、骨髓转移癌，放射线、放射性核素、化学药品等均可引起。

③嗜酸性粒细胞增多：见于变态反应性疾病（如过敏反应）、寄生虫病（肝片吸虫、旋毛虫、球虫等感染）、皮肤病（湿疹、疥癣等）以及某些恶性肿瘤、注射血清等。

④嗜酸性粒细胞减少：见于毒血症、尿毒症、严重创伤、中毒、饥饿及过劳等。长期用肾上腺素皮质激素后也可出现减少。

⑤嗜碱性粒细胞增多、减少：比较少见，在外周血液中不易看到，故其变化临床意义很小。

⑥淋巴细胞增多：见于某些感染性疾病、主要是病毒感染（如猪瘟、流行性感冒），也见于某些细菌性感染（如结核分枝杆菌、布鲁氏菌感染及血孢子虫病等）。

⑦淋巴细胞减少：中性粒细胞绝对值增多，伴随减少的是淋巴细胞，说明机体与病原处于激烈斗争阶段，以后淋巴细胞由少逐渐增多，常为预后良好的象征。

⑧单核细胞增多：见于某些原虫性疾病（如焦虫病、锥虫病）、某些慢性细菌性疾病（如结核病、布鲁氏菌病），以及某些病毒性传染病（如马传染性贫血等）。

⑨单核细胞减少：主要见于急性传染病的初期和各种疾病的垂危期。

2.4.4.6 血小板计数（PLT）

（1）标本　抗凝血。

（2）参考值　犬（2～9）×10^{11}个/L，猫（3～7）×10^{11}个/L，牛（1～8）×10^{11}个/L，马（1～8）×10^{11}个/L，猪（2～5）×10^{11}个/L，绵羊（2.5～7.5）×10^{11}个/L，山羊（3～6）×10^{11}个/L。

（3）临床意义

①血小板增多：多为暂时性的，见于急性和慢性出血、骨折、创伤、术后；也可见于真性红细胞增多症、慢性粒细胞白血病、溶血性贫血、出血性贫血、肺炎及传染性胸膜肺炎等。

②血小板减少：主要见于某些真菌毒素中毒、某些蕨类植物中毒、马传染性贫血、急性白血病等。还可见于血小板破坏过多的疾病，如免疫性血小板减少性紫斑、感染及伴有弥散性血管内凝血过程的各种疾病。

技能 2.5　生化分析仪的血液生化指标检测

2.5.1　生化分析仪的结构

生化分析仪结构分为分析部分和操作部分。分析部分主要由检测系统、样品和试剂处理系统、反应系统和清洗系统等组成；操作部分就是计算机系统，储存所有的系统软件，控制仪器的运行和操作并进行数据处理。

2.5.1.1 检测系统　检测系统（光度计）由光学系统和信号检测系统组成，是分析部分的核心,其功能是将化学反应的光学变化转变成电信号。

(1) 光学系统　光学系统由光源、光路系统、分光器等组成。作用是提供足够强度的光束、单色光及比色的光路。

(2) 光源　自动生化分析仪的光源一般采用卤素灯,多为12W、20V;提供波长范围为340～800nm,寿命为800h左右。

(3) 光路系统　光路系统包括从发出光源到信号接收的全部路径,由一组透镜、聚光镜、光径(比色杯)和分光元件等组成。

(4) 分光元件　分光元件有滤片、全息反射式光栅和蚀刻式凹面光栅三种形式,均为紫外-可见光。

(5) 光径比色部分　光径是指比色杯的厚度,比色杯的厚度有1cm、0.6cm和0.5cm三种。光径小的可以节省试剂,减少样品用量,是目前较常用的。

(6) 信号检测器　信号检测器的功能是接收由光学系统产生的光信号,将其转换成电信号并放大,再把它们传送至数据处理单元。信号接收器一般为硅(矩阵)二极管,信号传送方式有光电信号传送和光导纤维传送两种。

2.5.1.2 样品和试剂处理系统　包括放置样品和试剂的场所、识别装置、机械臂和加液器。功能是模仿人工操作识别样品和试剂,并把它们加入到反应器中。

(1) 样品架(盘)　样品架是放置样品管的试管架,试管架为分散式,通过轨道运输,有单通路轨道和双通路轨道两种。

(2) 试剂盘　试剂盘用于放置实验项目所用的试剂。试剂箱供放置试剂盘用,可有1～2个,并多有冷藏装置(4～15℃)。

(3) 识别装置　识别样品和试剂的一种方法是根据样品的编号及在样品架或盘上所处位置来识别;另一种则是条形码识别装置。条形码识读器是通过条形码对样品和试剂进行识别。

(4) 机械臂　机械臂的功能是控制加液器的移动,包括样品臂和试剂臂。

(5) 加液器　加液器由吸量注射器和加样针组成。

(6) 搅拌器　搅拌器由电机和搅拌棒组成,电机运转带动搅拌棒转动,将反应液充分混匀。

2.5.1.3 反应系统　由反应盘和恒温箱两部分组成。反应盘是生化反应的场所,有些兼作比色杯,置于恒温箱中。温度控制器一般控制温度为37℃。

2.5.1.4 清洗机构　一般由吸液针、吐液针和擦拭块组成。

2.5.1.5 数据处理系统　进行数据处理。

2.5.2 生化分析仪的血液生化指标检测操作(以干式生化分析仪检测为例)

(1) 采集0.5mL全血或者0.3mL血浆或血清。

(2) 在触摸屏上选择"检测样本",依次次输入动物信息(病历号、病畜名、畜别、性别、年龄)以及医生姓名,选择下一步。

(3) 根据检测项目选择生化检测(Catalyst Dx)或内分泌及胰腺炎检测(SNAP Shot DX),并选择"执行"。

(4) 在"Pending"中动物名后选择"select"。

(5) 选择样本　全血（whole blood）、血浆（plasma）、血清（serum）、尿液（urine）、其他（other）。

(6) 是否稀释　自动稀释（automated）、手动稀释（manual）、不稀释（nono）。

(7) 所有选择完成后，点击"NEXT"。这时一侧门会打开，放入待检样本，然后放入检测试纸卡片（先放 NH_3、Na、K、Cl，然后是其他试剂片）。一次可进行一个样本的 1~12 项检测，22 项检测项目可自由组合，以满足检测的不同需要。

(8) 选择"RUN"，等待结果。可在 6min 内自动完成一个样本的 12 项检测。

(9) 检测完成后，手动退出离心杯，选择 Tools，选中"Remove Sample"。

2.5.3　动物生化分析仪检测项目与建立诊断

2.5.3.1　血液生化常规检验项目

(1) 肝功能　白蛋白（ALB）、总蛋白（TP）、总胆红素（TB）、总胆汁酸（TBA）、直接胆红素（DB）、天冬氨酸转氨酶（AST）、丙氨酸转氨酶（ALT）、γ-谷氨酰转肽酶（γ-GT）、胆碱酯酶（CHE）、碱性磷酸酶（AKP）。

(2) 肾功能　尿素氮（BUN）、肌酐（Cr）、尿酸（UA）。

(3) 心功能　乳酸脱氢酶（LDH）、血钾（K）、血钙（Ca）、肌酸激酶（CK-NAC）。

(4) 血糖、血脂　葡萄糖（GLU-OX）、甘油三酯（TG）、酮体、胆固醇（CHOL）、果酸胺（FMN）、高密度脂蛋白胆固醇（HDC-C）、低密度脂蛋白胆固醇（LDC-C）。

(5) 电解质　钠（Na）、氯（Cl）、碳酸氢盐、镁（Mg）、无机磷（P）、钙（Ca）。

(6) 胰腺功能　淀粉酶（AMY）。

(7) 内分泌功能　碱性磷酸酶（AKP）、肌酸激酶（CK-NAC）、葡萄糖（GLU-OX）。

(8) 胆固醇（CHOL）、钙（Ca）、磷（P）、钠（Na）、钾（K）、镁（Mg）。

2.5.3.2　建立诊断

(1) 总蛋白（TP）　增高多见于呕吐、腹泻、休克、多发性骨髓瘤；降低多见于营养不良、消耗增加、肝功能障碍、大出血、肾病。

(2) 白蛋白（ALB）　增高多见于严重失水、血浆浓缩；降低多见于急性大出血、严重烧伤、慢性合成白蛋白功能障碍、妊娠。

(3) 天冬氨酸转氨酶（AST/GOT）　增高多见于心肌梗死、肺栓塞、心肌炎、心动过速、肝胆疾病、感染、胰腺炎、脾（肾）梗死或肠系膜梗死。

(4) 丙氨酸转氨酶（ALT/GPT）　增高多见于急性药物中毒性肝炎、病毒性肝炎、肝癌、肝硬化、慢性肝炎、阻塞性黄疸、胆管炎。

(5) 碱性磷酸酶（AKP/ALP）　增高多见于骨折愈合期、转移性骨瘤、阻塞性黄疸、急性肝炎或肝癌、甲亢、佝偻病；降低多见于重症慢性肾炎、甲状腺功能不全、贫血。

(6) 肌酸激酶（CK-NAC）　增高多见于心肌梗死、皮肌炎、营养不良、肌肉损伤、甲状腺功能减弱。

(7) 乳酸脱氢酶（LDH）　增高多见于心肌梗死、白血病、癌肿、肌营养不良、胰腺炎、肺梗死、巨幼细胞性贫血、肝细胞损伤、肝癌。

(8) 淀粉酶（AMY）　增高多见于急性胰腺炎、急性胆囊炎、胆道感染、糖尿病酮症酸中毒。

（9）γ-谷氨酰转移酶（γ-GT）　增高多见于肝癌、阻塞性黄疸、胰腺疾病、肝损伤。

（10）葡萄糖（GLU-OX）　增高多见于生理性高血糖（餐后）和病理性高血糖（糖尿病、颅外伤、颅内出血、脑膜炎）。降低多见于生理性低血糖（饥饿）和病理性高血糖（胰岛 B 细胞增生或瘤、垂体前叶功能减退、肾上腺功能减退、严重肝病）。

（11）总胆红素（TB）　增高多见于溶血性黄疸、肝细胞性黄疸、阻塞性黄疸。

（12）直接胆红素（DB）　增高同总胆红素。

（13）尿素氮（BUN）　增高多见于急性肾小球肾炎、肾病晚期、肾衰竭、慢性肾炎、中毒性肾炎、前列腺肿大、尿路结石、尿路狭窄、膀胱肿瘤。降低多见于严重的肝病。

（14）肌酐（Cr）　增高多见于晚期肾病。

（15）胆固醇（CHOL）　增高多见于甲状腺功能减退、糖尿病；降低多见于甲状腺功能亢进、营养不良、慢性消耗性疾病。

（16）甲状腺素　增高多见于甲状腺功能亢进、急性甲状腺炎、急性肝炎、肥胖病；降低多见于甲状腺功能减退、全垂体功能减退症、下丘脑病变。

（17）钙（Ca）　增高多见于甲状腺功能亢进、维生素 D 过多症、多发性骨髓瘤；降低多见于甲状腺功能减退、假性甲状腺功能减退、慢性肾炎、尿毒症、佝偻病、软骨病。

（18）磷（P）　增高多见于肾功能不全、甲状旁腺功能低下、淋巴细胞白血病、骨质疏松症、骨折愈合期；降低多见于呼吸性碱中毒、甲状腺功能亢进、溶血性贫血、糖尿病酮症酸中毒、肾衰竭、长期腹泻、吸收不良。

（19）氯（Cl）　增高多见于高钠血症；降低多见于呕吐、腹泻。

（20）钠（Na）　增高多见于高渗性脱水、中枢性尿崩症、库兴式综合征；降低多见于呕吐、腹泻、幽门梗阻、肾盂肾炎、肾小管损伤、大面积烧伤、体液从创口大量流失、肾病综合征的低蛋白血症、肝硬化腹水。

（21）钾（K）　增高多见于肾上腺皮质减退症、急慢性肾衰竭、休克、补钾过多；降低多见于腹泻、呕吐、肾上腺皮质功能亢进、利尿剂、胰岛素的应用。

（22）镁（Mg）　增高多见于急慢性肾衰竭、甲状腺功能减退、甲状旁腺功能减退症、多发性骨髓瘤、严重脱水；降低多见于长期禁食、吸收不良、长期丢失胃肠液，慢性肾炎多尿期或长期利尿剂治疗者。

技能 2.6　尿液检验

2.6.1　尿液样品的采集和保存

2.6.1.1　尿液采集

（1）自然排尿　当动物自然排尿时，采集的尿样以中段尿液最好，因为开始的尿流会机械性地将尿道口和阴道或阴茎包皮中的污物冲洗出来，使得尿液中含有较多杂质而影响检验结果。

除自然排尿外，还可以采用某些方法诱导动物排尿，如轻轻抚擦母牛阴门附近的会阴部、某些耕（黄）牛在犁地前或牵水牛至塘边饮水或令其进入池塘水中、闭塞公羊鼻孔几秒、令犬嗅闻其他犬的尿迹或氨水气味等，均有可能引起其排尿。

（2）压迫膀胱排尿　大动物（如牛）可以采用通过直肠压迫膀胱的方法采集尿液，小动物可通过体外压迫膀胱的方法采集尿液。如果动物的泌尿系统有外伤，或膀胱本身有严重病变时，不宜采用此法。

（3）导尿　一般情况下，尽量避免用导尿的方法采集尿样。如采用导尿法采集尿样，则应根据动物种类、性别、体躯大小选用适当型号、类型（金属制、橡胶制或塑料制品）的导尿管。动物适当保定，必要时给予镇静药或解痉药（如静松灵）。术者手消毒后涂以润滑剂，尿道外口和会阴部应先用无刺激性消毒液（如0.1％高锰酸钾液、0.1％新洁尔灭液、0.02％呋喃西林液或2％硼酸液等）充分擦洗。插入导尿管时必须缓慢，以免损伤尿道黏膜。

（4）膀胱穿刺　膀胱穿刺可避免损伤尿道口、阴道等，也可避免污染物进入尿液。但操作时应注意无菌，同时避免穿刺对动物造成不必要的损伤。

（5）注意事项

①最好用新鲜尿液做检样。

②采集尿液的容器应清洁、干燥，需进行化学、显微镜、微生物学检查的尿样应收集于洁净、无杂质或灭菌容器内。容器上应贴有检验标签。

③注意避免异物混入尿样中。

④采集尿液后应及时送验，以免细菌繁殖及细胞溶解，不能在强光或阳光下照射，避免某些化学物质（如尿胆原等）因光分解或氧化。

2.6.1.2　尿液样品保存与送检　采集尿液后应立即送检或检验，如不能立即送验，则最好置于冰箱内保存，一般在4℃冰箱可保存6～8h。如尿样需放置较长时间（如12h或24h）或天气炎热时，可加适量防腐剂以防止尿液发酵分解。供细菌学检查的尿样中不可加入防腐剂。常用的防腐剂及其用量如下：

（1）甲醛溶液　一般每升尿液中加入1～2mL。因甲醛能凝固蛋白质，抑制细菌生长，对镜检物质（如细胞、管型等）可起固定形态作用，但不适用于尿蛋白及尿糖等化学成分的检查。

（2）甲苯　一般每升尿液中加5mL，使尿液面形成薄膜，防止细菌繁殖，用于尿糖、尿蛋白定量测定。检验时吸取下层尿液。

（3）硼酸　一般每升尿液中加2.5g，对常规检验项目均无影响。

（4）麝香草酚　一般每升尿液中加2～3g，但蛋白质检验时易出现假阳性反应。

2.6.2　尿液的物理学检查

2.6.2.1　尿量　健康动物1d的排尿量：牛9～12L，绵羊、山羊0.5～1.0L，猪2～4L，犬0.5～1.0L，猫0.1～0.2L。尿量增加见于肾充血、肾萎缩、饲料中毒、犊牛发作性血色素尿症、急性热病的解热期、渗出液和漏出液等的吸收期及犬糖尿病；尿量减少见于肾淤血，急性肾炎，心脏机能不全，发热时渗出液和漏出液的潴留、腹泻、发汗和呕吐。

2.6.2.2　混浊度　即透明度。将尿液盛于试管中，通过光线观察。牛和肉食动物的尿若变混浊，常见于肾和尿路疾病，尿液中混入黏液、白细胞、上皮细胞、坏死组织片或细菌。尿液混浊原因的鉴别方法如下（为确证尿液混浊原因，最好将尿沉渣进行显微镜检查）。

(1) 尿液过滤后变透明时,表明含有细胞、管型及各种不溶性盐类。

(2) 尿液加醋酸产生泡沫而透明时,表明含有碳酸盐;不产生泡沫而透明时,表明含有磷酸盐。

(3) 尿液加热或加碱而透明时,表明含有尿酸盐;加热不透明而加稀盐酸透明时,表明含有草酸盐。

(4) 尿液加入乙醚,振摇而透明时,为脂肪尿。

(5) 尿液加20%氢氧化钾或氢氧化钠而呈透明胶冻样时,表明混有脓汁。

(6) 尿液经上述方法处理后仍不透明时,表明含有细菌。

2.6.2.3 尿色 正常尿的尿色是由尿中尿胆素的浓度决定的。一般牛尿呈淡黄色,猪尿无色,犬尿呈鲜黄色。尿量增加时,尿色变淡;尿量减少时,尿色变浓。尿液变红而混浊,见于泌尿系统出血;尿色红而透明,见于溶血性疾病;尿色红褐色,见于肌红蛋白尿;尿色金黄而透明,见于犬的胆红素尿;尿色为乳白色,见于尿内含有大量的脓细胞和无机盐类。注意:内服或注射大黄、安替比林、芦荟、刚果红等药物时,可使尿色变红;台盼蓝和美蓝可使尿色变蓝;核黄素等可使尿色变黄,切不可误认为是病理现象。

2.6.2.4 气味 动物尿液中存在挥发性有机酸,因此具有特殊的气味,在病理状态下常发生改变。尿液有氨臭,见于膀胱炎或膀胱积尿;尿液有腐败臭,见于膀胱、尿道有溃疡、坏死或化脓性炎症;牛酮血病和产后瘫痪时,尿中含有大量酮体而有丙酮味。

2.6.2.5 比重 采用比重计法。将尿振荡后放于比重瓶内或量筒内,如液面有泡沫,用乳头吸管或吸水纸除去,然后用温度计测尿温并做记录;将尿比重计小心浸入尿液中,不可与瓶壁相接触;待尿比重计稳定后,读取液面半月形面的最低点与尿比重计上相当的刻度,有些比重计是读取尿的半月面上角,即为尿的比重值。

2.6.3 尿液的化学检查

2.6.3.1 酸碱度测定(pH) 尿液的酸碱度主要取决于饲料性质和使役强度。植物性饲料中所含有机酸盐类和一些碱类物质,在代谢过程中主要形成碱,故草食动物在生理状态下的尿呈碱性反应;肉食动物由于食物中的硫和磷被氧化为硫酸和磷酸,形成酸性盐类,故尿呈酸性反应;杂食动物由于饲料内含有酸性及碱性磷酸盐类而呈两性反应。

检查尿的酸碱度常用广泛pH试纸法。将试纸浸入被检尿内后立即取出,根据试纸颜色的改变与标准色板比色,判定尿的pH。草食动物的尿变为酸性,见于牛酮血病、饥饿、大出汗、纤维素性骨营养不良、消耗性疾病及一些热性病。肉食动物尿液变为碱性,或杂食动物的尿呈强碱性,见于剧烈呕吐、膀胱炎或膀胱尿道组织崩解。

2.6.3.2 蛋白质定性试验

(1) 溴酚蓝试纸法 蛋白质遇溴酚蓝后变色,并可根据颜色的深浅大致判定蛋白质含量。

取溴酚蓝试纸浸入被检尿中,立刻取出,约30s后与标准比色板比色,按表2-2判定结果:

表 2-2 蛋白质定性试验试纸法结果判定

颜色	结果判定	蛋白质含量 1 000mg/dL	颜色	结果判定	蛋白质含量 1 000mg/dL
淡黄色	−	<0.01	绿色	++	0.1~0.3
浅黄绿色	+（微量）	0.01~0.03	绿灰色	+++	0.3~0.8
黄绿色	+	0.03~0.1	蓝灰色	++++	>0.8

应注意试纸的淡黄色部分不可用手触摸，干燥密封保存；被检尿应新鲜；胆红素尿、血尿及浓缩尿可影响测定结果；尿液 pH 超过 8 时可呈假阳性，应加稀醋酸校正 pH 为 5~7 后测定。

（2）加酸法 蛋白质加热后凝固变性而呈现白色混浊。加酸使蛋白质接近其等电点，促进凝固并溶解磷酸盐或碳酸盐所形成的白色混浊，以免干扰结果的判定。

取酸化的澄清尿液约半试管（酸性及中性尿不需酸化，如混浊则静置过滤或离心沉淀使之透明），将尿液的上部用酒精灯缓慢加热至沸。如煮沸部分的尿液变混浊而下部未煮沸的尿液不变，则待冷却后，原为碱性尿者，加 10％硝酸溶液 1~2 滴；原为酸性或中性尿者，加 10％醋酸溶液 1~2 滴。如混浊物不消失，证明尿中含有蛋白质；如混浊物消失，证明含磷酸盐类、碳酸盐类。

结果判定：（−）不见混浊，阴性；（＋）白色混浊，不见颗粒状沉淀；（＋＋）明显白色颗粒混浊，但不见絮状态沉淀；（＋＋＋）大量絮状混浊，不见凝块；（＋＋＋＋）见到凝块，有大量絮状沉淀。

2.6.4 尿沉渣显微镜检查

2.6.4.1 尿沉渣标本的制作和镜检

（1）标本制作 取新鲜尿液 5~10mL 于沉淀管内，1 000r/min 离心沉淀 5~10min；倾去或吸去上清液，留下 0.5mL 尿液；摇动沉淀管，使沉淀物均匀地混悬于少量剩余尿中；用吸管吸取沉淀物置载玻片上，加 1 滴 5％卢戈氏碘液（碘片 5g，碘化钾 15g，蒸馏水 100mL），盖上盖玻片即成。加盖玻片时，先将盖玻片的一边接触尿液，然后慢慢放平，以防产生气泡。

（2）标本镜检 镜检时，将集光器降低，缩小光圈，使视野稍暗，以便发现无色而屈光力弱的成分（透明管型等）；先用低倍镜全面观察标本情况，找出需详细检查的区域后，再换高倍镜仔细辨认细胞成分和管型等。检查时，如遇尿内有大量盐类结晶遮盖视野而妨碍对其他物质的观察，可微加温或加化学药品，除去这类结晶后再镜检。

（3）结果报告 细胞成分按各个高倍视野内最少至最多的数值报告，如白细胞 4~8 个（高倍）；管型及其他结晶成分：按偶见、少量、中等量及多量报告，偶见是整个标本中仅见几个，少量是每个视野见到几个，中等量是每个视野数十个，多量是每个视野的大部甚至布满视野。

2.6.4.2 无机沉渣检查 尿中无机沉渣是指各种盐类结晶和一些非结晶形物，且酸性尿和碱性尿的无机沉渣有所不同（图 2-9、图 2-10）。

（1）碱性尿中的无机沉渣

（2）酸性尿中的无机沉渣

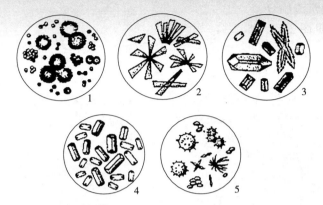

1. 碳酸钙结晶　2. 磷酸钙结晶　3、4. 磷酸铵镁结晶　5. 尿酸铵结晶

图 2-9　碱性尿中的无机沉渣

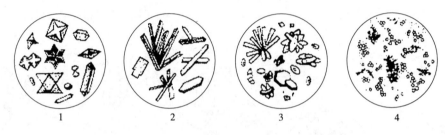

1. 草酸钙结晶　2. 硫酸钙结晶　3. 尿酸结晶　4. 尿酸盐结晶

图 2-10　酸性尿中的无机沉渣

（3）尿中少见的特殊结晶　见图 2-11。

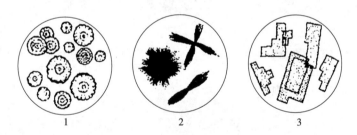

1. 酪氨酸结晶　2. 亮氨酸结晶　3. 胆固醇结晶

图 2-11　病畜尿中的特殊结晶

（4）尿中磺胺结晶　见图 2-12。

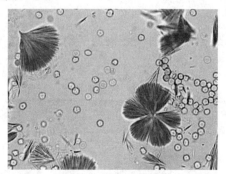

图 2-12　尿中磺胺结晶

2.6.4.3 有机沉渣检查

（1）血细胞　见图 2-13、图 2-14。

（2）上皮细胞　见图 2-15。

（3）管型（尿圆柱）　见图 2-16。

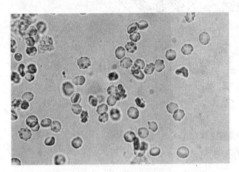

图 2-13　尿液中红细胞

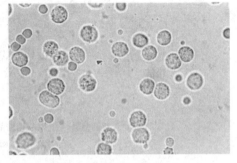

图 2-14　尿液中白细胞

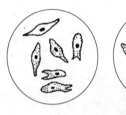

1. 肾盂、输尿管上皮细胞
2. 膀胱上皮细胞

图 2-15　尿液中上皮细胞

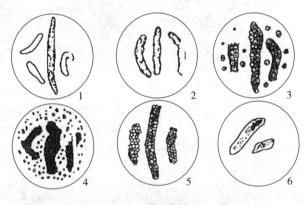

1. 透明管型　2. 颗粒管型　3. 上皮管型
4. 红细胞管型　5. 白细胞管型　6. 血红蛋白管型

图 2-16　尿沉渣中的各种管型

技能 2.7　粪检验

2.7.1　粪物理学检查

2.7.1.1　颜色　粪的颜色因饲料种类、内服药物及病理情况不同而不同，鉴别要点如表 2-3 所示。

表 2-3　粪鉴别要点

颜色	饲料或药物	病理情况
黄褐色	谷草、大黄	含有未经改变的胆红素
黄绿色	青草、甘汞	含有胆绿素或产色细菌
灰白色	白陶土	阻塞性黄疸、犊牛白痢、仔猪白痢

(续)

颜　色	饲料或药物	病理情况
红色	高粱壳、红色甜菜、酚酞	后部肠管或肛门部出血
黑色	木炭末、铋或铁剂	前部肠管出血

2.7.1.2　气味　健康牛、羊的粪无难闻的臭味，猪粪较臭。当消化不良及患胃肠炎时，由于肠内容物的腐败发酵，粪有酸臭味或腐败臭味，出血多时有腥臭味。

2.7.1.3　异常混合物

（1）黏液　正常粪表面有极薄的黏液层。黏液量增多表示肠管有炎症或排粪迟滞，肠炎或肠阻塞时黏液往往覆盖整个粪球，并可形成较厚的胶冻样黏液层，类似剥脱的肠黏膜。

（2）伪膜　随粪排出的伪膜由纤维蛋白、上皮细胞和白细胞所组成，常为圆柱状。见于纤维素性或伪膜性肠炎。

（3）脓汁　直肠内脓肿破溃时，粪中混有脓汁。

（4）粗纤维及谷粒　消化不良及牙齿疾病时，粪内含有多量粗纤维及未消化谷粒。

（5）血液　胃肠出血、炭疽、出血性肠炎、出血性败血症、猪瘟、犬瘟热、犬细小病毒病及氟化物中毒，粪中含有血液。但肉食动物食鲜肉或舔创伤后，粪中因混有血红蛋白而呈红褐色，则不能视其为异常混合物。

（6）粪中常见寄生虫　有蛔虫、绦虫体节，犬和猫的肝片吸虫。

2.7.2　粪化学检查

2.7.2.1　酸碱度测定　草食动物的粪为碱性，有的为中性或酸性；肉食及杂食动物喂一般混合性饲料时，粪为弱碱性，有的为中性或酸性；但当肠内蛋白质腐败分解旺盛时，由于形成游离氨而使粪呈强碱性反应，肠内发酵过程旺盛时，由于形成多量有机酸，粪呈强酸性反应。

（1）试纸法　取粪2~3g于试管内，加中性蒸馏水8~10mL混匀，用广范围试纸测定其pH。

（2）试管法　取粪2~3g于试管内，加中性蒸馏水4~5倍，混匀。置37℃温箱中6~8h，如上层液透明清亮，则为酸性（粪中磷酸盐和碳酸盐在酸性液中溶解）；如液体混浊，颜色变暗，则为碱性（粪中磷酸盐和碳酸盐类在碱性液中不溶解）。

2.7.2.2　潜血试验　取粪2~3g于试管中，加蒸馏水3~4mL，搅拌，煮沸后冷却破坏粪中的酶类；取洁净小试管1支，加1%联苯胺冰醋酸液和3%过氧化氢液的等量混合液2~3mL，用1~2滴冷却粪悬液，滴加于上述混合试剂上。如粪中含有血液，则立即出现绿色或蓝色，不久变为乌红紫色。

结果判定：（＋＋＋＋）立即出现深蓝或深绿色；（＋＋＋）0.5min内出现深蓝或深绿色；（＋＋）0.5~1min出现深蓝或深绿色；（＋）1~2min出现浅蓝或浅绿色；（－）5min后不出现蓝色或绿色。

注意事项：氧化酶并非血液所特有，动物组织或植物中也有少量氧化酶，部分微生物也产生相同的酶，所以粪必须事先煮沸，以破坏这些酶类；被检动物在试验前3~4d禁食肉类及含叶绿素的蔬菜、青草；肉食动物如未禁食肉类，则必须用粪的醚提取液做试验（取粪约1g，加冰醋酸搅拌成乳状，加乙醚，混合后静置，取乙醚层）。

临床意义：阳性见于出血性胃肠炎，以及牛创伤性网胃炎和犬钩虫病。

2.7.2.3　蛋白质检查　利用不同的蛋白质沉淀剂测定粪中黏蛋白、血清蛋白或核蛋白，以判断肠道内炎性渗出的程度。

操作：取粪 3g 于研钵中，加蒸馏水 100mL，适当研磨，使之成为 3%的粪乳状液；取中试管 4 支，编号放在试管架上，按表 2-4 操作并判定结果。

表 2-4　蛋白质检查

项　目	试管号			
	1	2	3	4
3%类乳状液	15mL	15mL	15mL	15mL
试剂	20%醋酸液 2mL	20%三氯醋酸液 2mL	7%氯化汞液 2mL	蒸馏水 2mL
	混合后静置 24h，观察上清液透明度，与对照管比较			
阳性结果判定	透明——有黏蛋白	透明——有渗出的血清蛋白或核蛋白	透明——有渗出的血清蛋白或核蛋白	对照管
	混浊——无渗出的血清蛋白	透明——有渗出的血清蛋白或核蛋白	红棕色——有粪胆素 绿色——有胆红素	

临床意义：正常动物粪中蛋白质含量极少，对一般蛋白沉淀剂不呈现明显反应；当胃肠有炎症时，粪中有血清蛋白和核蛋白渗出，上述蛋白试验可呈现阳性反应。健康动物粪中没有胆红素，仅有少量粪胆素；在小肠炎症及溶血性黄疸时，粪中可能出现胆红素，粪胆素也增多；阻塞性黄疸时，粪中可能没有粪胆素。

2.7.3　粪显微镜检查

2.7.3.1　标本的制备　取不同粪层的粪，混合后取少许置于洁净载玻片上或以竹签直接挑取粪中可疑部分置于载玻片上，加少量生理盐水或蒸馏水，涂成均匀薄层，以能透过书报字迹为宜。必要时可滴加醋酸液或选用 0.01%伊红氯化钠染液、稀碘液或苏丹Ⅲ染色。涂片制好后，加盖片，先用低倍镜观察全片，后用高倍镜鉴定（图 2-17）。

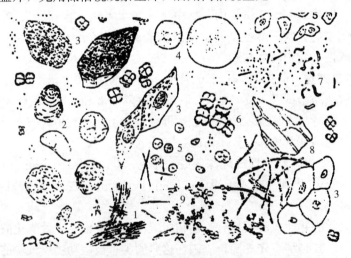

1. 针状脂肪酸结晶　2. 淀粉颗粒　3. 肌肉纤维　4. 脂肪球
5. 白细胞　6. 球菌　7. 杆菌　8. 细胞　9. 真菌

图 2-17　粪的显微镜检验所见

2.7.3.2 饲料残渣检查

(1) 植物细胞 在粪中常大量出现，形态多种多样，呈螺旋形、网状、花边形、多角形或其他形态。特点是在吹动标本时，易转动变形。植物细胞无临床意义，但可了解胃肠消化力的强弱。

(2) 淀粉颗粒 一般为大小不匀、一端较尖的圆形颗粒，也有圆形或多角形的，有同心层构造。用稀碘液染色后，未消化的淀粉颗粒呈蓝色，部分消化的呈棕红色。粪中发现大量淀粉颗粒，表明消化机能障碍。

(3) 脂肪球和脂肪酸结晶 脂肪滴为大小不等、正圆形的小球，有明显的折光性，特点为浮在液面、来回游动。脂肪酸结晶多呈针状，苏丹Ⅲ染色呈红色。粪中见到大量脂肪球和脂肪酸结晶时，为摄入的脂肪不能完全被分解和吸收（如肠炎），或胆汁及胰液分泌不足。肌肉纤维常呈带状，也有呈圆形、椭圆形或不正形的，有纵纹或横纹，断端常呈直角形，加醋酸后更为清晰，有的可看见核，多为黄色或黄褐色。在肉食动物粪中为正常成分。肌肉纤维过多时，可考虑胰液或肠液分泌障碍及肠蠕动增强。

2.7.3.3 体细胞检查

(1) 白细胞及脓细胞 白细胞的形态整齐，数量不多，且分散不成堆。脓细胞形态不整，构造不清晰，数量多而成堆。粪中发现大量的白细胞及脓细胞，表明肠管有炎症或溃疡。

(2) 吞噬细胞 比中性粒细胞大3～4倍，呈卵圆形、不规则叶状或伸出伪足呈变形虫样；胞核大，常偏于一侧，呈圆形，偶有肾形或不规则形；细胞质内可有空泡、颗粒，偶见有被吞噬的细菌、白细胞的残余物；细胞膜厚而明显。常与大量脓细胞同时出现，诊断意义与脓细胞相同。

(3) 红细胞 粪中发现大量形态正常的红细胞，可能为后部肠管出血；有少量散在、形态正常的红细胞，同时又有大量白细胞时，为肠管的炎症；若红细胞较白细胞多，且常堆集，部分有崩坏现象，则是肠管出血性疾患。

(4) 上皮细胞 可见扁平上皮细胞和柱状上皮细胞。前者来自肛门附近，形态无显著变化；后者由各部肠壁而来，因部位和肠蠕动的强弱不同形态有所改变。上皮细胞和粪混合时一般不易被发现，大量出现且伴有大量黏液或脓细胞时均为病理状态，见于胃肠炎。

2.7.4 粪中寄生虫虫卵检查

2.7.4.1 直接涂片检查法
在载玻片上滴一些甘油与水的等量混合液，再用牙签或火柴棍挑取少量粪，加入其中，混匀，夹去较大或过多的粪渣，使玻片留上一层均匀粪液，以能透视书报字迹为宜。在粪膜上覆以盖玻片，置显微镜下检查。检查时应顺序地查遍盖玻片下的所有部分。有时体内寄生虫不多，粪中虫卵少，难以查出虫卵。

2.7.4.2 集卵法

(1) 沉淀法 取粪5g，加清水100mL以上，搅匀，40～60目筛过滤，滤液收集于三角烧瓶或烧杯中，静置沉淀20～40min，倾去上层液，保留沉渣，再加水混匀，再沉淀，如此反复操作直到上层液体透明后，吸取沉渣检查。此法特别适用于检查吸虫卵和棘头虫卵。

(2) 漂浮法 适于检查线虫卵、绦虫卵和球虫卵囊。取粪10g，加饱和食盐水100mL，混合，通过60目筛滤入烧杯中，静置0.5h，则虫卵上浮；用直径5～10mm的铁丝圈，与液面平行接触以蘸取表面液膜，抖落于载玻片上检查。或者取粪1g，加饱和食盐水10mL，混匀，筛滤，滤液注入试管中，补加饱和盐水溶液使试管充满，上覆以盖玻片，并使液体与盖玻片接触，其间不留气泡，直立 0.5h 后，取下盖玻片，覆于载玻片上检查。在检查比重较大的猪后圆线虫卵时，可先将猪粪按沉淀法操作，取得沉渣后，在沉渣中加入饱和硫酸镁溶液进行漂浮，收集虫卵（图 2-18 至图 2-22）。

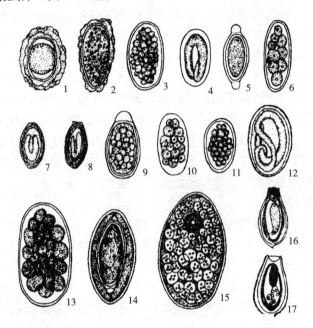

1. 猪蛔虫卵　2. 猪蛔虫的未受精卵　3. 猪食道口线虫卵　4. 兰氏类圆线虫卵　5. 猪毛尾线虫卵　6. 红色猪圆线虫卵　7. 圆形似蛔线虫卵　8. 六翼泡首线虫卵　9. 刚棘颚口线虫卵　10. 球首线虫卵　11. 鲍杰线虫卵　12. 猪后圆线虫卵　13. 猪冠尾线虫卵　14. 蛭形巨吻棘头虫卵　15. 姜片吸虫卵　16. 华枝睾吸虫卵　17. 截形微口吸虫卵

图 2-18　猪体内的寄生虫虫卵形态

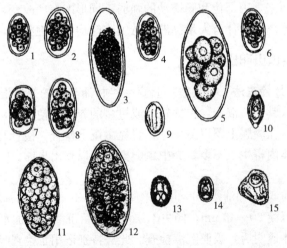

1. 捻转血矛线虫卵　2. 奥斯特线虫卵　3. 马歇尔线虫卵　4. 毛圆线虫卵　5. 钝刺细颈线虫卵　6. 食道口线虫卵　7. 仰口线虫卵　8. 夏伯特线虫卵　9. 乳突类圆线虫卵　10. 毛首线虫卵　11. 肝片形吸虫卵　12. 前后盘吸虫卵　13. 双腔吸虫卵　14. 胰阔盘吸虫卵　15. 莫尼茨绦虫卵

图 2-19　羊体内的寄生虫虫卵形态

模块 2 实验室检验分析技术

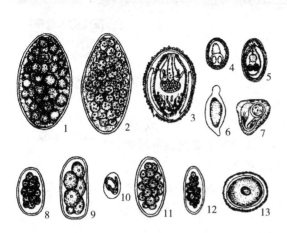

1. 肝片形吸虫卵 2. 前后盘吸虫卵 3. 日本血吸虫卵
4. 双腔吸虫卵 5. 胰阔盘吸虫卵 6. 鸟毕血吸虫卵
7. 莫尼茨绦虫卵 8. 食道口线虫卵 9. 仰口线虫卵
10. 吸吮线虫卵 11. 指形长刺线虫卵
12. 古柏线虫卵 13. 牛蛔虫卵

图 2-20 牛体内的寄生虫虫卵形态

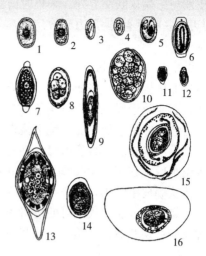

1. 鸡蛔虫卵 2. 鸡异刺线虫卵 3. 鸡类圆线虫卵
4. 孟氏眼线虫卵 5. 旋华首线虫卵 6. 四棱线虫卵
7. 毛细线虫卵 8. 比翼线虫卵 9. 多型棘头虫卵
10. 卷棘口吸虫卵 11. 前殖吸虫卵
12. 次睾吸虫卵 13. 毛毕吸虫卵
14. 有轮赖利绦虫卵 15. 矛形剑带绦虫卵
16. 片形皱褶绦虫卵

图 2-21 禽体内的寄生虫虫卵形态

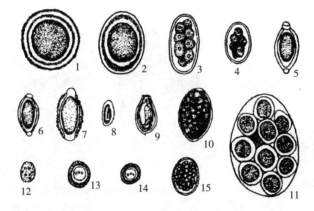

1. 犬蛔虫卵 2. 狮弓蛔虫卵 3. 犬钩口线虫卵 4. 巴西钩口线虫卵 5. 犬毛首线虫卵 6. 毛细线虫卵 7. 肾膨结线虫卵
8. 血色食道线虫卵 9. 华枝睾吸虫卵 10. 棘隙吸虫卵 11. 犬复孔绦虫卵 12. 线中绦虫卵
13. 泡状带绦虫卵 14. 细粒棘球绦虫卵 15. 裂头绦虫卵

图 2-22 犬体内的寄生虫虫卵形态

技能 2.8 皮肤刮取物检验

2.8.1 螨虫检验

2.8.1.1 病料采集 病料采集正确与否是螨虫检查准确性的关键。其采集部位是动物健康皮肤与患病皮肤交界处。采集时剪去该处被毛,用碘酒消毒。用经过火焰灭菌的外科刀(使刀刃和皮肤垂直),用力刮取病料,一直刮到微出血为止。将刮取的病料置于消毒的小瓶或试管中。

2.8.1.2　检查方法

(1) 加热检查法　将病料置于培养皿中,在酒精灯上加热至27～40℃后,将玻璃皿放于黑色衬景(黑纸、黑布或黑漆桌面等)上,用放大镜检查。或将玻璃皿置于低倍显微镜下检查。发现移动的虫体即可确诊。

(2) 温水检查法　将病料浸入盛有45～60℃温水的玻璃皿中,或将病料浸入温水后放在37～40℃恒温箱内15～20min,然后置于显微镜下检查,若见虫体从痂皮中爬出,浮于水面或沉于皿底即可确诊。

(3) 煤油浸泡法　煤油可使皮屑透明、螨体明显。将病料置于载玻片上,滴加数滴煤油后,加盖另一块载玻片,用手搓动两玻片,使皮屑粉碎且分布均匀,然后在显微镜或解剖镜下观察。

(4) 皮屑溶解法　将病料浸入有5%～10%氢氧化钠溶液的试管中,经1～2h痂皮软化溶解,弃去上层液,用吸管吸取沉淀物,滴于洁净的载玻片上加盖玻片后镜检。为加速皮屑溶解,可将盛有病料的试管在酒精灯上加热煮沸数分钟,然后,离心1～2min倒去上层液,吸取沉淀物制片镜检,这样螨虫检出率会更高。

2.8.1.3　螨虫诊断　寄生于犬皮肤上的螨虫一般有犬蠕形螨(图2-23)、犬疥螨(图2-24)两种。

图 2-23　犬蠕形螨

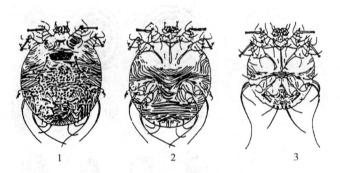

1. 犬疥螨雌虫背面　2. 犬疥螨雌虫腹面　3. 犬疥螨雄虫腹面

图 2-24　犬疥螨

2.8.2　致病性真菌检验

2.8.2.1　病料采集　取被毛或皮肤刮取物,于伍德氏灯下观察,犬小孢子菌感染的样本有绿色荧光。

2.8.2.2　检查方法

(1) 氢氧化钾法　将标本置于载玻片上,加一滴10%氢氧化钾溶液,盖上盖玻片放置5～10min或直接在火焰上快速通过2～3次微加热,轻压盖玻片驱逐气泡并将标本压薄后置于显微镜下检查。先在低倍镜下观察有无菌丝和孢子,然后用高倍镜观察孢子和菌丝的形态特征、大小和排列方式等。对于角质标本,必要时可在10%氢氧化钾溶液中加入40%二甲亚砜，以促进其溶解。

（2）乳酸酚棉蓝染色法　于洁净载玻片上，滴1～2滴乳酸酚棉蓝染色液，用解剖针从霉菌菌落的边缘外取少量带有孢子的菌丝置于染色液中，再将菌丝挑散开，然后盖上盖玻片（加热或不加热），注意不要产生气泡。置显微镜下先用低倍镜观察，必要时再换高倍镜（图2-25）。

（3）革兰氏染色法　所有的真菌、放线菌均为革兰氏阳性菌，呈紫黑色。适用于酵母菌、孢子丝菌、组织胞浆菌、诺卡菌及放线菌等培养物的形态检查。

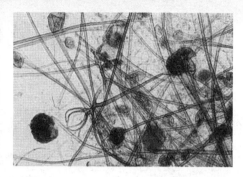

图2-25　皮肤霉菌（乳酸酚棉蓝染色）

技能考核

①理论考核

1. 血液标本采集与血液样本处理注意事项。
2. 血液涂片制备与染色的注意事项。
3. 血液常规检验、血液分析仪血常规检测、生化分析仪的血液生化指标检测、尿液检验、粪便检验、皮肤刮取物检验的临床意义与检验注意事项。

②操作考核

对下列各项进行实验室检验操作，对检查项目记录化验单，建立初步实验室诊断：
1. 禽类血液标本采集，猪血液标本采集，牛、羊血液标本采集，犬、猫血液标本采集。
2. 血液样本处理与血液的抗凝处理。
3. 血液涂片制备、血液涂片的染色。
4. ESR、PCV、HGB、RBC、WBC、DC检测。
5. 血液分析仪与生化分析仪的血液指标检测。
6. 尿液样品采集和保存、尿液的物理学检查、尿液的化学检查、尿沉渣显微镜检验。
7. 粪便物理学检验、粪便化学检验、粪便显微镜检查、粪便中寄生虫虫卵检查。
8. 螨虫检验、致病性真菌检验。

模块 3 病理剖检诊断技术

岗位		病理剖检诊断室、兽医室
岗位任务		动物病理剖检诊断
岗位目标	应知	动物疾病发生、发展规律；动物患病时形态结构、功能代谢变化，及其原因、发生机制、对机体的影响
	应会	识别动物尸体变化；剖检病禽术式，剖检病猪术式，剖检病犬、病猫术式，剖检病牛、病羊术式；病理材料采集、保存与送检。病理变化识别：充血、出血、贫血、梗死、水肿、萎缩、变性、坏死、炎症、肿瘤
	职业素养	不怕苦、不怕累、不怕脏、敢于剖检操作；认真仔细、实事求是；善于思考、科学分析

技能 3.1 识别动物尸体变化

3.1.1 尸冷

动物死亡后，由于代谢终止，尸体逐渐冷却，最后体温降到与周围环境的温度相同。

3.1.2 尸僵

动物死亡后，无氧代谢所产生的乳酸增多，无机磷酸化酶活性增强，ATP 分解增强，磷酸增多等，使 pH 迅速下降，当肌肉的 pH 5.6～6.0 时则肌细胞内蛋白质凝固，肌肉收缩变得僵硬，关节不能伸屈，使尸体固定于一定形状。

尸僵在动物死后 1.5～8h，从头部肌肉开始，经 10～20h 达到高峰，四肢躯干全部变僵，动物死亡后 24～48h，依照尸僵发生的顺序开始解僵。根据尸僵的发生和解僵情况，可以大致判定动物死亡的时间。

检查尸僵是否发生可以根据拉动颌骨的可动性及四肢关节能否弯曲来判定。

尸僵的出现必须具体情况具体分析，如动物的肥瘦、外界环境等。死于破伤风的动物，死前肌肉剧烈运动，尸僵发生快且明显；死于败血症的动物尸僵不显著或不出现。

3.1.3 尸斑

动物死亡后，当心脏和动脉收缩时其中的血液被排挤到静脉系统内。在血液凝固之前，由于受重力作用，血液会向尸体的下部沉积，尤其是动物下部的皮肤和皮下组织血管内血液沉积明显，而使局部呈现暗红色。在内脏特别是成对器官也出现类似现象。这些变化，外观上表现为淤血区,指压褪色。

3.1.4 血液凝固

动物死亡不久,心脏和大血管内的血液即发生凝固。血凝的快慢取决于疾病发生的原因,由于败血症、窒息、亚硝酸盐中毒、一氧化碳中毒等死亡的动物血凝不良。

3.1.5 尸体自溶和尸体腐败

尸体自溶是指尸体内组织受到自身酶的作用而自体消化的过程。尸体腐败是指尸体组织蛋白由于细菌作用而发生腐败分解的现象。尸体自溶和尸体腐败给病理剖检带来了困难,所以剖检应尽早尽快。

尸体自溶和尸体腐败表现:

(1) 死后膨气 在反刍动物的前胃或其他动物的胃、大肠内,由于细菌繁殖、内容物腐败发酵,可产生大量的气体。

(2) 尸绿 由于组织分解产生的硫化氢与红细胞分解产生的血红蛋白和铁结合形成硫化血红蛋白和硫化铁,使腐败组织呈绿色,肠道尤其明显。

(3) 尸臭 腐败的尸体产生大量恶臭气体(如硫化氢)所致。

技能 3.2 病理剖检诊断术式

3.2.1 剖检病禽术式

3.2.1.1 外部检查

(1) 问诊 了解禽群发病、死亡、表现症状、治疗及饲养管理等情况。

(2) 临床检查 检查禽群精神、站立姿势、呼吸动作等情况。剖检禽的外部检查与可疑疾病的对应关系见表3-1。

表3-1 剖检禽的外部检查与可疑疾病的对应关系

器官	病变	可疑疾病
体表	禽体消瘦、虚弱 生长发育受阻、个体大小不一	营养不良或马立克氏病等慢性消耗性疾病 营养不良、管理不善、生长障碍综合征等
羽毛	脱毛	换羽、啄羽癖、寄生虫、密度过大等
头面部	头部皮肤苍白色 青紫或暗红色 无毛处皮肤有痘疹、结痂 头颈部水肿 颈部歪斜 鸡冠发育不良或萎缩	住白细胞虫病、营养不良、慢性消耗性疾病、肝破裂等 盲肠肝炎、心肺疾病等 鸡痘 禽流感、传染性鼻炎、支原体感染等 新城疫、维生素 B_1 缺乏等 鸡马立克氏病、白血病、慢性沙门氏菌病
眼	眼睑肿胀,眼有干酪样渗出物 虹膜褪色,瞳孔缩小或不规则	传染性鼻炎、鸡痘、败血支原体病、维生素 A 缺乏症等 鸡马立克氏病
口鼻	鼻孔有炎性分泌物 咽喉黏膜有干酪样痂膜 咽喉黏膜有白色针尖状小结节	传染性鼻炎、传染性支气管炎 白喉型鸡痘 维生素 A 缺乏症

(续)

器官	病变	可疑疾病
肛门	肛门炎症、坏死、结痂、出血	泄殖腔炎、啄肛、脱肛
	肛门周围羽毛有乳白色、石灰样、绿色或红色粪便污染	禽白痢、法氏囊病、新城疫、球虫病
皮肤	皮肤水肿、溃烂	葡萄球菌感染、维生素E-硒缺乏症
	胸部皮下水肿、化脓	胸部囊肿
	皮肤上有肿瘤	鸡马立克氏病

3.2.1.2 内部检查 剖检前先用消毒液将动物表面及羽毛浸湿，以防剖检时绒毛和尘埃飞扬。将禽仰放在瓷盘内，剪开两侧大腿与腹壁相连处的皮肤，用力掰开两腿，使髋关节脱臼，处背卧位。

（1）口腔、颈部器官 沿一侧喙角剪开，打开口腔及颈部皮肤，检查后鼻孔、腭裂及喉头、口腔黏膜，再剪开喉头、气管、食管及嗉囊进行检查。

（2）鼻腔 用骨剪横剪断鼻腔，检查鼻黏膜及鼻甲骨等。

（3）打开胸、腹腔取出内脏 在胸骨末端的后腹部做一横切口至两腰部，沿切口向后做一切口直至肛门，检查法氏囊，分离肛门，再沿腹部横向切口向前剪断肋骨（不损坏肺）、喙骨及锁骨，打开胸腔、腹腔。剪断食管将胸腹腔脏器一一取出。钝性剥离肺、肾并取出。分别对脏器进行检查。

（4）脑的取出 剥离头部皮肤，剪除颅顶骨，检查大脑和小脑。

（5）外周神经 在大腿内侧，剥离内收肌，暴露坐骨神经并进行两侧对照检查。

剖检禽的内部检查与疾病的对应关系见表3-2。

表3-2 剖检禽的内部检查与疾病的对应关系

	剖检病变	疑似疾病	确定诊断的参考病症
神经	小脑出血	脑软化症	20～40日龄多发，有神经症状
	末梢神经增粗	马立克氏病	坐骨神经、翼神经等一侧增粗，两爪不对称麻痹，颈弯曲
上呼吸道	鼻腔、眶下窦黏液增多	传染性鼻炎	充满渗出物
		败血支原体病	黏液和干酪样渗出物多，气囊炎
	气管黏膜有奶油状或干酪样渗出物	传染性喉气管炎	渗出物中混有血液，大部分呈白色
		新城疫	严重呼吸症状见此病变，胃肠特定部位出血溃疡
	气管内黏液增多，管壁增厚	新城疫	严重呼吸症状见此病变，胃肠特定部位出血溃疡
		传染性支气管炎	喘鸣，腹泻，产蛋率下降
		传染性鼻炎	面颊浮肿，鼻液流出
		败血支原体病	面颊肿胀形成结痂，有少量鼻液，气囊炎
下呼吸道	支气管肥厚，管腔被渗出物阻塞	鸡痘（黏膜型）	喉、气管黏膜有水疱样隆起
		败血支原体病	流鼻液，面颊肿胀硬结，气囊炎
		真菌性肺炎	肺和气囊有黄绿色或灰白色结节

（续）

	剖检病变	疑似疾病	确定诊断的参考病症
下呼吸道	肺散在白色病灶	真菌性肺炎	肺和气囊有黄绿色或灰白色结节，病灶中心有干酪样凝块
		鸡白痢	2周至2个月内出现病灶，切面一致白色。脏器表面均有白色隆起，肝散在白色坏死点
	肺有大小不等的透明病灶	淋巴白血病	其他器官亦有同样病变
		马立克氏病	2月龄以上鸡出此病灶，其他器官亦有同样病变
		劳斯氏肉瘤	肿瘤中多含有黏液，翼下、胸部多发
		鸡结核	需组织学检查
消化道	食管、嗉囊散在结节	维生素A缺乏症	瞬膜角化，肾尿酸盐沉积，治疗法诊断效果明显
	腺胃胃壁肥厚呈气球状	马立克氏病	末梢神经肿胀，内脏器官肿瘤
	腺胃黏膜乳头出血、溃疡	新城疫	呼吸及神经症状，肠特定部位出血、溃疡
		法氏囊病	法氏囊出血、坏死，腿部及胸部肌肉带状出血
		禽流感	传播快、死亡率高，心脏、肾、脾有坏死灶，颜面水肿，肉冠出血、坏死
	肠管特定部位出血、溃疡	新城疫	神经和呼吸症状，腺胃乳头出血
	胃肠浆膜面散在白色隆起	鸡白痢	2周至2月龄病雏可见胃、肠、心浆膜面有界限不明白色隆起，肝有坏死点
		马立克氏病及淋巴白血病	2~8月龄鸡内脏出现白色肿瘤
		其他肿瘤	平滑肌瘤、纤维瘤、卵巢、胰等的转移性腺癌
	小肠黏膜有小白点、小红点或白色花纹	慢性小肠球虫病	小肠前半部增生、肥厚、变成灰白色，刮取黏膜压片镜检可见虫体
	小肠充满血液	急性小肠球虫病	小肠前半部出血，刮取黏膜压片镜检可见虫体
	盲肠内显著出血	急性盲肠球虫病	盲肠内有血样内容物，或流动状或凝固状，刮取黏膜压片镜检可见虫体
	盲肠黏膜溃疡	组织滴虫病	盲肠不规则肥大，内容物呈豆渣样，混有血液，肝表面见菊花状坏死灶
肝	肝显著肿大	马立克氏病、淋巴白血病	其他内脏有白色肿瘤。两者鉴别需组织学检查
		肝硬化	肝表面凹凸不平，有白色花纹
	肝出现白色点状病灶	马立克氏病、淋巴白血病	白色肿瘤结节界限不明，切面细致呈白色
		组织滴虫病	菊花状、纽扣状、血状坏死灶，切面中心为白垩状，盲肠必发坏死性炎症
		结核	结节切面为均质黄色干酪样坏死
		鸡白痢	肝表面白色坏死点，心外膜、肠管、浆膜有白色隆起
		禽霍乱	传播迅速、死亡率高，心冠状脂肪出血，小肠前半段有出血斑
		痛风	内脏表面沉积多量白色石灰样物质
	肝包膜肥厚，包膜上附着渗出物	大肠杆菌病	肝包膜盐、心包盐、腹膜炎
		组织滴虫病	肝表面有纤维素渗出，盲肠必然有病变
		肝硬化	肝表面凹凸不平，间质增宽呈白色网格状

(续)

	剖检病变	疑似疾病	确定诊断的参考病症
肝	肝肿大，包膜有出血斑点	包含体肝炎	肝肿大，呈棕黄色，包膜有出血点
		住白细胞虫病	恢复期脾肿大
心脏	心冠脂肪点状出血	新城疫	消化道特定部位出血、溃疡，脾出现白色点状病灶
		禽流感	面部水肿，鸡冠出血、坏死
		禽霍乱	肝有坏死点，小肠前段出血
	心脏表面有白色隆起	鸡白痢	肛门周围有白色污染，浆膜面有白色肉芽肿，肝有坏死点
		马立克氏病、淋巴白血病	其他内脏有白色肿瘤结节
	心脏表面和心包混浊肥厚	鸡白痢	肛门周围有白色污染，浆膜面有白色肉芽肿，肝有坏死点
		大肠杆菌病	肝包膜炎、心包炎
		鸡支原体病	气囊肥厚并有干酪样物
		痛风	内脏表面沉积多量白色石灰样物质
脾	脾肿大，色变淡	马立克氏病、淋巴白血病	其他内脏器官有结节状肿瘤
		住白细胞虫病	恢复期脾肿大
	脾出现白色结节	马立克氏病、淋巴白血病	其他内脏器官有结节状肿瘤
		结核	结节为干酪样坏死
腹腔	腹水	腹水症	腹水属漏出液，因心肺机能衰竭引起
		大肠杆菌病	腹水为炎症性渗出液，内脏器官有纤维素包膜
	腹腔浆膜及内脏器官表面有石灰样物质沉着	痛风	肾和输尿管同样有石灰样物沉着
	胸腹膜及内脏器官表面有淡黄色黏稠物，器官粘连	卵黄性腹膜炎	多种急性传染病的病变
肌肉	肌肉有白色条纹状病变	维生素E-硒缺乏症	有神经症状，小脑出血、坏死
		马立克氏病	内脏器官有肿瘤病变
	胸部及腿部肌肉出血	法氏囊病	法氏囊有炎症性渗出物、坏死、出血等
		包含体肝炎	肝变性肿胀，被膜下斑状出血
骨和关节	骨骼变形	佝偻病	胸骨弯曲，骨骼变软，肋骨有小珍珠状物，钙、磷缺乏
		骨质粗大症	关节肿大，腿骨短粗，弓形腿，腱滑脱，微量元素缺乏
	关节肿胀，内有渗出物	细菌性关节炎	葡萄球菌、沙门氏菌、大肠杆菌等引起
		支原体病	关节内有乳白色渗出物
		关节痛风	关节内有石灰样物
		足底脓肿	切开内有脓汁

3.2.1.3 剖检后的处理工作 剖检后要对尸体进行无害化处理；对所用过的器械、用具等用消毒液浸泡消毒；解剖台、解剖室地面等都要进行消毒处理。解剖人员应换衣消毒，同时要注意鞋底的消毒。

3.2.1.4 填写尸体剖检报告 尸体剖检报告是根据尸体剖检记录和病料检验结果进行综合分析，对死亡动物作出的病理学诊断报告（表3-3）。

表3-3 动物尸体剖检报告

剖检号：_____

畜主		畜种		性别		年龄		毛色	
特征		用途		死亡时间		年	月	日	时
剖检地点				剖检时间		年	月	日	时
临床摘要									
病理解剖诊断	一、外部检查： 二、内部检查：								
其他诊断									
结论				剖检兽医（签字）： 年 月 日					

3.2.2 剖检病猪术式

3.2.2.1 外部检查

（1）体表检查 在进行病理检查前，先仔细了解病死猪的生前情况，尤其是比较明显的临床症状，这将缩小对猪所患疾病的考虑范围，使剖检有一定导向性。猪外部检查与可疑疾病的对应关系（表3-4）。

表3-4 猪外部检查与可疑疾病的对应关系

器官	病理变化	可疑疾病
眼	分泌物增多，眼角有泪痕或眼眵	猪瘟
	眼结膜充血、苍白、黄染	依次是热性疾病、贫血、黄疸
	眼睑水肿	猪水肿病
口鼻	鼻孔有炎性渗出物流出	流感、萎缩性鼻炎、喘气病、包含体鼻炎、猪流行性感冒
	鼻出血、鼻歪斜、颜面部变形	萎缩性鼻炎
	上唇吻突及鼻孔周围有水疱、糜烂	猪口蹄疫、猪水疱病、猪水疱性疹、猪水疱性口炎
	齿龈、口角有点状出血	猪瘟
	唇、齿龈、颊部黏膜溃疡、坏死	猪坏死杆菌病
	齿龈水肿	猪水肿病

(续)

器官	病理变化	可疑疾病
皮肤	皮肤上有大小不等的紫红斑、指压褪色	急性猪丹毒、猪弓形虫病
	皮肤上有方形、菱形红色疹块	亚急性猪丹毒
	胸、腹和四肢内侧皮肤有出血斑点	猪瘟
	耳部、背部等部位皮肤坏死、脱落	猪坏死杆菌病
	下腹部和四肢内侧等处发生痘疹	猪痘
	颜面及头颈部皮下水肿	猪水肿病
	蹄部皮肤出现水疱、糜烂、溃疡	口蹄疫、水疱病
	咽喉部明显肿大	猪炭疽、急性猪肺疫
	包皮积尿	猪瘟
	皮肤渗出物与皮屑、皮脂等混合覆盖在皮肤上,形成一层厚厚的棕黑色结痂	渗出性皮炎
	全身多处皮肤出现红紫色丘状斑点	猪皮炎与肾病综合征
	耳部、腹部、臀部、鼻端发绀	猪繁殖与呼吸综合征、仔猪副伤寒、弓形虫病
	体表毛孔周围有针尖大密布的出血点	猪附红细胞体病
咽喉颈部	肿胀	猪肺疫、炭疽
	颈部水肿	猪水肿病
四肢	关节肿胀	猪丹毒、猪链球菌病、副猪嗜血杆菌病
肛门	肛门周围和尾部有粪污染	腹泻性疾病

(2) 解剖前检查 凡发现患畜急性死亡时,不能随便剖检。疑似炭疽、破伤风时,必须从患畜末梢血管采血作涂片,排除炭疽、破伤风等疾病后,方可剖检。

3.2.2.2 内部检查 猪的剖检一般采用背卧式,为了使动物保持背位,需切断四肢内侧的所有肌肉和髋关节韧带,使四肢平摊于解剖台上。然后再从颈、胸、腹的正中侧切开皮肤,进行腹侧剥皮。

(1) 皮下检查 皮下检查在剥皮过程中进行。除检查皮下有无炎症、出血、淤血、水肿等病变外,还必须检查体表淋巴结的大小、颜色、有无出血、是否淤血、有无水肿、坏死、化脓等病变。小猪(断奶前)还要检查肋骨和肋软骨交界处,看有无串珠样肿大。

(2) 腹腔的剖开 从剑状软骨后方沿白线由前向后切开腹壁至耻骨前缘,观察腹腔中有无渗出物;渗出液的数量、颜色和性状;腹膜及腹腔器官浆膜是否光滑,肠壁有无粘连;再沿肋骨弓将腹壁两侧切开,则腹腔器官全部暴露。

(3) 腹腔脏器的采出 右季肋部可看见脾。提起脾,并在接近脾根部切断网膜和其他连接组织后取出脾。然后将网膜从其附着部位分离采出。

①空肠和回肠的采出。将结肠盘向右侧牵引,盲肠拉向左侧,显露回盲韧带与回肠。在离盲肠约15cm处,将回肠作二重结扎并切断。然后握住回肠断端,用刀切离回肠、空肠上附着的肠系膜,直至十二指肠空肠曲,在空肠起始部作二重结扎并切断,取出空肠和回肠。边分离肠系膜边检查肠浆膜有无出血,肠系膜有无出血、水肿,肠系膜淋巴结有无肿胀、出

血、坏死。

②大肠的采出。在骨盆腔口分离直肠，将其中粪便挤向前方作一次结扎，并在结扎后方剪断直肠。从直肠断端向前方分离肠系膜，至前肠系膜根部。分离结肠与十二指肠、胰腺之间的联系，切断前肠系膜根部血管、神经和结缔组织及结肠与背部之间的联系，即可取出大肠。

将胃、十二指肠、肝、胰、肾和肾上腺依次采出。

（4）胸腔的剖开及胸腔脏器的采出　用刀先分离胸壁两侧表面的脂肪和肌肉，检查胸腔的压力，用刀切断两侧肋骨与肋软骨的接合部，再切断其他软组织，除去胸壁腹面，即可露出胸腔。检查胸腔、心包腔有无积液及其性状，胸膜是否光滑，有无粘连。

分离咽喉头、气管、食道周围的肌肉和结缔组织，将喉头、气管、食道、心和肺一同采出。

（5）剖检小猪　可自下颌沿颈部、腹部正中线至肛门切开，暴露胸腹腔，切开耻骨联露出骨盆腔。然后将口腔、颈部、胸腔、腹腔和骨盆腔的器官一起取出。

（6）颅腔剖开　可在脏器检查完后进行。清除头部的皮肤和肌肉，在两眼眶之间横劈额骨，然后再将两侧颞骨（与颧骨平行）及枕骨髁劈开，即可掀掉颅顶骨，暴露颅腔。检查脑膜有无充血、出血。

按顺序逐一检查采出的各个器官的病变并详细记录。常见病理变化与可疑疾病对照关系（表3-5）。

表3-5　各器官病理变化与可疑疾病的对应关系

器官	病理变化	可疑疾病
整体	尸僵不全	炭疽
天然孔	流出黑色似柏油血液，凝固不良	炭疽
	口鼻流带血泡沫	猪传染性胸膜肺炎、猪肺疫
皮下	皮下组织出血性胶冻样浸润	炭疽
	皮下脂肪黄疸	猪钩端螺旋体病、猪附红细胞体病
	头颈部皮下肌肉有透明或淡黄色液体流出	猪水肿病
淋巴结	颌下淋巴结肿大，切面呈砖红色	猪炭疽
	全身淋巴结肿大，切面呈大理石样出血变化	猪瘟
	咽、颈及肠系膜淋巴结黄白色干酪样坏死灶	猪结核
	弥散性出血，有的仅有出血点	急性猪肺疫、急性猪丹毒、猪链球菌病
	肿大，切面外翻多汁	猪水肿病、猪弓形虫病、猪附红体病
	支气管、肠系膜淋巴结索状肿大，切面灰白多汁	支原体肺炎、仔猪副伤寒
扁桃体	切面有坏死点	猪伪狂犬病、猪瘟
喉头	出血斑点	猪瘟
气管	黏膜潮红、肿胀、充满带泡沫的黏液	猪流感
	充满带泡沫黏液	猪传染性胸膜肺炎、猪肺疫

(续)

器官	病理变化	可疑疾病
胃	胃黏膜斑点状出血	猪瘟
	胃黏膜充血、卡他性炎、大红布样	猪丹毒
	胃黏膜下水肿	猪水肿病
小肠	黏膜小点出血	猪瘟
	节段状出血性坏死，浆膜下有小气泡	仔猪红痢
	以十二指肠为主的出血性卡他性炎	仔猪黄痢
大肠	盲、结肠黏膜灶状或弥漫性坏死	慢性仔猪副伤寒
	盲、结肠黏膜扣状肿	慢性猪瘟
	卡他性出血性炎症	猪痢疾
	黏膜下高度水肿	猪水肿病
肝	黄白色坏死点	沙门氏菌病、弓形虫病、李氏杆菌病、猪伪狂犬病
	胆囊出血	猪瘟
	胆汁浓稠	猪附红细胞体病
脾	脾边缘有出血性梗死灶	猪瘟、猪链球菌病
	稍肿大、樱桃红色	猪丹毒
	淤血肿大、灶状坏死	猪弓形虫病
	表面有黄白色坏死灶	猪伪狂犬病
肾	色淡、针尖状出血点	猪瘟
	皮质小点出血或有灰白色小点	猪弓形虫病
	紫红色、肿大、皮质有小点出血	急性猪丹毒
膀胱	黏膜出血点	猪瘟
肺	出血斑点	猪瘟
	纤维素性肺炎	猪肺疫、胸性猪瘟
	胰样变	支原体肺炎
	水肿、小点坏死	弓形虫病
	粟粒性干酪样结节	结核
心脏	心外膜斑点状出血	猪瘟、猪链球菌病
	心肌条纹状坏死灶	口蹄疫
	纤维素性心外膜炎	猪肺疫
	心瓣膜菜花样增生物	慢性猪丹毒
	心肌内有米粒大至豌豆大灰白色囊泡	猪囊尾蚴病
浆膜及浆膜腔	浆膜出血	猪瘟、猪链球菌病
	纤维素性胸膜炎及粘连	猪肺疫、支原体肺炎、传染性胸膜肺炎
	积液	猪弓形虫病、猪水肿病、猪附红细胞体病
	有丝状纤维素渗出物	猪链球菌病

(续)

器官	病理变化	可疑疾病
睾丸	肿大、发炎、坏死	布鲁氏菌病、乙型脑炎
肌肉	臀肌、股内侧肌、肩甲横突肌、咬肌等部位有米粒至豌豆大灰白色囊泡	猪囊尾蚴病
	肌肉组织出血、坏死、含气泡	恶性水肿
	腹斜肌、大腿肌、肋间肌等处肌内见有与肌纤维平行的毛根状小体	住肉孢子虫病

3.2.2.3 剖检后的处理工作 剖检后要对尸体进行无害化处理,可焚烧、深埋或放于规定的化粪池发酵。剖检完后所用过的器械、用具等用消毒液浸泡消毒。解剖台、解剖室地面等都要进行消毒处理。解剖人员剖检完后应换衣消毒,同时要注意鞋底的消毒。

3.2.2.4 填写尸体剖检报告 根据尸体剖检记录和病料检验结果进行综合分析,填写尸体剖检报告单。

3.2.3 剖检病犬、病猫术式

犬、猫的病理剖检取背位,一般不剥皮或只腹部剥皮。沿腹白线正中纵行切开,观察腹腔,注意腹水的多少、颜色以及性状、器官的位置、有无粘连,然后沿肋骨弓剪开两侧腹壁,并向两侧将腹壁翻开,充分暴露腹腔器官,并按脾及网膜、胃、肠、肝、肾的顺序,依次将腹腔器官取出。在肋骨与软骨连接处将两侧肋骨剪断,取下胸骨,暴露胸腔器官。查看后,将胸腔器官采出。颅腔剖开及脑取出与猪相同。犬病理剖检的外部检查见表3-6。

表3-6 犬病理剖检的外部检查

器官	病变	疾病诊断
皮肤	脱毛	疥癣、湿疹、皮肤真菌病或甲状腺机能减退
	皮炎	过敏、麻疹、疥癣、光敏症
	肿胀	水肿、气肿(外伤或产气细菌感染)、血肿、脓肿、淋巴外渗
	体臭	齿槽脓漏及肛门脓肿、胃肠病、外耳炎、全身性皮炎
眼	眼睑肿胀	眼睑受机械刺激,结膜炎、眼睑腺炎或花粉过敏
	淀粉样白色眼分泌物	肠内寄生虫或其他慢性胃肠炎
	化脓性角膜炎和结膜炎	倒睫、机械刺激、犬瘟热、传染性肝炎、疱疹
	眼睛下方毛变成红褐色	泪囊炎、鼻泪管阻塞,以及各种流泪症引起
	潮红(充血)	弥漫性充血、各种热性病、树枝状充血、脑炎及心衰
	发绀(淤血)	肺炎、心脏病
	苍白	贫血或急性失血
	黄染	肝炎、梨形虫病
	斑点状出血	梨形虫病、出血性紫癜、血友病
	眼球增大而突出	青光眼、突眼性甲状腺肿
	角膜混浊	角膜炎、传染性肝炎

(续)

器官	病变	疾病诊断
鼻	鼻端发热干燥	热性病
	水样鼻液	鼻炎、感冒或犬瘟热
	脓性鼻液	鼻窦炎、上颌鼻窦炎
	鼻出血	外伤、鼻腔内有异物、鼻黏膜溃疡或有肿瘤
口	口臭	口炎、咽炎、胃肠炎、齿龈炎、齿槽脓漏症、扁桃腺炎
	流涎	唾液腺炎、颌骨骨折、狂犬病、某些中毒病
	舌外伸或舌体咬伤	狂犬病及脑炎
耳	耳根部发炎	因跳蚤叮咬发痒、耳疥癣或外耳炎，或被抓伤
	耳内臭，有脓性分泌物	细菌性外耳炎
	耳内有干燥耳垢	外耳道疥癣
阴囊	阴囊水肿	血丝虫病
	睾丸炎、附睾炎及前列腺炎	布鲁氏菌病

3.2.4 剖检病牛、病羊术式

牛、羊的病理剖检，除烈性传染病（如炭疽）外，一般需要剥皮。反刍动物有4个胃，占腹腔左侧的绝大部分及右侧中下部。所以剖检动物应取左侧卧位，以便腹腔脏器的采出和检查。切除右侧前、后肢。

(1) 腹腔剖开及腹腔脏器采出　从右侧肷窝部沿肋骨弓至剑状软骨切开腹壁，再从髋结节至耻骨联合切开腹壁。将呈三角形的腹壁向腹侧翻转，即可暴露腹腔。检查有无肠变位、腹膜炎、腹水或腹腔积血等病理表现。在横膈膜之后切断食道，左手插入食道断端握住食道，向后牵拉；右手持刀将胃、肝、脾、背部的韧带、后腔静脉、肠系膜根部切断，即可取出腹腔脏器。

(2) 胃的检查　先将瘤胃、网胃、瓣胃之间的结缔组织分离，使其有血管和淋巴结的一面向上，按皱胃在左、瘤胃在右的位置平放在解剖台上，用剪刀沿皱胃小弯至皱胃与瓣胃交界处，瓣胃的大弯部至瓣胃与网胃口处，再沿网胃大弯剪开，最后沿瘤胃上下缘剪开。检查胃有无创伤、是否与膈粘连。羊胃肠道中常有多种寄生虫寄生，应检查其种类、数量、寄生部位及黏膜变化。

(3) 胸腔剖开　可切割两侧肋骨与肋软骨交接处，去除胸骨；也可在肋骨与肋软骨的连接处切断肋骨，再在肋骨上端锯断所有肋骨，并切断膈，就可整片掀除一侧胸壁，或用扭脱肋骨小头的办法，一根一根地去除肋骨。胸、颈部器官的采出与猪相同。

(4) 脑的采出　先沿两眼的后缘用锯横行锯断，再沿两角外缘与第一锯相接锯开，并于两角的中间纵锯一正中线，然后两手握住左右两角，用力向外分开，使颅顶骨分成左右两半，这样脑即露出。羊病理剖检的外部检查见表3-7。

表 3-7　羊病理剖检的外部检查

器官	病理变化	疾病诊断
眼	结膜充血	热性病、血循障碍
	发绀	心、肺疾病，亚硝酸盐中毒
	黄染	实质性肝炎，胆管阻塞
	苍白	贫血
	眼结膜肿胀，有分泌物	结膜炎或角膜炎
口鼻	流涎	口炎、羊口疮
	口唇、颊，以及眼睑有红斑、水疱、脓疱	羊痘
	口腔黏膜小水疱	口蹄疫
	鼻液发黄带血（有痒感、喷鼻、摇头）	羊鼻蝇蛆
	口鼻流出血样液体	炭疽
	鼻有清亮、黏性或脓性鼻液	肺丝虫、上呼吸道及肺部炎症
	牙齿出现黄褐色斑点或齿斑	慢性氟中毒
体表	脱毛，脱毛部皮肤无其他病变	蛋白、维生素、微量元素缺乏
	脱毛部皮肤发炎	疥癣、湿疹、真菌病
	被毛稀疏处丘疹、水疱、脓疱，结痂	羊痘
	蹄部有水疱、破溃及糜烂	口蹄疫
	蹄柔软部红、肿、流出脓液	坏死杆菌病（腐蹄病）
	肿胀	水肿、脓肿、血肿、炎性肿胀、淋巴外渗、气肿
肛门	肛门周围有粪便污染	大肠杆菌病
睾丸	睾丸炎性肿胀、坏死或化脓	布鲁氏菌病

技能 3.3　病理组织材料采集与送检

3.3.1　病理材料采集

3.3.1.1　病料采集注意事项

（1）解剖前检查　发现患畜急性死亡时，不能随便解剖。解剖前，必须由末梢血管采血作涂片，排除炭疽、破伤风等疾病后，方可解剖。

（2）采集病料的时间　内脏病料的采取，必须为新鲜动物尸体，最好不超过 6h，夏季不超过 4h，已腐败变质的畜尸不能采取病料。做细菌学培养的则应采用未经药物治疗的病畜。

（3）无菌操作　采集病料所有操作均必须为无菌操作。采集一种病料使用一套器械。并将取下的病料分别置于灭菌容器中，绝不可将多种病料或多头动物的病料混放于一个容器内。

（4）选择适当病变部位　临床上难以估计是哪种传染病时，应采集病变最严重的组织。但心脏、肝、脾、肺、肾、淋巴结、扁桃体、脑等，无论有无肉眼可见病变，一般均应采集。采集时，应先采集小组织，再采集大组织，最后采集易污染的组织，如胃肠等。小型畜、禽可送检全尸。

3.3.1.2 采集前准备工作

（1）器具　动物检疫器械箱、保温箱或保温瓶、酒精灯、酒精棉球、碘酒棉球、无菌棉拭子、注射器及针头、平皿、试管等。所用器具均要进行严格消毒。

（2）试剂　常用保存液为30％甘油生理盐水、50％甘油生理盐水、饱和食盐水溶液、10％福尔马林溶液、3％～5％石炭酸溶液。常用的抗凝剂为3.8％枸橼酸钠、2％草酸钠。

（3）其他　采样单、记录用具、记号笔、不干胶标签；一次性手套、口罩等防护用品。

3.3.1.3 采集记录

采集样品时，要逐项填写采样单，并做好标记。采样单、标签和封条应用钢笔填写。采样单按要求填写，一式三份，并将其中一份采样单和病史材料装在塑料包装袋中随样送检。

3.3.1.4 病理材料采集

（1）实质器官　小的实质器官如淋巴结、脾、肾等可整体采集，大的实质器官如心脏、肝、肺等则采集有病变与无明显病变交界处，并将其装入灭菌容器中。如需进行微生物学诊断，可先用烧红的手术刀片烧烙表面，或用酒精火焰消毒后，在烧烙的深处取1～2块约2cm³的组织，放于灭菌容器。若需进行细菌分离，可用烧红的铁片烫烙脏器表面，用灭菌接种环自烫烙部位插入组织深处，取少量组织或液体，涂片镜检或接种在培养基上。

（2）胃肠道及内容物　应选择胃肠道病变最明显的部分，去掉内容物，用灭菌水轻轻冲洗后放入平皿内。如需采集肠内容物，可用线扎紧一7～10cm的肠段，然后在两线稍远处切断，放于灭菌容器中。采集后应快速送检，不得迟于24h。

（3）皮毛　取大小为3～5cm²包括病变组织和周围正常组织的皮肤，放在灭菌的密闭容器中，可多取几块。也可保存于30％甘油生理盐水中或10％福尔马林溶液。如需采集羽毛则用刀将有明显病变的羽毛和刮取其根部少许皮屑放入灭菌试管中。

（4）脑、脊髓　疑为病毒病时，将脑、脊髓浸入50％甘油盐水液中，用于病理组织检查则用福尔马林保存或将整个头部取下送检。

（5）胎儿　将胎儿用塑料薄膜包紧装入密闭容器中送检。

（6）血液

①血清。以无菌操作抽取被检患病动物血液10～20mL或适量，将装有待分离的血液的灭菌试管在室温下倾斜静置24h，待血液凝固自然析出血清。也可用离心机离心，选择1 500～2 000r/min离心5min，分离血清。将血清移到另外的无菌容器中，密封，贴标签。为了防腐，可于每毫升血液中加入3％～5％石炭酸溶液1～2滴。

②全血。采取10～20mL全血，立即注入盛有3.8％枸橼酸钠溶液1～2mL的灭菌试管中，搓转完全混合后即可。

（7）分泌物的采集

①口、眼、鼻等分泌物。用无菌棉拭子在鼻腔、口腔、眼转动至少3周，然后将拭子浸入装有保存液的试管中，密封送检或低温保存。

②乳汁。先用消毒药水洗净乳房，挤3～4股乳汁弃去，再采集10mL左右乳汁于灭菌试管中。若仅供显微镜镜检，则可加入0.5％福尔马林溶液。

（8）水疱　先用清水清洗采集部位，切忌使用酒精等消毒剂消毒。用灭菌注射器取未破裂的水疱液至少1mL，装入灭菌小瓶中，可加适量抗菌药，加盖密封，尽快冷冻保存；剪取新鲜水疱皮 3～5g 放入灭菌小瓶中，加入适量的 50％甘油生理盐水，加盖密封，尽快冷冻保存。水疱皮用于病理组织学检查的则放在 10％福尔马林中保存。

（9）脓汁、渗出液　无菌抽取未破溃的脓肿深部的脓汁，置于灭菌容器中密封，亦可直接用注射器采取后，放试管中；渗出液及已开放的化脓灶则用无菌棉签浸蘸后，放在灭菌试管中。也可用经消毒的接种环插入取样，直接接种在培养基上。

3.3.2　病理材料的保存与送检

3.3.2.1　用于病理组织切片的病料通常使用 10％福尔马林或 95％酒精固定，尽快密封送检。

3.3.2.2　液体病料应收集在灭菌的小试管或青霉素瓶中，密封后用棉花包裹装入较大的容器中，再装盒送检。实质器官在短时间内能送到检验单位的，可将装有病料的容器放在装有冰块的保温瓶内送检。距离检查单位较远，疑为细菌性疾病的则在容器中加入 30％甘油生理盐水，疑为病毒性疾病的则在容器中加入 50％甘油生理盐水，盖好盖后用胶布粘好，贴好标签，正立放入保温箱中低温保存送检。

3.3.2.3　血液材料采集后应尽快送检，可在血清中加入青霉素、链霉素以防腐败。除做细胞培养和试验用的血清外，其他血清还可以加 0.5％石炭酸溶液等防腐剂。不能及时送检的血液材料应密封存于冷藏箱中，尽快送检。

3.3.2.4　送检病料的容器必须完整无损并经灭菌，密封不漏出液体。装入病料后必须加盖，用胶布或封箱胶带封固，液态病料还必须用熔化的石蜡加封，以防止外泄。每个装有病料的容器均选用塑料袋包裹两层，分别扎紧袋口。还需避免病料接触高温及日光，以防止腐败和病原微生物死亡。

3.3.2.5　送检的病料都应注明所采家畜的品种、年龄、畜主、采集时间、采集地点、送检目的、病料名称、保存液等资料，并附临床病历摘要等。

技能 3.4　病理变化识别

3.4.1　充血

局部组织器官的血管内血液含量比正常增多的现象为充血。动脉性充血的特点为鲜红、微肿、温热；静脉性充血又称淤血，皮肤黏膜的淤血呈蓝紫色、发绀，病变特点为暗红、肿大、冷感，眼观呈蓝紫色。

充血病理表现

3.4.2　出血

血液（主要为红细胞）流出心脏或血管之外为出血。
（1）破裂性出血　心脏和血管壁破裂引起的出血。
（2）渗出性出血　毛细血管通透性升高，血液通过损伤的毛细血管内皮组织间隙和基底膜渗出（漏出）血管外。

渗出性出血多在皮肤、浆膜、黏膜表面呈现出血点（淤点）或出血斑（淤斑），新鲜的呈鲜红色，陈旧的呈暗红色。皮肤、黏膜、浆膜上出现广泛的淤点和淤斑的病变称为紫癜。

多见于某些败血性传染病（如猪瘟、猪丹毒、炭疽、鸡新城疫等）、缺氧及维生素C缺乏使毛细血管内皮细胞之间的黏合质形成不良、过敏反应等使毛细血管通透性升高，发生渗出性出血。某些中毒和炎症过程中，也可发生这种出血，如一氧化碳、磷、砷等中毒。

机体有全身性渗出性出血倾向时，称为出血性素质。表现为全身皮肤、黏膜、浆膜及各内脏器官都可见出血点。多见于急性传染病（如急性猪瘟）、中毒病（如有机磷中毒）及原虫病（如焦虫病、弓形虫病）（图3-1至图3-4）。

图3-1　猪皮肤出血

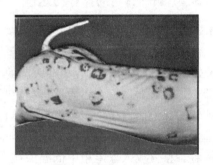

图3-2　"打火印"（猪丹毒）

图3-3　肾出血

图3-4　腺胃乳头出血

3.4.3　贫血

贫血病理表现

3.4.3.1　局部贫血　机体局部组织或器官血液供应不足或完全断绝，称为局部贫血。贫血的组织器官因含血量减少而体积缩小，被膜起皱，质地变软，色变淡，显出固有本色，皮肤、黏膜呈苍白色，肺呈灰白色等。

3.4.3.2　全身性贫血　指血液总量或单位容积的血液内红细胞数或血红蛋白的含量低于正常范围的现象。按贫血的发病原因与机理可分为失血性贫血、溶血性贫血、营养不良性贫血、再生障碍性贫血。

（1）失血性贫血　即红细胞大量流失所致的贫血。根据失血的速度可分为急性失血性贫血和慢性失血性贫血。前者见于各种外伤、产后出血过多或内脏器官（肝、脾）破裂出血等。其主要病理变化特点为单位容积内的红细胞数和血红蛋白的含量减少，红细胞形态正常。后者多见于长期反复失血的一些疾病，如某些寄生虫病（血吸虫病、肝片吸虫病、犊牛球虫病等），马出血性紫癜，牛的血尿及胃肠溃疡等慢性失血性疾病。由于慢性长期反复失血，致使铁流失过多，从而导致缺铁性贫血。一般为低血红蛋白性贫血，红细胞小，大小不均,形态异常。

(2) 溶血性贫血　致病因素使红细胞大量破坏所致的贫血。一般血液总量不减少,单位容积内的红细胞数量及血红蛋白含量降低。由于溶血,血液中间接胆红素增多,浆膜、黏膜呈现黄疸,同时出现血红蛋白尿。

(3) 营养不良性贫血　由于造血必需物质(蛋白质、铁、铜、钴、维生素 B_{12} 及叶酸等)缺乏而引起的贫血。一般病程较长、病畜消瘦、血液稀薄、血红蛋白含量降低。由于造血必需物质缺乏,外周血液有时出现小红细胞(缺铁性贫血),有时出现大红细胞(维生素 B_{12} 等缺乏)。

(4) 再生障碍性贫血　由于骨髓造血机能障碍而发生的贫血。外周血液中出现大小不均和异型红细胞,血液中红细胞、白细胞、血小板同时减少。血清中铁和铁蛋白含量增高(区别于缺铁性贫血)。骨髓脂肪化或纤维化,红骨髓被黄骨髓代替。

3.4.4　梗死

局部组织或器官因动脉血液供应断绝引起的坏死称为梗死。梗死分为贫血性梗死和出血性梗死。贫血性梗死常发生在侧支循环不丰富的器官,如心脏、脾、肾等。当这些器官动脉发生阻塞时,该部分的动脉分支即发生反射性痉挛,将血液挤出病灶区,使该部处于贫血状态,颜色苍白。新鲜梗死灶由于蛋白质降解,吸收水分而发生膨胀,表面隆起,略高于器官的表面。陈旧的梗死灶组织变干燥或被结缔组织机化皱缩,表面凹陷。梗死灶周围呈现充血、出血的红色炎性反应带。出血性梗死特点是局部组织梗死后又伴有出血。常见于肺、肠和脾。在动脉管阻塞的同时,该器官又发生高度淤血,局部组织梗死,红细胞通过损伤的血管壁进入梗死区而出血,使梗死区呈暗红色,边界清楚(图 3-5、图 3-6)。

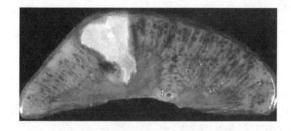

图 3-5　肾梗死

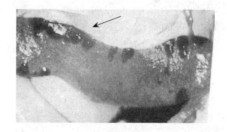

图 3-6　脾梗死

3.4.5　水肿

组织间隙蓄积超常量的组织液为水肿。

3.4.5.1　炎性水肿　主要是由于炎症的病因使炎灶内的组织和血管受到损害,毛细血管的管壁通透性增大,富有蛋白质的血浆和各种血细胞渗出,损伤组织的变性、坏死、蛋白质降解成小分子物质,致使组织渗透压升高造成炎区的局灶性水肿。这种由于炎症而渗出的水肿液,混浊不清,蛋白质含量可超过 4%,相对密度在 1.018 以上,易于凝固,还含有多量的白细胞、组织或细胞碎片,或有细菌等,称为渗出液。

3.4.5.2　非炎性水肿

(1) 淤血性水肿　主要是由于静脉血液回流受阻,使静脉和静脉端毛细血管内压升高,组织液回流减少，由动脉端毛细血管滤出的组织液蓄积在组织间隙造成的。同时，也由于淤血缺氧，酸性代谢产物的蓄积和刺激使毛细血管管壁的通透性增大，促进了淤血组织的水肿。心脏病引起的水肿属于这一种。

（2）肾性水肿　在动物患肾炎和肾病时，由于大量蛋白质从尿中丢失，使血浆渗透压下降，同时还由于肾曲细管上皮细胞的广泛变性、坏死，肾功能不全，机体内水的排泄障碍，盐和代谢产物在组织中的潴留，造成组织渗透压增高，促使动物发生全身性水肿，在机体组织疏松部位（如眼窝）呈现明显的水肿状态。

（3）营养不良性水肿　主要是由于血浆蛋白含量不足、血浆胶体渗透压下降造成的全身性水肿。常见于肝疾病，蛋白质合成障碍和消耗性疾病，如慢性胃肠炎、慢性传染病（结核等）、寄生虫病、肿瘤病及常年饲喂缺乏蛋白质饲料的动物。通常伴有贫血和消瘦。

由于非炎性水肿的主要原因不是血管壁的损伤，所以水肿液中蛋白质含量较低，一般不超过3%，相对密度为1.006～1.015，稀薄透明，不易凝固，称为漏出液。

3.4.5.3　水肿病理变化

（1）皮肤水肿　又称浮肿。皮肤肿胀明显，呈苍白色，组织缺乏弹性，软如面团，手指压后留有凹坑，切开时流出多量水肿液，皮下组织呈胶冻状（图3-7）。

（2）黏膜水肿　黏膜肿胀明显，呈半透明外观，手指触压时有波动感，如猪水疱病、口蹄疫等。

（3）肺水肿　肺体积增大，表面光滑、湿润，被膜紧张，小叶间质明显增宽，充满水肿液。切面和支气管内流溢多量混有泡沫的液体。

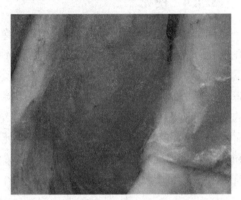

图3-7　长颈鹿皮下水肿

（4）浆膜腔积液　胸腔、腹腔、心包腔等浆膜腔积聚过量的漏出液或渗出液。

3.4.6　萎缩

已发育到正常大小的器官、组织或细胞，由于物质代谢障碍而发生体积缩小和功能减退的过程为萎缩。如猪感染传染性萎缩性鼻炎时鼻甲骨发生萎缩。

萎缩的器官一般表现为体积缩小，边缘变薄，被膜增厚、皱缩，器官重量减轻，质地变硬，色泽稍淡或变深。胃肠道萎缩时管壁变薄，呈半透明状，撕拉时容易破碎。

3.4.7　变性

（1）颗粒变性　指变性细胞的细胞质内出现蛋白质颗粒。颗粒变性的脏器体积增大，颜色发白，被膜紧张，切面模糊。

（2）脂肪变性　指变性细胞的细胞质内出现大小不等的游离脂肪滴，简称脂变。

脂变器官肿大，边缘钝圆，表面光滑，质地松软易碎，切面微隆突，呈黄褐色或土黄色，组织结构模糊，触之有油腻感，重量减轻。若脂变肝同时伴发淤血，则肝切面由暗红色的淤血部分和黄褐色的脂变部分相互交织，形成类似槟榔切面的花纹色彩，所以称作槟榔肝（图3-8）。心肌发生脂肪变性时，在心外膜下和心室乳头肌及肉柱的静脉血管周围可见灰黄色的条纹或斑点分布于心肌之间，形成黄红相间的虎皮状斑纹，称为"虎斑心"（图 3-9）。

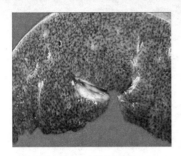
图 3-8 "槟榔肝"

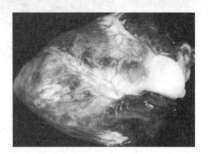
图 3-9 "虎斑心"

3.4.8 坏死

活机体内局部细胞或组织的死亡为坏死。

3.4.8.1 坏死时细胞变化 细胞核呈现明显的病变，核浓缩、核碎裂、核溶解。细胞质的细微结构变成颗粒状或均匀一致的物质。

3.4.8.2 坏死组织病理变化

（1）凝固性坏死 组织坏死因蛋白质凝固形成灰白或灰黄色、干燥而无光泽的凝固物质。外观坏死组织早期肿胀，稍突于器官表面，质地干燥坚实，切面上坏死区界线清楚，呈灰白或灰黄色，无光泽，其周围有暗红色充血、出血带。如肾凝固性坏死、肝点状坏死等（图 3-10、图 3-11）。

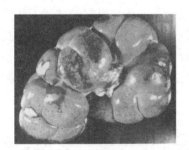
图 3-10 肾凝固性坏死

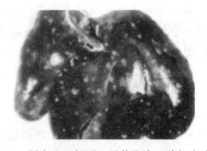
图 3-11 肝出血、坏死、星状斑痕（猪蛔虫感染）

①干酪样坏死（图 3-12）。是指结核病的发病器官发生的凝固性坏死。在坏死组织中，除了凝固的蛋白质外，还含有来自结核杆菌产生的多量脂类物质，其抑制了白细胞反应，阻止了液化过程，使坏死组织成为松软易碎、灰白或灰黄色的无结构样物质，外观似干酪样或豆腐渣。

②蜡样坏死。指肌肉组织的凝固性坏死。坏死的肌纤维混浊，呈灰白或灰黄色，干燥坚实，如同石蜡，称为蜡样坏死。见于各种动物的白肌病、牛气肿疽的骨骼肌坏死。

（2）液化性坏死 坏死的组织在蛋白分解酶的作用下形成液化状态。如组织的化脓就是典型的液化性坏死，脓灶中的中性粒细胞死亡破碎后释放蛋白分解酶将坏死组织分解。富含蛋白分解酶的胃肠道和胰腺是最容易发生液化性坏死的器官。

①脑软化。是指脑和脊髓组织的液化性坏死。由于脑和脊髓组织含水分及磷脂类物质较多，蛋白质相对较少，磷脂类物质对凝固酶有抑制作用，因此脑和脊髓组织坏死后很快液化

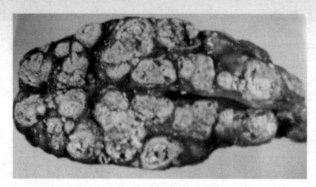

图 3-12　牛淋巴结结核干酪样坏死

呈乳糜状，以后坏死物质被吞噬吸收，遗留不规则的囊腔。如马属动物的霉玉米中毒、雏鸡的维生素 E 和硒缺乏症等均可见脑组织软化。

②脂肪坏死。也是一种液化性坏死。常见于脂肪组织的外伤。尤其是伴有胰腺损伤时，释放出的胰酶，可消化与胰腺相接触的脂肪组织，造成液化性坏死。在胰腺周围及肠系膜脂肪组织中可见黄白色、质地硬实的病变灶。如果胰腺的大面积损伤、坏死可波及腹壁上脂肪组织。坏死的脂肪被胰脂肪酶水解成脂肪酸和甘油后，脂肪酸便与钙、镁、钠等离子发生皂化反应，形成钙皂或镁皂等。当其浓度增大时，沉着在病灶上，这些物质硬实，呈白垩状。

（3）坏疽　坏死组织受外界环境和腐败菌的作用，呈灰褐色或黑色。黑色是因坏死组织腐败分解的硫化氢与血红蛋白分解产生的铁结合形成硫化铁导致的。

皮肤、四肢、耳壳及尾尖等部位形成动脉血栓、动脉阻塞、冻伤等引起的坏死，坏死组织暴露在空气中，水分蒸发而干化、皱缩、变硬，呈灰褐色或黑色形成干性坏疽。发生在与外界相通的器官，因坏死组织淤血、水肿、含水量大，适合腐败菌生长（如肺、肠道及子宫等），常为湿性坏疽。坏死组织肿胀明显、恶臭，呈蓝绿色或黑色。常见于肠变位、异物性肺坏疽、母牛产后腐败性子宫炎等。

3.4.8.3　组织坏死后修复

（1）吸收再生　小范围的坏死可被巨噬细胞吞噬、消化，或被蛋白分解酶溶解，局部组织缺损可由同样组织细胞再生修复，如皮肤黏膜的坏死。

（2）腐离脱落　皮肤黏膜较大范围的坏死，由于坏死区和健康区之间出现炎症反应，可逐渐分离脱落。见于慢性猪丹毒病大片皮肤坏死脱落、坏死杆菌引起的猪蹄或趾脱落。皮肤或黏膜坏死的组织腐离脱落后，局部留下缺损，浅的缺损称为糜烂，深的缺损称为溃疡。

（3）机化　机体内的坏死组织、血栓、异物等病理产物可被其周围新生的结缔组织逐渐取代的过程。

（4）包囊形成　机体内的坏死组织、血栓、异物等病理产物可被其周围新生的结缔组织包裹起来。多见于肺和脑组织发生的液化性坏死的包囊形成。

3.4.8.4　病理产物沉着

（1）病理性钙化　是指机体软组织中有磷酸钙、碳酸钙等钙盐沉着。沉着多量的钙盐为呈白色石灰样的坚实颗粒或团块，不易用刀切开。切割钙化组织时，发出"沙沙"的响声。在组织切片中，钙盐以深蓝色的团块

病理产物

或粉末状态分布于组织中。例如，结核性干酪样坏死灶、血栓、陈旧脓肿、坏死的寄生虫和虫卵等。特点是钙盐只在局部组织中析出和沉着，血钙含量并不增高。

(2) 尿酸盐沉着（痛风） 是机体内嘌呤（核蛋白成分）代谢障碍引起的，以尿酸和尿酸盐的结晶沉着在某些组织为特征，最常见于家禽。

①内脏型。鸡最多发，轻的肾肿大、色泽变淡，切面见灰白色点状尿酸盐沉着，输尿管扩张、充满石灰样沉淀物。严重的在胸腔、腹腔和心包腔的浆膜上及脏器表面分布灰白色粉末状尿酸盐，甚至形成薄膜，将腹腔脏器裹成一团，病鸡全身严重淤血，呈青紫色。

②关节型。脚趾和关节肿大，关节囊、腱鞘、滑膜及周围组织沉着多量灰白色尿酸盐。沉着部位组织变性坏死，周围组织炎性水肿。随病程的延长，结缔组织增生，形成一种致密坚硬的痛风结节。关节腔中的尿酸盐可形成尿酸结石，并使关节变形。

尿酸盐沉着多因饲料中核酸和嘌呤类物质含量过多、维生素A和维生素D缺乏、矿物质的量配合不当、肾功能障碍、传染性疾病（如大肠杆菌病）、药物中毒及细胞内核酸大量分解（如淋巴白血病）等疾病引起。

(3) 病理性色素沉着 指组织中的色素较通常增多，或不含色素的组织出现色素沉着。

①含铁血黄素。是巨噬细胞吞噬红细胞后产生的含铁的棕黄色血红蛋白衍生物。常见于溶血性疾病。局部组织含铁血黄素沉着见于局部出血。慢性心力衰竭时，由于肺淤血性出血，肺泡内见有吞噬含铁血黄素的巨噬细胞，肺眼观呈淡棕黄色。

②黄疸。因血液中胆红素增多而致全身组织呈黄色。容易察见黄色的部位是无毛皮肤区、黏膜和眼结膜。临床上分为三类：

溶血性黄疸：由于红细胞破坏过多，血液胆红素超过正常量，肝不能及时转化与运输，大量胆红素存留在血液内。如血液原虫病、新生幼畜先天性溶血病、输血时误用异型血液等。

肝性黄疸：肝受到严重损伤，失去了对胆红素的转化和运送能力，以致胆酸盐、胆脂等和胆红素渗入到血液。如传染性肝炎、钩端螺旋体病、磷中毒及严重慢性肝淤血。

阻塞性黄疸：胆汁由胆管流入肠道内受阻，胆汁反流到血液。常见于胆管肿瘤、胆管结石、胆管蛔虫、胆管炎及肝肿瘤等。

(4) 创伤的肉芽组织修复 机体组织创伤发生后1～2d，从伤口底部和边缘开始长出肉芽组织，伸入伤口内的血凝块，机化血凝块，填平创口。

肉芽组织是指由毛细血管和成纤维细胞组成的幼稚结缔组织，并含有炎性细胞，眼观新鲜的肉芽组织呈红色颗粒状，湿润柔软，触之易出血。由于没有神经纤维，所以没有感觉。新鲜的肉芽组织逐渐老化，成纤维细胞产生大量的胶原纤维，多数血管闭合、退化消失，使肉芽组织逐渐变成血管稀少、主要由胶原纤维组成的灰白色坚韧的瘢痕组织。

3.4.9 炎症

炎症是机体对抗损伤、促进修复的防御适应反应。表现在活组织的血管和细胞对损伤的应答。炎症是十分常见的病理过程，是构成各种疾病的基础，临床上许多传染病、寄生虫病、外科病都是以炎症为基本病理过程的。

3.4.9.1 炎症基本病理过程

(1) 变质 是炎症局部组织细胞变性和坏死变化的总称。实质细胞常出现的变质变化包括细胞肿胀、脂肪变化和坏死；间质结缔组织的变质可表现为纤维素样变性和坏死。

（2）渗出　炎区内血管中的液体成分和细胞成分可通过血管壁溢出至炎区组织间，这种现象称为渗出。渗出是诊断炎症的主要依据。渗出包括血管反应和细胞反应两个方面。

①血管反应。表现为炎性动脉性充血，继而静脉性充血，外观上由鲜红色转为紫红色。同时，炎区细血管壁的通透性增高，血浆成分渗出，形成炎性水肿。

②炎性细胞反应。白细胞的渗出是炎症反应最重要的特征。各种白细胞由血管内渗出到组织间隙的现象称为炎性细胞浸润。炎症反应的防御功能主要依赖于渗出的白细胞。白细胞的渗出过程极其复杂，在趋化因子作用下，经过附壁、游出等阶段到达炎症灶，在局部发挥重要的防御作用。

（3）增生　增生的主要细胞是成纤维细胞、血管内皮细胞和巨噬细胞，有时也伴有上皮细胞和实质细胞增生。一般情况下，增生变化除提供炎性浸润细胞的来源，还具有将炎症局限化或修复损伤的作用。但过度增生会导致器官固有结构的破坏，发生硬变，影响器官功能，如肝硬化。

3.4.9.2　炎症临床症状

（1）炎症的局部表现　炎症的局部临床表现是红、肿、热、痛和机能障碍，这在体表的急性炎症尤为明显。

（2）炎症的全身反应　炎症引起的全身反应主要是发热和白细胞增多。

3.4.9.3　急性炎症

（1）变质性炎　变质性炎的特征是炎区组织或细胞以变性、坏死的变化为主，渗出和增生的现象不明显。

（2）渗出性炎　渗出性炎的特征是以渗出性变化为主，组织变性、坏死合并出现，但增生现象相对轻微。根据渗出物的性质及病变特征，渗出性炎又分为以下5种。

①浆液性炎。在炎症过程中，以渗出大量浆液为主要特征的炎症（图3-13）。

②化脓性炎。化脓性炎是指在炎症灶内有大量中性粒细胞渗出为特征的炎症，常伴有不同程度的组织坏死和脓液形成（图3-14）。

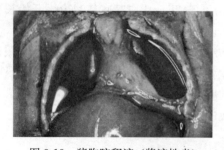

图3-13　猪胸腔积液（浆液性炎）

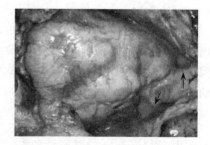

图3-14　化脓性心包炎（箭头指脓汁）

③卡他性炎。这是专门指发生于黏膜并从表面流出大量炎性渗出液的炎症。

④纤维素性炎。是指以渗出大量纤维素为主要特征的炎症。按炎症组织的坏死程度，纤维素性炎症可分为两种。

浮膜性炎：发生在黏膜或浆膜。渗出纤维素凝固并形成一层淡黄色、有弹性的膜状物被覆在炎症灶表面。这种膜易于剥离，剥离后，组织损伤较轻（图3-15、图3-16）。

图 3-15 纤维素性心包炎

图 3-16 猪肠道浮膜性炎

固膜性炎：又称纤维素性坏死性。它的特征是渗出的纤维素与深层坏死组织牢固地结合在一起，不易剥离，强行剥离后黏膜组织形成溃疡。固膜性炎可见于仔猪副伤寒、猪瘟、鸡新城疫等病的肠黏膜的病变，也可见子宫和膀胱的病变（图 3-17）。

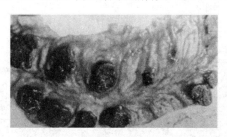

图 3-17 猪瘟肠固膜性炎

⑤出血性炎。炎症灶内血管壁损伤严重，使渗出物中含有大量红细胞，称为出血性炎（图 3-18）。

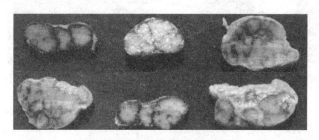

图 3-18 出血性淋巴结炎（猪瘟）

3.4.9.4 慢性炎症 慢性炎症是以组织、细胞的增生为主要特征的炎症，增生的细胞主要为巨噬细胞和成纤维细胞。根据病变特点，一般可将增生性炎症分为两类。

（1）非特异性增生性炎 指增生的组织不形成特殊组织结构的增生炎症。可分为两类：

①慢性增生性炎。间质中的纤维结缔组织呈局灶性弥漫性增生，其间并散在一些淋巴细胞和浆细胞的浸润。

②急性增生性炎。呈急性经过，以淋巴细胞和巨噬细胞增生为主的炎症。例如，急性传染病时，淋巴组织的增生性炎症；仔猪副伤寒病时肝的枯否氏细胞增生形成的"副伤寒结节"。

（2）特异性增生性炎 其增生的组织具有特殊的形态结构，一般最里层为坏死区，外面有多核巨细胞包围，最外围则是纤维结缔组织形成的包裹层。眼观呈大小不一的结节状，又把这样的结节病灶称为传染性肉芽肿。

3.4.10 肿瘤

肿瘤是一种类很多、形成原因较为复杂、以细胞异常生长为特征的病变。它可以发生在身体的任何器官或组织。一般认为，肿瘤是在各种致瘤因素的作用下，身体局部组织细胞失控，导致异常增生所形成的新生物。这种新生物外观常表现为肿块，所以称为肿瘤。

（1）肿瘤的形态结构　肿瘤组织结构不同形态也不相同（图3-19）。常见有圆球状、乳头状、息肉状、分叶状、菜花状、绒毛状等。有的肿瘤组织可以发生坏死脱落而形成溃疡。生长在器官组织深部的肿瘤一般为边界清楚的球状结节，但深部的恶性肿瘤的形状则很不规则，大多呈分支的树根状浸润生长，与周围组织粘连在一起，界限不清楚。不同类型的肿瘤大小不一，色泽、数量也不相同。

1. 形成乳头状肿瘤（外生性生长）　2. 形成结节状肿瘤（膨胀性生长）　3. 形成分叶状肿瘤（膨胀性生长）
4. 多为恶性肿瘤（浸润性生长成溃疡）　5. 多为恶性肿瘤（浸润性生长）

图 3-19　肿瘤的外形及生长方式

（2）良性肿瘤与恶性肿瘤的区别　根据性质不同，肿瘤可分为良性肿瘤与恶性肿瘤。肿瘤可从生长特性、组织学特点及代谢特点来区别（表3-8）。

表 3-8　良性肿瘤与恶发肿瘤的主要区别

区别指标		良性肿瘤	恶性肿瘤
1. 生长特性	（1）生长方式	膨胀性生长	浸润性生长
	（2）生长速度	生长缓慢	生长较快，常无止境
	（3）边界与包膜	边界清楚，常有包膜	边界不清，常无包膜
	（4）质地与色泽	接近正常组织	与正常组织差别较大
	（5）侵袭性	一般不侵袭	都有侵袭和蔓延现象
	（6）转移性	不转移	多转移
	（7）复发	完整切除一般不复发	治疗不及时常复发

(续)

区别指标		良性肿瘤	恶性肿瘤
2. 组织学特点	(1) 分化与异型性 (2) 排列与极性 (3) 细胞数量 (4) 核膜 (5) 染色质 (6) 核仁 (7) 核分裂象	分化良好，无明显异型性 排列规则，极性保持良好 稀散，较少 通常较薄 细腻，较少 不增多，不变大 不易见到	分化不良，异型性明显 排列不规则，极性紊乱 丰富而致密 通常增厚 通常深染，较多 粗大，数量增多 核分裂象增多
3. 机能代谢		除分泌激素肿瘤外，一般代谢正常	核酸代谢旺盛，酶谱改变，代谢异常
4. 对机体影响		除生长在要害部位外，一般影响不大	无论生长何处，对机体影响均较大，甚至导致死亡

 技能考核

① 理论考核

1. 动物疾病发生、发展规律。
2. 动物患病时充血、出血、贫血、梗死、水肿、萎缩、变性、坏死、炎症、肿瘤等形态结构、功能代谢变化，以及其病因、发生机理及对机体的影响。

② 操作考核

1. 识别动物尸体变化。
2. 对病禽、病猪、病犬、病猫、病牛、病羊进行病理剖检。
3. 病理材料采集、保存与送检。
4. 对下列各大体病理变化识别、病理变化描述、建立初步病理诊断：充血、出血、贫血、梗死、水肿、萎缩、变性、坏死、炎症、肿瘤。

模块 4 临床给药疗法与用药技术

岗 位		治疗处置室、兽医室
岗位任务		动物疾病的临床给药疗法
岗位目标	应 知	注射给药法、灌药法、群体动物给药法适应证与临床应用注意事项
	应 会	1. 注射给药器材识别、药液抽吸、注射给药法原则、注射方法（皮内注射法、皮下注射法、肌内注射法、静脉注射法、腹腔注射法、胸腔内注射法、瘤胃内注射法、瓣胃内注射法、乳房内注射法）、胃管灌药法、器具灌药法、混饲给药法、饮水给药法、药物熏蒸法、喷雾给药法 2. 药物的作用、药物的管理与贮存、用药原则与药物的临床应用、常用药物剂型配制及处方的开具
	职业素养	通过实际临床训练，能够熟练掌握临床给药疗法，培养分析问题、解决问题与实践的能力，养成认真仔细、实事求是的习惯

技能 4.1 注射给药法

4.1.1 注射给药法原则

（1）严格遵守无菌操作原则，防止感染。注射前必须洗手、戴口罩。对被毛浓密的动物，可先剪毛。用棉球蘸1%碘伏消毒注射部位，以注射点为中心向外螺旋式旋转涂擦，待干后方可注射。

（2）认真执行查对制度，做好三查、七对。三查：操作前查、操作中查和操作后查；七对：核对畜主姓名、动物、药名、剂量、浓度、时间、用法。

（3）检查药液质量。如药液变色、沉淀、混浊，药物有效期已过或安瓿有裂缝，均不能使用。多种药物混合注射时则需注意配伍禁忌。

（4）根据药液量、黏稠度及刺激性强弱选择注射器和针头。注射器必须完好无损、不漏气。针头应锐利、无钩、无弯曲，注射器和针头衔接紧密。

（5）选择合适的注射部位，防止损伤神经和血管，不能在炎症、硬结、瘢痕及有皮肤病处进针。应注意不同种属的动物，其注射部位也不相同。

（6）注射药物按规定时间现配现用。临用时抽取，以防药物效价降低或受污染。

（7）注射前必须排尽注射器内空气，以防空气进入形成空气栓子。排空时应防止浪费药物。

(8) 进针后,推进药液前,应抽动活塞,检查有无回血。静脉注射时必须见回血方可注入药液。皮下注射、肌内注射时,如发现回血,则应拔出针头重新进针,切不可将药液注入血管内。

(9) 运用无痛注射技巧。首先要分散动物的注意力,采取适当的体位,使动物肌肉松弛,注射时做到"二快一慢",即进针快、拔针快、推注药液慢,但对骚动不安的动物应尽可能在短时间内完成注射。对刺激性强的药物,针头宜粗长,进针宜深,以防动物疼痛及形成硬结。同时注射多种药物时,先注射无刺激性或刺激性弱的药物,后注射刺激性强的药物。如注射一种药物量较大时,应采取分点注射。

4.1.2 注射给药法器材

(1) 注射器和针头 注射器按材料分为玻璃、金属、尼龙、塑料等4种,按其容量分为1、2.5、5、10、20、30、50、100mL等规格,针头有 $4\frac{1}{2}$、5、$5\frac{1}{2}$、6、$6\frac{1}{2}$、7、8、9、12、16、20等规格。大家畜主要使用金属注射器(图4-1),小动物主要使用玻璃注射器(图4-2)及一次性塑料无菌注射器。大量输液时则有容量较大的输液瓶(俗称吊瓶)。此外,还有特殊用途的连续注射器(图4-3)、远距离吹管注射器等。注射枪适用于野生动物饲养场、动物园或狩猎。

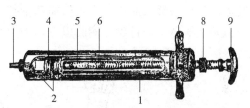

1. 玻璃管　2. 金属固定片　3. 注射头　4. 活塞
5. 刻度杆　6. 套筒　7. 手柄　8. 固定调节螺丝
9. 调节手柄

图 4-1　金属注射器

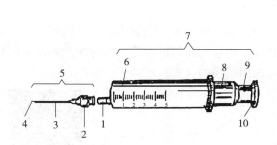

1. 乳头　2. 针栓　3. 针梗　4. 针尖　5. 针头　6. 空筒
7. 注射器　8. 活塞　9. 活塞轴　10. 活塞柄

图 4-2　玻璃注射器

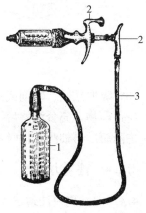

1. 药液瓶　2. 手柄　3. 橡胶管

图 4-3　连续注射器

(2) 注射盘 常规放置下列物品:无菌持物钳,皮肤消毒液(1%碘伏或2%碘酊和70%乙醇),棉签或乙醇棉球,静脉注射用的止血带、止血钳等。

4.1.3 药液抽吸

(1) 自安瓿内吸取药液的方法 将安瓿尖端药液弹至体部,用乙醇棉球消毒安瓿颈部,然后用砂轮在安瓿颈部划一锯痕,再次消毒,折断安瓿。将针头斜向下放入安瓿内液面之下,抽动活塞吸药。吸药时手持针栓柄,不可触及针栓其他部位(图4-4)。

抽毕,将针头垂直向上,轻拉针栓,使针头中的药液流入注射器内,使气泡聚集在乳头处,轻推针栓,驱出气体。如注射器乳头位于一侧,排气时将乳头稍倾斜,使气泡集中在乳头根部,用上述方法驱出气体。将安瓿套在针头上备用。

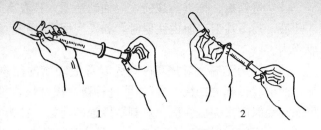

1. 自大安瓿内吸取药液　2. 自小安瓿内吸取药液

图4-4　自安瓿内吸取药液

(2) 自密封瓶内吸取药液的方法　除去铝盖中心部分,用1%碘伏或70%乙醇棉签消毒瓶盖,将针头插入瓶内,注入所需药量等量的空气,以增加瓶内压力,避免形成负压。倒转药瓶及注射器,使针尖在液面以下,吸取所需药量。再以食指固定针栓,拔出针头,排尽空气(图4-5)。

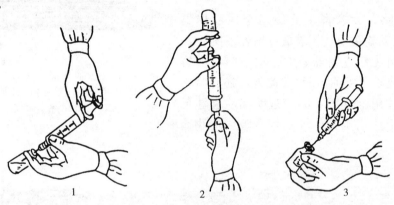

1. 把空气注入瓶内　2. 倒转瓶抽吸药液　3. 按住针栓拔出针头

图4-5　自密封瓶内吸取药液

(3) 吸取结晶、粉剂或油剂药物的方法　用无菌生理盐水、注射用水或专用溶媒溶解结晶、粉剂药物,充分溶解后再吸取。如为混悬液,则应先摇匀再吸药。如为油剂则可先用双手对搓药瓶后再抽吸。抽吸油剂及混悬剂时应选用稍粗的针头。

4.1.4　注射方法

4.1.4.1　皮内注射法

(1) 应用　皮内注射是将药液注入表皮与真皮之间的注射方法,主要用于某些疾病的变态反应诊断(如牛的结核菌素皮内反应)或做药物过敏试验等。

羊的皮内注射

(2) 用具　通常用结核菌素注射器或1~2mL的小注射器与短针头。

(3) 部位　多选在颈侧中部。

(4) 方法　用70%乙醇(该注射法一般不用碘伏、碘酊消毒,以免影响局部反应的观察)按常规消毒,先以左手绷紧注射部位,右手持注射器,针头斜面向上,与皮肤呈5°角刺入皮内(图4-6)。待针头斜面全部进入皮内后,左手拇指固定针柱,右手推注药液,局部可见一半球形隆起,俗称"皮丘"。注毕,迅速拔出针头,术部轻轻消毒,应避免压挤局部。注射正确时,可见注射局部形成一半球状隆起,推药时感到有一定阻力,如误入皮下则无此现象。

4.1.4.2 皮下注射法

(1) 应用　将药液注射于皮下结缔组织内,经毛细血管、淋巴管吸收进入血液循环。凡溶解速度快、刺激性小的药物及疫苗均可采用皮下注射。

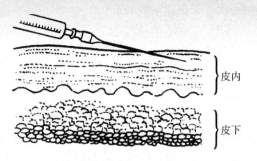

图 4-6　皮内注射法

(2) 用具　根据注射药量多少,可选用 2、5、10mL 的注射器及相应针头。

(3) 部位　多选在皮肤较薄、皮下疏松的部位。大动物多在颈部两侧;猪在耳根后或股内侧;犬、猫在背胸部、股内侧、颈部和肩胛后部;禽类则选在翼下或颈背部皮下。

犬、猪皮下注射技术

(4) 方法　动物实行必要的保定,局部剪毛、消毒。注射时,术者左手中指和拇指捏起注射部位的皮肤,同时用食指尖下压使其呈皱褶陷窝,右手持连接针头的注射器,由皱褶的基部刺入针头的 2/3,如感觉针头无阻碍,且能自由活动针头、注射器抽吸无回血时,即可注入药液。注完后,拔出针头,局部常规消毒处理。

(5) 注意事项　刺激性强的药品不能做皮下注射;药量多时,可分点注射,注射后最好对注射部位进行轻度按摩或温敷。

4.1.4.3 肌内注射法

(1) 应用　肌肉内血管丰富,药液吸收较快。一般刺激性较强、较难吸收的药剂(如水剂、乳剂、油剂等)均可肌内注射。多种疫苗的接种,常选择肌内注射。

(2) 用具　根据动物种类和注射部位不同,选择大小适当的注射器和针头。

猪的肌内注射

(3) 部位　选肌肉层厚的部位并应避开大血管及神经干。大动物多在颈侧及臀部股前部,猪在耳根后、臀部或股内侧(图 4-7),禽类在胸肌或大腿部肌肉。

(4) 方法　适当保定动物,局部常规消毒处理。术者左手固定注射局部,右手持注射器,与皮肤呈垂直的角度,迅速刺入肌肉内。一般刺入深度 2～4cm,小动物刺入深度酌减;改用左手持注射器,以右手推动活塞手柄,注入药液。

4.1.4.4 静脉注射法

(1) 应用　药液直接注入静脉内,随血液分布全身,可迅速发挥药效。当然其排泄也快,因而在体内的作用时间较短。主要用于大量补液、输血;注入急需奏效的药物(如急救强心等);注射刺激性较强的药物等。

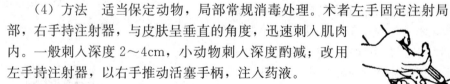

图 4-7　猪的肌内注射部位

(2) 用具　静脉注射或输液的用具包括注射盘、注射器及针头、瓶套、开瓶器、止血带、血管钳、胶布、毛剪、无菌纱布、药液、输液卡、输液架等。少量注射时可用较大的注射器(50～100mL),大量输液时则应用输液瓶(500mL)

和一次性无菌输液胶管。

（3）牛、羊静脉注射

部位：多选在颈静脉注射（图4-8），也可利用尾静脉或耳静脉注射。

羊颈静脉注射

颈静脉注射步骤：①保定。②局部剪毛、消毒。③注射者用左手拇指压迫颈静脉的下方，使颈静脉回流受阻而怒张；确定注射部位（一般在颈静脉下1/3与中1/3交界处），右手持针头瞄准该部位后，以腕力使针头垂直、迅速地刺入皮肤及血管，见有血液流出后，将针头再沿血管向前推送，固定好针头，连接注射器或输液瓶的胶管，即可注入药液。④注射完毕，一手拿灭菌棉球紧压针孔处，另一手迅速拔针并按压片刻。

牛尾静脉注射步骤：①保定。②局部消毒。③注射者一手举起牛尾，使之与背中线垂直，另一只手持注射器在尾腹侧中线，垂直于尾纵轴进针至针头稍微触及尾骨（在近尾根的腹中线处进针，其部位因动物大小不同而有所变化，一般距肛门10～20cm）。抽吸注射器判断有无回血，如有回血即可注射药液或采血。如果无回血，可将针稍微退出1～5mm，并再次用上述方法鉴别

图4-8　牛颈静脉注射部位

是否刺入。④注射完毕，一手拿灭菌棉球紧压针孔处，另一手迅速拔针并按压片刻。⑤牛的尾静脉注射法适用于小剂量的给药和采血，可代替颈静脉穿刺法，且尾部抽血可减轻患牛的紧张程度，避免牛哞叫和过度保定，操作简便快捷。

（4）猪的静脉注射

部位：常用耳静脉或前腔静脉注射。

耳静脉注射步骤：①猪取站立或侧卧保定，耳静脉局部按常规消毒处理。②一人用手压住猪耳根部静脉，使静脉怒张。③术者用左手把持猪耳，将其托平并使注射部位稍高；右手持连接注射器的针头或头皮针，与皮肤呈30°～45°角，沿静脉管的径路刺入血管内，轻轻抽动针筒活塞，见有回血后，再沿血管稍向前进针。④松开压迫静脉的手指，术者用左手拇指压住注射针头，连同注射器固定在猪耳上，右手徐徐推进药液（图4-9）。⑤注射完毕，左手拿灭菌棉球紧压针孔处，右手迅速拔针。

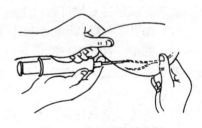

图4-9　猪的耳静脉注射

前腔静脉注射步骤：可应用于大量补液或采血。注射部位在第1肋骨与胸骨柄结合处的直前方。由于左侧靠近膈神经而易损伤，故多于右侧进行注射。针头刺入方向呈近似垂直并稍向中央及胸腔方向倾斜，刺入深度依猪体大小而定，一般2～6cm。注射时，猪可取站立或仰卧保定。

猪的前腔静脉注射

站立保定时，针头刺入部位在右侧由耳根至胸骨柄的连线上，距胸骨端1～3cm处；术者拿连接针头的注射器，稍斜向中央刺向第1肋骨间胸腔入口处，边刺入边抽针筒活塞，见有回血表示已刺入，即可注入药液（图4-10）。

猪取仰卧保定时，可见其胸骨柄向前突出并于两侧第1肋骨与胸骨结合处的直前方、侧方

各见一个明显的凹陷窝（图 4-11）。用手指沿胸骨柄两侧触诊时感觉更明显，多在右侧凹陷窝处进行穿刺注射。先固定好猪两前肢及头部，消毒后，术者持连接针头的注射器，由右侧沿第 1 肋骨与胸骨结合部前侧方的凹陷处刺入，并稍斜刺向中央及胸腔方向，边刺边回血，见回血后，即可徐徐注入药液；注完后左手持酒精棉球紧压针孔，右手拔出针头，涂抹碘伏消毒。

图 4-10　猪站立保定时前腔静脉注射

图 4-11　猪仰卧保定时前腔静脉

(5) 犬、猫的静脉注射

部位：犬多在后肢外侧面小隐静脉或前肢正中静脉注射。猫多在后肢内侧面大隐静脉注射。

后肢外侧小隐静脉注射法步骤：此静脉在后肢胫部下 1/3 的外侧浅表皮下。由前斜向后上方，易于滑动（图 4-12）。注射时，由助手将犬侧卧保定，局部剪毛消毒。用乳胶带绑在犬股部，或由助手用手紧握股部，使静脉怒张。术者位于犬的腹侧，左手从内侧握住犬的下肢以固定静脉，右手持注射针由左手指端处刺入静脉，见回血后顺血管进针少许，撤去静脉近心端的压迫，注入药液。注射完毕，以干棉签或棉球按压穿刺点，迅速拔出针头，局部按压或嘱畜主按压片刻，以防针孔出血。

前肢正中静脉注射法步骤：此静脉位于前肢腕关节正前方稍偏内侧。犬可侧卧、伏卧或站立保定，用止血带或乳胶管结扎，使静脉怒张。术者位于犬的前面，注射针由近腕关节 1/3 处刺入静脉，见到回血，再顺静脉管进针少许，松开止血带或乳胶管即可注入药液。静脉输液时，可用胶布缠绕固定针头（图 4-13）。

图 4-12　犬后肢外侧小隐静脉注射法

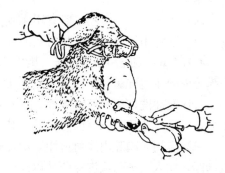

图 4-13　犬前肢正中静脉注射法

猫后肢内侧面大隐静脉注射法步骤：此静脉在后肢膝部内侧浅表的皮下。助手将猫背卧后保定，伸展其后肢向外拉直，暴露腹股沟，在腹股沟三角区附近，先用左手中指、食指探摸股动脉搏动部位，在其下方剪毛消毒；然后右手将针头由搏动的股动脉下方直接刺入大隐静脉管内。

（6）静脉注射法注意事项
①严格遵守无菌操作，所有注射用具及注射部位均应严格消毒。
②注射药液的温度要尽可能地接近体温。使用输液瓶时，输液瓶的位置应高于注射部位。
③注意检查药品的质量，防止杂质、沉淀。混合注入多种药液时，应注意配伍禁忌。
④刺针前应排出注射器或输液胶管中的空气。
⑤注射时要看清脉管径路，明确注射部位，做到一针见血，严禁乱刺，以免引起局部血肿或静脉炎。
⑥针头刺入静脉后，顺静脉方向再进针1~2cm，连接输液管后固定。
⑦给动物补液时，速度不宜过快，大动物以每千克体重30~60mL/h为宜，犬、猫等小动物以每千克体重25~40mL/h为宜。
⑧输液过程中，要随时注意观察动物的表现，如动物出现不安、出汗、呼吸困难、肌肉震颤，犬出现皮肤丘疹、眼睑和唇部水肿等症状时，应立即停止注射，查明原因后再行处置。
⑨要随时观察药液注入情况，当发现输入液体突然过慢或停止以及注射部位局部明显肿胀时，应检查回血（放低输液瓶，或一手捏紧乳胶管上部，使药液停止下流，再用另一只手在乳胶管下部突然加压或拉长，并随即放开，利用产生的一时性负压，观察其是否回血）。也可用右手小指与手掌捏紧乳胶管，同时以拇指与食指捏紧远心端前段乳胶管并拉长，造成负压，随即放开，看其是否回血。如不回血则说明针头已滑出血管，此时应重新刺入。

4.1.4.5 腹腔注射法

（1）应用　当静脉管不宜输液时可采用腹腔注射。常用于猪、犬及猫等较小动物。

（2）部位　犬、猪、猫宜在两侧后腹部；猪在第5、6乳头之间，腹下静脉和乳腺中间也可进行。

（3）方法　给犬、猪、猫注射时，先将其两后肢提起，进行倒立保定；局部剪毛消毒。术者一手把握腹侧壁，另一手持连接针头的注射器，在距耻骨前缘3~5cm处的腹中线旁，垂直刺入。刺入腹腔后，摇动针头有空虚感时，即可注射（图4-14）。

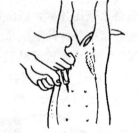

图4-14　猪的腹腔注射法

（4）注意事项　腹腔注射宜用无刺激性的药液；如药液量大时，则宜用等渗溶液，并将药液加温至接近体温。

4.1.4.6 胸腔内注射法

胸腔内注射法也称胸膜腔内注射法，是将药液或气体注入胸膜腔内的注射方法。采用该方法药物吸收较快，对胸腔炎症疗效显著。同时通过排出积液、气体或冲洗，会使病情减轻。因此，本法对胸腔内出血、胸腔积液、胸腔积气等病症疗效显著。应注意的是胸腔内有心脏和肺，注射或穿刺时容易误伤。

（1）应用　胸腔内注射适用于治疗胸膜的炎症，抽出胸膜腔内的渗出液或漏出液做实验室诊断，注入消炎药或洗涤药液以及气胸疗法时向胸膜腔内注入空气以压缩肺。

（2）部位　牛、羊在右侧第5~6肋间，左侧第6肋间；马在右侧第6~7肋间，左侧第7~8肋间；猪在右侧第5~6肋间，左侧第6肋间；犬、猫在右侧第6肋间或左侧第7肋间。各种动物都是在与肩关节水平线相交点下方2~3cm处，即在胸外静脉上方沿肋骨前缘刺入。大动物取站立姿势，小动物以犬坐姿势为宜。

（3）准备　大动物用 20 号长针头，小动物用 6～8 号针头，并分别连接于相应的针管上。为排除胸腔内的积液或洗涤胸腔，通常要使用套管针。一般根据动物的大小或治疗目的来选用器材。

（4）操作方法　动物站立保定，术部剪毛、消毒。术者左手将穿刺部位皮肤稍向前方移动 1～2cm；右手持连接针头的注射器，沿肋骨前缘垂直刺入，深度为 3～5cm，可依据动物个体大小及营养程度确定。刺入注射针时，一定注意不要损伤胸腔内的脏器，注入药液温度应与体温相近。在排除胸腔积液、注入药液或气体时，必须缓慢进行，并且要密切注意病畜的反应。注入药液后，拔出针头，使局部皮肤复位，并进行消毒处理。

4.1.4.7　瘤胃内注射法

（1）应用　瘤胃内注射法是指将药液经套管针或其他针头注入瘤胃的注射方法。

（2）准备　套管针或盐水针头（羊一般可以选用较长的 14～16 号肌内注射针头）、手术刀、毛剪及常规消毒药品。

（3）部位　左侧腹部髋结节与最后肋间连线的中央，即肷窝部位。

（4）操作方法　动物站立保定，术部剪毛、消毒。若选用套管针，术者右手持套管针对准穿刺点，呈 45°角迅速用力刺入瘤胃 10～12cm，右手固定套管针外套，拔出内芯，此时用手堵住针孔，频频间歇性放出气体。待气体排完后，再行注射。如中途堵塞，可用内芯疏通后再注射药液（常用止酵剂有：鱼石脂酒精、1%～2.5%福尔马林、1%来苏儿、植物油、1%新洁尔灭等）。无套管针时，可用手术刀在术部切开 1cm 的小口后，再用注射针头（羊不必切开皮肤）刺入。注射完毕，可视情况暂时保留套管针，以便下次重复注射用。

（5）注意事项　放气不宜过快，以防止脑贫血的发生。反复注射时，应防止术部感染。拔针时要快，以防瘤胃内容物漏入腹腔，导致腹膜炎。

4.1.4.8　瓣胃内注射法
瓣胃内注射法是将药液注入牛、羊等反刍动物瓣胃的注射方法。目的是使瓣胃内容物软化，主要用于瓣胃阻塞的治疗。

（1）应用　将药液直接注入瓣胃中，主要用于治疗瓣胃阻塞或某些特殊药品给药（如治疗血吸虫病的吡喹酮）。

（2）准备　15cm 长针头、注射器、注射用药品（液状石蜡、25%硫酸镁、生理盐水、植物油等）。

（3）部位　瓣胃位于右侧第 7～10 肋间，其注射部位在右侧第 9 肋间与肩关节水平线交点的下方 2cm 处。

（4）操作方法　术者左手稍移动皮肤，右手持针头垂直刺入皮肤后，使针头朝向左侧肘头左前下方，刺入深度为 8～10cm（羊稍浅），先有阻力感，当刺入瓣胃内则阻力减小，并有沙沙感。此时注入 20～50mL 生理盐水，再回抽如混有食糜或胃内容物时，即为正确，可开始注入所需药物（如 25%硫酸镁、生理盐水、液状石蜡等）。注射完毕，迅速拔出针头，术部擦涂碘酊，也可用碘仿火棉胶封闭针孔。

4.1.4.9　乳房内注射法
乳房内注射法是指经导乳管将药液注入乳池的注射方法。

（1）应用　主要用于治疗奶牛、奶山羊乳腺炎或通过导乳管送入空气，治疗奶牛生产瘫痪。

（2）准备　导乳管（或尖端磨得光滑钝圆的针头），50～100mL 注射器或输液瓶，乳房送风器及药品。动物站立保定。挤净乳汁，清洗乳房并拭干，用70％酒精消毒乳头。

（3）操作方法　用左手将乳头握于掌内，轻轻向下拉，右手持消毒导乳管，自乳头口徐徐插入；再以左手把握乳头及导乳管，右手持注射器与导乳管连接，或将输液瓶的乳胶导管与导乳管连接，然后徐徐注入药液；注射完毕，拔出导乳管，以左手拇指与食指捏闭乳头开口，防止药液外流。右手按摩乳房，促进药液充分扩散；如治疗产后瘫痪需要送风时，可使用乳房送风器、100mL注射器及消毒打气筒送风。送风之前，在金属滤过筒内，放置灭菌纱布，滤过空气，防止感染。先将乳房送风器与导乳管连接。4个乳头分别充满空气，充气量以乳房的皮肤紧张、乳腺基部边缘清楚变厚、轻敲乳房发出鼓音为标准。充气后，可用手指轻轻捻转乳头肌，并结系一条纱布，防止空气溢出，经1h后解除；为了注入药液洗涤乳房时，可将洗涤药剂注入，随后挤出，如此反复数次，直至挤出液体透明为止，最后注入抗生素。

技能 4.2　灌药法

4.2.1　胃管灌药法

4.2.1.1　牛灌药法

（1）保定。胃管以温水清洗干净，排出管内残水，前端涂以润滑剂，尔后盘成数圈，涂润滑剂的钝圆端向前，另一端向后，用右手握好。

（2）术者左手握住牛的鼻中隔，右手持胃管沿鼻腔缓慢插入。

（3）当胃管抵达咽部时可感觉有阻力，轻轻来回移动胃管，待牛发生吞咽动作时趁势插入。若牛不吞咽，可由助手捏压牛的咽部以诱发吞咽动作。

（4）胃管通过咽部后，立即检查胃管在食道还是在气管（表4-1）。

（5）确定胃管插入食道后，再将胃管前端推送到牛颈部下1/3处，在胃管另一端连接漏斗，倒入药液，倒完后高举漏斗使其超过牛的头部，使胃管内的药液全部由食道进入胃内。

（6）投药完毕，再灌少量清水，以冲净胃管内残留药液，尔后右手将胃管折曲一段，徐徐抽出，当胃管前端退至咽部时，左手握住胃管与右手一同抽出。胃管用毕洗净后放在0.1％新洁尔灭溶液中浸泡消毒备用。

表4-1　胃管插入食道或气管的鉴别

鉴别方法	插入食道内	插入气管内
手感	推动胃管稍有阻力感	无阻力、有咳嗽
观察	胃管前端在食道沟呈明显的波动式蠕动下行	无
触摸	手摸颈沟区感到有一硬的管状物	无
吹气	用橡皮球向胃管吹气，吹得动且在右侧颈沟部能看到波动，压扁的橡皮球插入胃管不鼓起	吹不动，在颈部看不到波动，压扁的橡皮球很快鼓起来
嗅闻	胃管排出的气体有酸臭味，与呼吸动作不一致	无
听诊	将胃管后端放在耳边，可听到不规则的"咕噜"声或"水泡"音，无气流冲击音	随呼吸动作听到有节奏的呼出气流音冲击耳边

4.2.1.2 犬灌药法

(1) 犬取坐姿保定，用纺锤形开口器从犬口角一侧插入口腔。

(2) 胃导管前端用润滑剂涂布，自开口器中间的小孔插入，在舌面上缓缓地向咽部推进，犬出现吞咽动作时，顺势将胃导管推入食管。插入一定程度后，将胃导管的末端放入盛有水的烧杯内，若无规律性气泡产生，则说明胃导管插入位置正确。

(3) 连接漏斗，将药液灌入。

(4) 灌药完毕，除去漏斗，压扁胃导管末端，缓缓将其抽出。

4.2.1.3 注意事项
胃导管插入、抽出时应缓慢，不宜粗暴；应确保胃导管插入食道，尔后再灌药，严防药液误入气管引起异物性肺炎。马、牛鼻咽黏膜损伤出血时，应停止操作，将动物头高吊，用冷水浇浸额部可止血。若出血不止，可注射止血药。

4.2.2 器具灌药法

4.2.2.1 牛
先将药液装入橡皮瓶或长颈玻璃瓶，由助手用鼻钳将牛保定，并稍高抬牛头部，术者将瓶子从牛一侧口角插入口腔，然后将药液徐徐倒入牛口内。

4.2.2.2 猪
体格小的猪，灌服少量药液时用药匙（汤匙）或注射器（不接针头），体格大的猪，可用橡皮瓶、长颈瓶灌药。由助手双腿夹住猪的颈部，两手抓住猪两耳并稍向上提头部，术者一手用开口器或木棒打开猪的口腔，另一手持药匙或药瓶，将药液缓缓倒入口腔，每次灌药量不宜过多，切勿过急，以防误咽。病猪强烈咳嗽时，应暂停灌药，使其头低下，让药液咳出。

4.2.2.3 犬、猫
先将药片、丸剂研碎后加少许温水，调成泥膏状或稀糊状，将犬或猫保定并打开其口腔，将药抹于圆钝头的竹板上，直接涂于舌根部。或用小匙将稀糊状的药物倒入犬、猫口腔深部或舌根部让其自行咽下。

技能 4.3 群体动物给药法

猪混饲给药和喷雾给药方法

4.3.1 混饲给药法

4.3.1.1 方法
将药物混合在饲料中拌匀即可。少量药物与大量饲料混合时，可先将药物和一种饲料或一定的配合饲料混合均匀，然后再与较大量的饲料混合搅拌，逐级增大混合的饲料量，直至最后混合搅拌均匀。

4.3.1.2 确定混饲剂量指标
混饲剂量（D）是指单位重量饲料（日粮）中，均匀添加药物的质量（g 或 mg），通常用克/吨（g/t）表示。

(1) 动物内服剂量 d。

(2) 动物每天（24h）摄食量。

4.3.1.3 混饲剂量的确定与计算
公式为

$$D = d \times t / w$$

式中：d 为内服剂量（mg，以每千克体重计）；w 为一天（24h）动物每千克体重的摄食量（g）；t 为一天（24h）内服药物的次数；D 为混饲剂量（g/t）。

因动物品种不同，生长期不同或用途不同，其摄食量（w）也不相同。

一般情况下，育肥猪每天（24h）的摄食量占其体重5%，即每1000g体重50g；仔猪每天（24h）的摄食量占其体重6%～8%（平均为7%），即每1000g体重一天进食量为70g；种猪（包括种公猪、母猪）体重较大，每天摄食量占其体重的2%～4%（平均3%），即每1000g体重一天进食量为30g。牛摄食量占体重的1%～2%。家禽摄食量占体重的8%～12%。

例：猪内服乙酰甲喹的剂量为每千克体重5～10mg，每天2次，3d一个疗程，试确定本品在仔猪饲料中的治疗添加量。

已知：$d=5\sim10\text{mg}$；$t=2$；$w=70\text{g}$

则　$D=d\times t/w$

$=(5\sim10)\times2/70\times1000$

$\approx140\sim280\ (\text{g/t})$

4.3.1.4　注意事项

（1）准确掌握药物拌料的浓度　按照拌料给药的标准，准确、认真地计算所用药物剂量，如按动物每千克体重给药，则应严格按照个体体重计算出动物群体体重，再按要求将药物拌入料内；同时也要注意拌料用药标准与饲喂次数相一致，以免造成药量过小起不到作用或药量过大引起动物中毒。

（2）药物与饲料必须混合均匀　这是保证整群动物摄入药量基本均等、达到安全有效用药目的的关键。尤其是对一些用量小、安全范围小的药物，在大批量饲料拌药时，更需多次逐步分级扩充，以达到充分混匀的目的。切忌将药一次加入到所需饲料中，这是因为简单混合会造成部分动物摄入药物过量发生中毒，而其他动物吃不到药物，达不到防治疾病的目的或贻误病情。

（3）密切注意不良反应　有些药物混入饲料后，可与饲料中的某些成分发生拮抗作用。例如，饲料中长期混入磺胺类药物时，就容易引起鸡B族维生素或维生素K缺乏，此时就应适当补充相应维生素。

4.3.2　饮水给药法

4.3.2.1　饮水给药方法

（1）自由混饮法　将药物按一定浓度加入饮水中混匀，供动物自由饮用。该法适用于在水中较稳定的药物。用此法给药时，药物吸收相对较缓慢，摄入药量受天气、饮水习惯的影响较大。

（2）口渴混饮法　适用于集约化饲养的鸡群。其方法是用药前鸡群禁水一定时间（寒冷季节3～4h，炎热夏季1～2h），使鸡只处于口渴状态，再喂以加有药物的饮水，药液量以鸡只在1～2h饮完为宜，饮完药液后换清水。该法对一些在水中容易被破坏或失效的药物（如弱毒疫苗），可减少其损失，保证药效；对一些抗生素及合成抗菌药（一般将一天治疗量药物加入到1/5全天饮水量的水中，供口渴鸡只1h左右饮完），可取得高于自由混饮法的血药浓度和组织药物浓度，更适用于较严重的细菌性、支原体性传染病的治疗。

4.3.2.2　注意事项

（1）饮水中添加药物剂量的确定　生理条件下，舍温为25～28℃时。动物的饮水量为摄食量的两倍。因此,混饮剂量应为混饲剂量的 1/2。供动物饮用的药液量,以当天基本饮完为宜。夏季饮水量增加,配药浓度可适当降低,但药液量要充足,以免引起动物缺水;冬季饮水量一般减少,配给药量不宜过多。

(2) 药物的溶解度　混饮给药应选择易溶于水且不易被破坏的药物,某些不溶于水或在水中溶解度很小的药物,则需采取加热或加助溶剂的办法以提高其溶解度。一般来说,加热时药物的溶解度增加,但有些药物加热时虽然溶解度增加了,但当温度降低时又会析出沉淀。故加热后应尽可能短期内用完,仅适用于对热稳定、安全性好的药物。某些毒性大、溶解度小的药物,不宜混饮给药,也不宜加热后混饮给药。如喹乙醇对鸡毒性较大,难溶于水,加热时溶解度增加,但当稀释后混饮时,因温度下降会很快析出沉淀,此时可使一部分鸡摄入过量药物引起中毒,而另一部分鸡摄入药量不足而难以取得治疗效果。

(3) 酸碱配伍禁忌　某些不溶或难溶于水的药物,其市售品为可溶性酸性或碱性化合物,混饮给药尤其是同时混饮两种或两种以上药物时,应注意药物的酸碱配伍禁忌。

(4) 掌握药物混饮的浓度　混饮浓度一般以每升水含药物的质量(mg)表示,用药时应根据饮水量,严格按规定的用药浓度配制药液,以免浓度过低无效,浓度过高引起中毒。

4.3.3　药物熏蒸法

(1) 应用　药物熏蒸法适用于动物呼吸道感染及某些皮肤病的治疗。

(2) 器材准备　小型治疗室、药物蒸汽锅、电磁炉等。

(3) 操作方法　动物治疗室内设药物蒸汽锅,将药物加水倒入锅内,加热煮沸,让蒸汽弥漫充满室内,然后将待治疗动物迁入室内让动物通过呼吸或借助体表接触吸入药物。每次熏蒸时间 15~30min。

(4) 注意事项　治疗室要密闭,面积一般以 10~12m^2 为宜。不宜用刺激性药物,以免呼吸道炎症加重。

4.3.4　喷雾给药法

利用气泵将空气压缩,然后将稀释好的液体药物或疫苗通过气雾发生器,喷出雾状颗粒,弥散在空气中(这些微小粒子在大气中能悬浮 20~30min),通过呼吸作用进入动物肺泡,再进入血液循环,使机体产生相应抗体从而获得免疫。

(1) 器材准备　喷雾给药机、药物或疫苗、蒸馏水、人用防护面具等。

(2) 操作方法　喷雾前,关闭门、窗和通风口,减少空气流动;将稀释好的药物或疫苗加入喷雾给药机;在动物头上方喷雾;自动物舍一端走向另一端时,恰好能将所需要的药物或疫苗喷完为止(可用清水反复练习);喷雾后,用清水清洗喷雾器;0.5h 后通风。

(3) 注意事项　喷雾过程中要随时注意喷雾质量,发现问题应立即停止操作,检查维修;对 1 月龄内的鸡一般用粗雾滴喷雾,1 月龄以上的鸡,用小雾滴喷雾;夜间熄灯后喷雾较好;免疫时适宜温度为 15~25℃,相对湿度 70% 以上。

技能 4.4 兽医药物的应用

4.4.1 药物的作用

4.4.1.1 药物的基本作用 药物的作用十分复杂，但主要是通过影响机体原有的生理机能或生化反应过程产生的，对机体反应主要表现为机能活动加强和减弱两个方面。凡能使机体生理、生化反应加强的作用称为兴奋作用，主要引起兴奋作用的药物称为兴奋药，如安钠咖；凡能使机体生理、生化反应减弱的作用称为抑制作用，主要引起抑制作用的药物称为抑制药，如巴比妥类药物。

（1）药物作用的类型

①局部作用和吸收作用。药物在用药局部产生的作用称为局部作用。如普鲁卡因注入神经末梢产生的局部麻醉作用。药物经吸收进入血液循环后所产生的作用称为吸收作用或全身作用，如内服氨基比林后所产生的解热镇痛作用。

②直接作用和间接作用。药物吸收后，直接到达某一组织、器官产生的作用，称为直接作用或原发作用。如洋地黄可增强心肌收缩力，改善全身血液循环为直接作用；通过直接作用的结果而引起其他组织、器官产生的作用，称为间接作用或继发作用。如应用洋地黄后，由于血液循环的改善，间接增加肾的血流量，尿量增多，使心性水肿得以减轻或消除为间接作用。

（2）药物作用的选择性 药物在适当剂量时，只对某些组织和器官产生比较明显的作用，而对其他组织和器官作用较弱或无作用，这种现象称为药物作用的选择性。如缩宫素对子宫平滑肌具有高度选择性，可用于催产。

（3）药物的防治作用与不良反应

①药物的防治作用。药物对机体的作用符合用药目的，产生了防治疾病的效果称为药物的防治作用。药物预防疾病发生的作用称为药物的预防作用。防治疾病必须贯彻"预防为主，防重于治"的方针，如消毒和接种疫苗等。药物作用于机体后，其结果符合用药的目的，起到了治疗动物疾病的作用，称为治疗作用。治疗作用又分为对因治疗和对症治疗。对因治疗针对病因，目的是消除疾病的原发致病因子，或称治本，如用青霉素治疗猪丹毒；对症治疗针对症状，目的是改善疾病症状，或称治标，如镇痛药可消除疼痛，但不能解除发生疼痛的原因。对因治疗与对症治疗是相辅相成的，临床应视病情的轻重灵活运用，遵循"急则治其标，缓则治其本，标本兼顾"的治疗原则。

②药物的不良反应。

药物的副作用：指药物在治疗量时，出现与治疗无关的作用。如阿托品具有抑制平滑肌收缩和抑制腺体分泌的作用，当用其解除平滑肌痉挛缓解或消除疼痛时，抑制腺体分泌为副作用。

药物的毒性反应：指用药剂量过大或时间过长，超过机体的耐受能力，产生的对机体有明显损害的作用。如长期注射链霉素能引起听神经的损害。预防药物毒性反应的发生主要是在用药时要注意用药的剂量和疗程。

药物的过敏反应（变态反应）：是机体受到药物刺激后发生的一种不正常免疫反应。常见的过敏反应轻者表现为皮疹、支气管哮喘、肠平滑肌痉挛、血管扩张等；重者表现为过敏性休克，动物呼吸困难、缺氧、昏迷、抽搐甚至死亡。这种反应与剂量无关，且不同的药物可能出现相似的反应，很难预料。对轻者，可给予苯海拉明、扑尔敏等抗过敏药物；对过敏性休克则应及时使用肾上腺素或高效糖皮质激素进行抢救。

药物的继发性反应：继发于治疗作用所出现的不良反应称为药物的继发性反应。如成年反刍动物长期应用四环素类广谱抗生素时，由于胃肠道正常菌群的平衡状态遭到破坏，造成不敏感的微生物（如真菌、沙门氏菌等）大量繁殖，引起中毒性胃肠炎或全身感染。

药物的后遗效应：是指停药后血药浓度降至阈值以下时的残存药理效应。如抗生素可提高吞噬细胞的吞噬能力，使抗生素的给药间隔时间延长，如氟喹诺酮类药物。

4.4.1.2 药物作用的机制　药物作用的机制是指药物发挥治疗作用的原理。由于药物的种类繁多、性质各异，且机体的生化过程和生理机能十分复杂，故药物作用的机制也不完全相同。目前公认的药物作用机制有以下几种：

（1）通过受体产生作用　受体是指存在于细胞膜或细胞内的生物大分子物质（蛋白质、脂蛋白、核酸），具有高度的特异性。当某一药物与受体结合后，能激活该受体，产生效应，这一药物就是该受体的激动剂或兴奋剂，如乙酰胆碱为胆碱受体激动剂或兴奋剂。如果药物与受体结合后，不能使受体激活产生效应，而有阻断激动剂的作用，这种药物称为阻断剂或拮抗药，如阿托品为胆碱受体阻断剂。

（2）通过改变组织细胞生活的理化环境而发挥作用　如内服碳酸氢钠可中和过多的胃酸，治疗胃酸过多症。

（3）通过影响酶的活性而发挥作用　如新斯的明可抑制胆碱酯酶的活性而产生拟胆碱作用。

（4）通过影响细胞的物质代谢过程而发挥作用　如磺胺类药物由于阻断细菌的叶酸代谢而抑制其生长繁殖而发挥作用。

（5）通过改变细胞膜的通透性而发挥作用　如表面活性剂苯扎溴铵可改变细菌细胞膜的通透性而发挥抗菌作用。

（6）通过影响神经递质或体内活性物质而发挥作用　如阿司匹林能抑制生物活性物质前列腺素的合成而发挥解热作用。

4.4.1.3 药物的量效关系　药物的量效关系是指药物效应和剂量之间的关系，可以定量地分析和阐明药物剂量与效应之间的规律。在一定范围内，药物的效应随着剂量的增加而增强。药物的剂量过小，不产生任何效应，称为无效量。能使药物产生效应的最小剂量称为最小有效量。随着剂量的增加，药物效应也逐渐增强，达到最大效应，称为极量。若再增加剂量，会出现毒性反应，出现中毒的最低剂量称为最小中毒量。超过中毒量并能引起死亡的剂量称为致死量。最小有效量到最小中毒量之间的范围称为安全范围。药物的常用量或治疗量在安全范围内应比最小有效量大，并对机体产生明显效应，但并不引起毒性反应。兽药典对药物的常用量和毒药、剧药的极量都有规定（图 4-15）。

4.4.2　药物的管理与贮存

4.4.2.1 药物的管理　要制定严格的保管制度，建立药品消耗和盘存账册，制订药物采购和供应计划，出入库应检查、验收、上账。药物保管人员若有变动，应办理好交接手

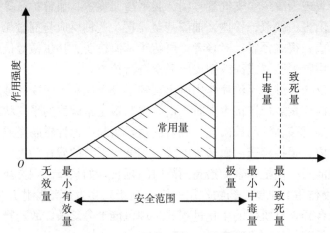

图 4-15　药物作用与剂量的关系示意

续。应根据药品的性质不同，分普通药品、剧毒药品、危险药品等分类保管。

（1）麻醉药品、剧毒药品的管理　应按国家颁布的有关条例，必须专人、专库（柜）、专账、加锁保管，并在标签上标有明显的标记；称量必须精确，禁止估量取药；无处方不能给药或借药。

（2）危险药品的管理　危险品是指受光、热、空气、水分、撞击等外界因素影响可引起燃烧、爆炸或具有腐蚀性、刺激性、剧毒或放射性的药品。保管时，应放置于危险品仓库，按其特性分类存放，并间隔一定距离；要注意遮光、防晒、防潮、防止振动和撞击、防止接近明火，经常检查贮放情况，并配备必要的消防安全设备。

4.4.2.2　药物贮存　为了保证药品的质量和疗效，应严格按照药品贮存的有关规定和要求贮存药品。药物管理人员应熟悉药品的理化性质，以及空气、温度、湿度、光线、时间等外界因素对药品质量的影响。

（1）易潮解的药物　系指吸收空气中的水分后，能自行溶解的药物。如氯化钠、溴化钠、碱式硝酸铋、碘化钾、葡萄糖等。这些药物应装入密闭的保存瓶中，放置于干燥处保存。

（2）易风化的药物　系指含结晶水多的药物，露置空气中会变成不透明或干燥的粉末。如硫酸镁、硫酸钠、咖啡因、阿托品等。这类药物除密封外，还需置于适宜湿度处保存。

（3）易氧化的药物　系指露置在空气中，易与空气中的氧起化学反应而变质的药物。如维生素A等。这类药物需严密包装，置阴凉处保存。

（4）易碳酸化的药物　系指露置在空气中，易与空气中的二氧化碳化合而变质的药物。如氢氧化钠、氢氧化钾、氢氧化钙等。这类药物需严密包装，置阴凉处保存。

（5）易光化的药物　系指经太阳光照射后，会发生化学变化而变质的药物。如盐酸肾上腺素、维生素等。这类药物应置于有色瓶中或在包装盒（袋）内加黑色纸包装，然后置于阴暗处，并防止光线照射。

（6）不能置于常温下的药物　系指在常温下易被破坏变质的药物。如生物制品、动物制品等，宜放置于冰箱、冷库中保存。

4.4.3　用药原则

临床用药既要做到有效防治动物的各种疾病，又要避免对动物机体造成毒性损害或降低动物生产性能，故必须全面考虑动物的种属、年龄、性别等对药物作用的影响，选择适宜的药物、剂型、给药途径、剂量与疗程等。

4.4.3.1 对症下药，防止药物滥用 每一种药物都有其治疗范围和适应证，在用药时一定要对症用药，切勿滥用，以免造成不良后果。要根据病情的轻、重、缓、急决定治疗方法。对急性、危重病例，应首先用药控制某些严重症状以解除急危症，再进行对因治疗；而对慢性病例，则应找出病因，进行对因治疗。通常采取对因与对症结合的综合疗法。对集约化饲养的动物和感染性疾病，如细菌性、支原体性传染病或寄生虫病等，着重应对因治疗以消除病原体。而对某些暂无有效对因治疗药物的疾病，如某些病毒病、中毒病等，则可进行对症治疗，以降低死亡率，减少经济损失。

4.4.3.2 注意动物的种属、年龄、性别和个体差异 多数药物对各种动物都能产生类似的作用，但由于各种动物的解剖结构、生理机能及生化反应不同，对同一药物的反应存在着一定差异，且多为量的差异，少数表现为质的差异。如反刍动物对二甲苯胺噻唑比较敏感，剂量较小即可出现肌肉松弛、镇静作用，而猪对二甲苯胺噻唑不敏感，剂量较大也达不到理想的肌肉松弛作用；酒石酸锑钾能引起犬、猪呕吐，但对反刍动物则呈现促进反刍作用。此外，家禽对喹乙醇、敌百虫等敏感，牛对汞制剂比较敏感，用药时应注意。

动物的年龄、性别不同，对药物的反应亦有差异。一般说来，幼龄、老龄动物对药物敏感性较高，故用量宜适当减少；雌性动物比雄性动物对药的敏感性高，在发情期、妊娠期和哺乳期用药，除了一些专用药外，使用其他药物必须考虑雌性动物的生殖特性。如泻下药、利尿药、子宫兴奋药及其他刺激性较强的药物，使用不慎可引起流产、早产和不孕等，要尽量避免使用。如四环素、氨基糖苷类药物等可通过胎盘和乳腺进入胎儿或新生仔畜体内，影响生长发育，故妊娠期、哺乳期要慎用或禁用。又如青霉素肌内注射后可进入牛乳或羊乳中，人食用后可引起过敏反应，故泌乳牛、羊应慎用或禁用。在年龄和体重相近的情况下，同种动物中的不同个体，对药物的敏感性也存在差异，称为个体差异。如青霉素等药物可引起少数动物的过敏反应，临床用药时要注意。

4.4.3.3 选择最适宜的给药方法、剂量与疗程 不同的给药途径可直接影响药物的吸收速度和血药浓度高低，从而决定着药物作用出现的快慢，维持时间的长短和药效的强弱，有时还会引起药物作用性质的改变。如硫酸镁内服致泻，而静脉注射则产生中枢神经抑制作用；新霉素内服可治疗细菌性肠炎，因很少吸收，故无明显肾毒性，肌内注射时肾毒性很大，严重时引起死亡，故不可注射给药，而气雾给药时可用于鸡传染性鼻炎等呼吸系统疾病的治疗。故临床上应根据病情缓急、用药目的及药物本身的性质来确定适宜的给药方法。对危重病例，宜采用注射给药；治疗肠道感染或驱除肠道寄生虫时，宜内服给药；对集约化饲养的动物，一般采用群体用药法，以减轻应激反应；治疗呼吸系统疾病最好采用呼吸道给药。

药物的剂量是决定药物效应的关键因素，通常是指防治疾病的用量。用药量过小不产生任何效应，在一定范围内，剂量越大作用越强，但用量过大则会引起中毒甚至死亡。临床用药要做到安全有效，就必须严格掌握药物的剂量范围，用药量应准确，并按规定时间和次数用药。对安全范围小的药物，应按规定的用法用量使用，不可随意加大剂量。

为了达到治愈疾病的目的，大多数药物要连续或间歇性地反复用药一段时间，称为疗程。疗程的长短取决于动物的饲养情况、疾病性质和病情的需要。一般而言，对散养动物的常见病，一旦症状缓解，可停止使用对症治疗药物（如解热药、镇痛药、利尿药等）或进行对因治疗。对集约化饲养的动物感染性疾病（如细菌性或支原体性传染病），一定要用药至彻底杀灭侵入的病原体，疗程要足，一般需要 3~5d，如果疗程不足或症状改善即停止用药，易导致病原体产生耐药性或疾病易复发。又如雏鸡球虫病的预防，用药疗程更长，其目的在于避免易感染期感染球虫，需按药物有关规定的疗程使用。

4.4.3.4 注意药物的配伍 临床上为了提高疗效，减少药物的不良反应，或治疗不同并发症，常需同时或短期先后使用两种或两种以上药物（联合用药）。由于药物间的相互作用，联用后可使药效增加（协同作用）或不良反应减轻，也可使药效降低或消失（拮抗作用）或出现不应有的不良反应。后者称为药理性配伍禁忌。联合用药合理，可利用增强作用提高疗效，如磺胺药与增效剂联用，抗菌效能可增强数倍至几十倍；亦可利用拮抗作用来减少副作用或作解毒，如阿托品有对抗水合氯醛引起的支气管特定腺体分泌的副作用，用中枢兴奋药解救中枢抑制药过量中毒等。但联合用药不当，则会降低疗效或产生毒性损害。如含钙、镁、铝、铁的药物与四环素类药物合用，因形成难溶的络合物，而降低四环素的吸收作用。故联合用药时，既要注意药物本身的作用，还要注意药物之间的相互作用。

当药物在体外配伍混用时，会因相互作用而出现物理、化学变化，导致药效降低或失效，甚至引起毒性反应，称为理化性配伍禁忌。如阿司匹林与碱性药物配成散剂，在潮湿时易引起分解；维生素 C 溶液与巴比妥钠溶液配伍时，能使后者析出，同时前者部分分解；吸附药与抗菌药配合，抗菌药被吸附而疗效降低等；有的还会出现产气、变色、燃烧等。此外，水溶剂与油溶剂配合时会分层；含结晶水的药物相互配伍时，由于条件的改变使其中的结晶水析出，使固体药物变成半固体或泥糊状态；两种固体混合时，可由于熔点降低而变成溶液（液化）等。理化性配伍禁忌主要是酸性、碱性药物间的配伍问题。

无论是药理性配伍禁忌还是理化性配伍禁忌，都会影响到药物的疗效与安全性，必须引起足够重视。通常一种药物可有效治疗时，不应使用多种药物；少数几种药物可解决问题的，不必使用许多药物进行治疗，即做到少而精，安全有效，避免盲目配伍。

4.4.3.5 注意药物在动物性产品中的残留 在集约化养殖业中，药物除了防治动物疾病的传统用途外，有些还作为饲料添加剂以促进生长，提高饲料报酬，改善动物产品质量，提高养殖的经济效益。但在产生有益作用的同时，往往残留在动物性产品（肉、蛋、乳）中，间接危害人类健康。如人们食用残留有药物的肉食品后，可引起耐药性传递及中毒、过敏、致畸或致癌等不良反应，为了保证人类的健康，许多国家对用于食品动物的抗生素、合成抗生素、抗寄生虫药、激素等，规定了允许残留量标准和休药期。如违反规定，肉、蛋、乳中的药物残留量超过规定浓度，则受到严厉处罚。近年来，因药物残留问题，严重影响了我国禽肉、兔肉、羊肉、牛肉的对外出口，故给食品动物用药时，必须注意有关药物的休药期规定，以免造成经济损失或影响人的健康。

4.4.4 药物的临床应用

4.4.4.1 药物剂量表示方法

（1）剂量计量单位

克（g）或毫克（mg）：是固体、半固态剂型药物的常用单位。1kg＝1 000g，1g＝1 000mg。

毫升（mL）：是液体剂型药物的常用单位。1L＝1 000mL。

单位（U）、国际单位（IU）：是某些抗生素、激素和维生素的常用单位。

（2）个体给药剂量计算　动物个体给药时，其剂量用常用剂量/只表示，即表示每只动物一次用药物的量。如硫酸链霉素治疗家禽呼吸道疾病时，其剂量为 0.1～0.2g/只，肌内注射。所用的链霉素为粉针，规格为 1g/支。如用 10mL 注射用水稀释，每只成禽应肌内注射 1～2mL，方能达到剂量要求。

个体给药的剂量也可用每千克体重需要药物的剂量表示。如卡那霉素肌内注射用量为每千克体重 10～15mg。应用时要根据个体体重，计算出总用药量。如给体重为 2kg 的鸡用卡那霉素，其一次肌内注射量应为 20～30mg。

（3）群体给药剂量计算　大群给药即集体用药，常用拌料给药、饮水给药的方法。药物的剂量多用百万分含量表示法表示：即表示 1 000kg 饲料中含药 1g，或者表示 1 000kg 水中含药 1g，也表示 1kg 饲料中含药 1mg，或者表示 1L 水中含药 1mg。

4.4.4.2　常用药物剂型配制

（1）　散剂的配制

①品名　口服补液盐。

②处方　碳酸氢钠 2.5g、葡萄糖 22g、氯化钠 3.5g、氯化钾 1.5g。

③器材　天平、研钵、药筛、药匙、塑料袋等。

④药品　碳酸氢钠、葡萄糖、氯化钠、氯化钾。

⑤方法　取碳酸氢钠、氯化钾研成细粉，过 5 号药筛，混匀后装入塑料袋中；取葡萄糖、氯化钠研成细粉，过 5 号药筛，混匀后装入塑料袋中；最后将两袋药物混合即可。

（2）软膏剂的配制

①品名　磺胺嘧啶软膏。

②处方　磺胺嘧啶 10g、凡士林 90g。

③器材　天平、研钵、软膏板、软膏刀、药筛、软膏罐。

④药品　磺胺嘧啶、凡士林。

⑤方法　取磺胺嘧啶 10g 置研钵中研细，过筛；取凡士林 10g 置于软膏板上，以软膏刀刮成薄层；将磺胺嘧啶细粉倒在凡士林上，用软膏刀来回反复翻研，充分研匀；再分次加入剩余的凡士林并充分研磨均匀，装入软膏罐即可。

（3）溶液剂的配制

①品名　1％高锰酸钾溶液。

②处方　高锰酸钾 1g，蒸馏水加至 100mL。

③器材　天平、量杯、烧杯、滤纸、漏斗、玻璃棒等。

④药品　高锰酸钾、蒸馏水。

⑤方法　称取高锰酸钾 1g 加入 100mL 量杯中，加入蒸馏水约 80mL，搅拌溶解，过滤后再加蒸馏水至 100mL 即可。

（4）酊剂的配制

①品名　5％碘酊。

②处方　碘片 5g，碘化钾 2.5g，蒸馏水 2.5mL，95％乙醇加至 100mL。

③器材　天平、研钵、量杯、玻璃棒等。

④药品　蒸馏水、碘、碘化钾、95％乙醇。

⑤方法　取碘化钾 2.5g 置于研钵中，加蒸馏水 2.5mL，使之完全溶解；再取碘片 5g

加入研钵，均匀研磨，待碘片完全溶解后，逐次加入少量乙醇荡洗研钵，倒入量杯中，加乙醇至100mL即可。

4.4.4.3 兽药选购

（1）检查兽药包装

①标签

a. 兽药包装必须贴有标签，注明"兽用"字样并附有说明书。说明书的内容也可印在标签上。标签或说明书必须注明商标、兽药名称、规格、企业名称、地址、批准文号和产品批号、剧毒药标记，写明兽药主要成分及含量，用途、用法与用量、毒副反应、适应证、禁忌、有效期、注意事项及储存条件等。

b. 检查兽药名称、规格、生产企业，看兽药名称、规格与实际是否相符。

c. 查生产企业是否经过省级以上农牧行政机关批准。

d. 兽药经营单位，特别是大的兽药批发企业，进货渠道是否正规，注意了解生产厂家是否取得"兽药生产许可证"。

②兽药产品批准文号　兽药产品批准文号是农业农村部根据兽药国家标准、生产工艺和生产条件批准特定兽药生产企业生产特定兽药产品时核发的兽药批准证明文件。兽药批准文号的有效期为5年，期满前6个月内兽药生产企业应向原审批机关办理再注册。原兽药批准文号期满后即行作废。检查批准文号时，首先应看产品有没有批准文号的标识，然后看批准文号的格式是否正确，凡是没有批准文号的兽药即可视为假兽药。

兽药产品批准文号的编制格式为：兽药类别简称＋年号＋企业所在地省（自治区、直辖市）序号＋企业序号＋兽药品种编号（图4-16）。

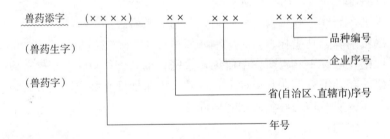

图4-16　兽药产品批准文号的编制格式

③生产批号　药品批号表示生产日期和批次，一般以6位数字表示，如批号"180510"表示生产日期为2018年5月10日。如该日生产了两批以上同种药品，则在6位数字后加一短线和1、2等数字。如"180510-2"，即2018年5月10日第二小批产品。

④有效期　有效期系指药品在规定的贮藏条件下能保证其质量的期限，即使用有效期限。如生产日期为2016年5月10日的药品，有效期二年，表示该药品可用至2018年5月9日。失效期系指到此日期即超过安全有效范围，一般以何时失效的日期表示。如失效期为2018年5月，表示该药品可用至2018年4月30日。

（2）检查是否为淘汰兽药或国家禁用兽药　淘汰和禁用兽药品种均由农业农村部正式文件公布，如克仑特罗、氯霉素等属禁用品种；盐酸黄连素注射液、2%和4%氨基比林注射液等都属淘汰品种，淘汰或禁止使用的兽药属于假兽药的范围。

(3) 检查兽药外观

①片剂　片剂外观应完整光洁、色泽均匀，并有适当的硬度。普通白色药片若出现变色、花斑、疏松、受潮、粘连、发霉、表面粗糙或者有结晶析出时，说明药片已经变质。如磺胺二甲嘧啶片由白色或微黄色变成浅棕色，痢菌净片由黄色变成黄棕色，则说明有效成分已被空气氧化；干酵母片会因受潮膨胀、发霉而变质。

②注射剂　水针剂一般应澄明，若出现沉淀、混浊、絮状物或异物时，则说明药品已变质。粉针剂应无色点或异物，若出现变色、色点、潮解和结块等现象，均应视为变质产品。

③散剂（粉剂、预混剂、中药散剂）　散剂应干燥、疏松、混合均匀、色泽一致。若出现受潮结块严重、潮解或者液化以及变色现象，则表明药品已经变质。

④其他剂型　酊剂应澄清、无异物、无沉淀；水剂不应有沉淀、混浊、发霉现象；乳剂不应分层、发霉、酸败。

4.4.4.4　消毒用药

(1) 主要用于周围环境、用具、器械的消毒药（表4-2）

表4-2　用于周围环境、用具、器械的消毒药

药物	性状	用法用量
氢氧化钠（苛性钠、火碱）	为白色块状、棒状、片状或颗粒状结晶。易溶于水和醇。易潮解，在空气中易吸收二氧化碳	本品为强碱，对细菌的繁殖体、芽孢和病毒都有很强的杀灭作用，对寄生虫卵也有杀灭作用。常用1%～2%热溶液，消毒被细菌或病毒污染的畜舍、场地、车辆等；3%～5%溶液消毒被炭疽芽孢污染的场地；5%溶液亦可消毒腐蚀皮肤赘生物、新生角质等；2%溶液用于洗刷被美洲幼虫腐臭病和囊状幼虫病污染的蜂箱和巢箱，消毒后用清水冲洗干净
过氧乙酸（过醋酸）	为无色液体。易溶于水，性质不稳定。浓度45%以上时剧烈碰撞或遇热易爆炸，在低温下分解缓慢，故采用低温（3～4℃）保存。市售为20%过氧乙酸溶液	本品为强氧化剂，具有高效、快速和广谱杀菌作用，其气体和溶液具有较强的杀菌作用。对细菌、病毒、霉菌和芽孢均有效。0.05%溶液2～5 min可杀死细菌。1%溶液10min可杀死芽孢，在低温下仍有效。常用0.5%溶液喷洒消毒畜舍、饲槽、车辆等；0.04%～0.2%溶液用于耐酸塑料、玻璃、搪瓷和橡胶制品的短时间浸泡消毒；5%溶液（2.5mL/m³）用于喷雾消毒密封的实验室、无菌室、仓库等；0.3%溶液（30mL/m³），用于鸡舍带鸡消毒；此外，还适用于动物舍内的熏蒸消毒，一般每立方米用1～3g，稀释成3%～5%溶液，加热熏蒸（室内相对湿度宜在60%～80%），密闭门窗1～2h
氧化钙（生石灰）	为灰白色块状物或粉末。本身无杀菌作用，与水混合后生成氢氧化钙（熟石灰）发挥作用	本品对一般细菌有一定程度的杀灭作用，但对芽孢、结核分枝杆菌无效。常用10%～20%混悬液对厩舍、墙壁、畜栏、地面、病畜排泄物及人行通道进行消毒，也可直接将生石灰撒在阴湿的地面、粪池周围及污水沟等处
甲酚（煤酚）	为无色或淡黄色澄明液体，有类似苯酚的臭味。由植物油、氢氧化钾、煤酚配制的含煤酚50%的肥皂溶液为煤酚肥皂溶液（来苏儿）	毒性较苯酚低，抗菌活性较苯酚强3～10倍。能杀死细菌繁殖体，对结核分枝杆菌、真菌有一定的杀灭作用，但对芽孢无效，对病毒作用不可靠。临床上5%～10%溶液用于浸泡用具、器械及厩舍、场地、病畜排泄物的消毒；1%～2%溶液用于皮肤及手的消毒；0.5%～1%溶液用于冲洗口腔或直肠黏膜

(续)

药 物	性 状	用法用量
复合酚（菌毒敌、动物灵）	为酚及酸类复合型消毒剂，含酚41%～49%，醋酸22%～26%及十二烷基苯磺酸，呈深红褐色黏稠样，有特臭	为广谱、高效、新型消毒剂。可杀灭细菌、霉菌和病毒，对多种寄生虫卵也有杀灭作用。还能抑制蚊、蝇等昆虫和鼠害的滋生 常用0.3%～1%溶液，喷洒消毒畜（禽）舍、笼具、饲养场地、运输工具及排泄物。用药后药效可维持1周。稀释用水的温度应不低于8℃。对严重污染的环境，可适当增加药物浓度和用药次数
甲醛溶液	甲醛在室温下为无色气体，具有强烈刺激性气味。在水中以水合物存在。40%甲醛溶液即福尔马林，为无色液体。久置能生成三聚甲醛而沉淀混浊，常加入10%～15%甲醇，以防止聚合	有较强的杀菌作用，对细菌繁殖体、芽孢、真菌和病毒均有效。由于本品刺激性太强，多用于畜舍、衣物、器械的消毒。2%福尔马林溶液用于器械消毒（浸泡1～2h）；5%～10%福尔马林溶液用于固定解剖标本；10%～20%福尔马林溶液可治疗蹄叉腐烂、坏死杆菌病等 熏蒸消毒：室内可用40%甲醛溶液42mL/m³，加等量水，然后加热使甲醛挥发，消毒时间为8～10h；种蛋消毒可用40%甲醛溶液15～20mL/m³，再按甲醛溶液：高锰酸钾=2：1加入高锰酸钾，加入前加1/2量的水，消毒20min。熏蒸消毒时，室温不低于15℃，相对湿度为60%～80%，消毒时间为8～10h
含氯石灰（漂白粉）	含有效氯25%～30%，有氯臭。微溶于水和醇，受潮易分解失效	本品能杀灭细菌、芽孢、病毒和真菌。含氯石灰加入水中生成次氯酸，进一步分解为初生态氧和氯气而发挥杀菌作用。另外，含氯石灰中所含的氯可与氨和硫化氢发生反应，故有除臭作用 临床上常用5%～20%混悬液消毒已发生传染病的动物厩舍、场地、墙壁、排泄物、运输车辆等。1%～2%消毒饲槽、食具、玻璃器具、食品加工场、肉联厂等。50L水加1g漂白粉可用于饮水消毒。鱼池消毒时每升水加1mg漂白粉，防止赤皮病、烂鳃病及打印病等细菌性鱼病。鱼池带水清塘每升水加20mg漂白粉
二氯异氰尿酸钠（优氯净）	为白色或微黄色粉末。具有氯臭，含有效氯60%～64%。性质稳定。易溶于水，但水溶液稳定性差，宜现用现配	本品是新型高效消毒药，对细菌繁殖体、芽孢、病毒、真菌均有较强的杀灭作用。广泛用于鱼塘、饮水、食品、牛乳加工厂、车辆、厩舍、蚕室、用具的消毒。消毒浓度以有效氯计算，鱼塘为0.3mg/L，饮水消毒为0.5mg/L；食品、牛乳加工场所、厩舍、蚕室、用具、车辆为50～100mg/L。应用时，注意事项同漂白粉
癸甲溴铵溶液（百毒杀）	为无色无味液体。溶于水，性质稳定，不受环境有机物及光和热的影响	是一种双链季铵盐类高效表面活性剂，对多种细菌、真菌和藻类有杀灭作用，对亲脂性病毒也有一定作用。还有除臭和清洁作用 常用0.05%溶液浸泡、洗涤、喷洒消毒厩舍、孵化室、用具、环境。0.0025%～0.005%溶液用于消毒饮水
抗毒威	为白色粉末，易溶于水，性质稳定	广谱消毒剂，1：400用于鸡场环境、器具消毒，可带鸡消毒和种蛋消毒，1：5 000用于饮水消毒

（2）主要用于皮肤、黏膜的消毒防腐药（表4-3）

表 4-3　用于皮肤、黏膜的消毒防腐药

药　物	性　状	用法用量
乙醇	为无色澄明液体。易挥发，易燃烧，能与水、甘油、氯仿等以任意比例混合	为常用消毒药。70%～75%乙醇杀菌力最强，能杀死繁殖型细菌，但对细菌芽孢无效。浓度过高可使菌体表层蛋白凝固，妨碍渗透，影响杀菌作用，过低则难达到有效杀菌浓度。此外，本品对组织具有刺激作用，用其涂擦皮肤时，能扩张局部毛细血管，增强血液循环，促进炎性渗出物的吸收，减轻疼痛。临床常用75%乙醇消毒手、皮肤、体温计、注射针头和小件医疗器械等
碘	为灰黑色有金属光泽的结晶。常温下能挥发，微溶于水，易溶于碘化钾或碘化钠水溶液中	①碘溶液：2%碘溶液不含酒精，适用于皮肤的浅表破损和创面。②碘酊：2%碘酊用于饮水消毒，在1L水中加5～6滴，能杀死病菌和原虫；4%碘酊制成药饵喂青鱼，能防治青鱼球虫病；5%碘酊用于手术部位消毒；10%浓碘酊用作皮肤刺激药，用于慢性腱炎、关节炎等。③碘甘油：1%碘甘油用于鸡痘、鸽痘的局部涂擦；5%碘甘油用于治疗黏膜的各种炎症。④复方碘溶液（卢氏碘液）：用于治疗黏膜的各种炎症，或向关节腔、瘘管等内注入。⑤碘伏：0.5%～1%溶液用于手术部位、奶牛乳房和乳头、手术器械等消毒。⑥聚维酮碘溶液：0.1%溶液用于黏膜及创面冲洗；0.5%～1%溶液用于奶牛乳头浸泡；5%溶液用于皮肤消毒及治疗皮肤病
硼酸	为白色粉末或微带光泽的鳞片。溶于冷水，易溶于沸水、醇及甘油中	其溶液有较弱的抑菌作用，无杀菌作用，但刺激性较小。2%～4%溶液可冲洗各种黏膜、创面、眼睛。30%硼酸甘油用于涂抹口腔及鼻黏膜的炎症病灶等。硼酸磺胺粉（1∶1）可用于擦伤、褥疮、烧伤等的治疗
苯扎溴铵（新洁尔灭）	本品常温下为黄色胶状体，低温时可能逐渐形成蜡状固体。芳香，味极苦。易溶于水，水溶液呈碱性，振摇时产生多量泡沫。耐热，性质稳定，可保存较长时间效力不变。对金属、橡胶、塑料制品无腐蚀作用	为季铵盐类阳离子表面活性剂，有杀菌和去垢效力。对多数革兰氏阴性菌和阳性菌，接触数分钟即可杀死。对病毒效力差。不能杀死细菌芽孢、结核杆菌和铜绿假单胞菌 临床上常用0.1%溶液消毒手臂、手指，应将手浸泡5min，亦可浸泡消毒手术器械、玻璃、搪瓷制品等，浸泡时间为30min。0.1%溶液喷雾或洗涤蛋壳消毒，药液温度为40～43℃，浸泡时间最长为3min。0.01%～0.05%溶液用于黏膜（阴道、膀胱等）及深部感染伤口的冲洗
过氧化氢溶液（双氧水）	为无色无臭的澄明液体。含过氧化氢3%，遇光、热或久置均易失效。宜于遮光、密闭、阴凉处保存	本品与组织有机物接触后，能放出初生态氧而呈现杀菌作用，且形成大量泡沫，将创腔中的脓块和坏死组织排除发挥清创作用。由于杀菌力弱，一般不用作消毒药。临床常用0.3%～1%溶液冲洗口腔或阴道；1%～3%溶液清洗带恶臭的创伤及深部创伤，有利于机械清除小脓块、血块、坏死组织，防止厌氧菌感染。但不宜用于清洁创伤
高锰酸钾	为黑紫色、细长的结晶或颗粒，带蓝色的金属光泽。无臭，易溶于水。应密闭保存	为强氧化剂，与被氧化物接触时，放出初生态氧和二氧化锰。释出的初生态氧有杀菌、除臭和解毒作用；二氧化锰可与蛋白结合成蛋白盐类复合物，对组织有收敛作用 临床上0.05%～0.1%溶液用于腔道冲洗及洗胃；0.1%～0.2%溶液用于冲洗创伤。毒蛇咬伤的伤口立即撒布结晶或用1%溶液冲洗，可减轻中毒

(续)

药物	性状	用法用量
洗必泰(双氯苯双胍己烷)	为白色结晶性粉末,稍溶于水(1:400)及乙醇	抗菌作用较新洁尔灭强;0.02%水溶液用于手的消毒(术前浸泡3min),0.05%水溶液用于创伤的冲洗,0.1%水溶液用于器械的浸泡消毒,0.5%水溶液用于手术部位、手术室的医疗器械、手术室及病舍等的消毒;本品忌与肥皂、碱等同用,也不可与碘、高锰酸钾、升汞配伍
甲紫(龙胆紫)	为暗绿色带金属光泽的粉末。微臭,可溶于水及醇	本品是碱性染料,对革兰氏阳性菌有选择性抑制作用,对霉菌也有作用。其毒性很小,对组织无刺激性,有收敛作用 1%~3%水溶液用于烧伤和霉菌感染灶,也用于创伤和溃疡;2%~10%软膏剂,用于治疗皮肤、黏膜创伤及溃疡
露它净溶液	为红棕色澄清溶液,几乎无味,易溶于水、乙醇和丙酮	对多种细菌及真菌均有杀灭作用,对子宫黏膜有明显的收敛作用,并使分泌物及坏死组织凝固,常稀释成4%溶液进行子宫内灌注,牛100~200mL,马200~400mL,猪150~250mL;局部冲洗或涂擦可直接用露它净溶液或4%~8%稀释液
松馏油(松焦油)	是从松柏科植物的木材干馏而制得的一种黑色黏稠液体,微溶于水,可溶于有机溶剂	本品对皮肤有刺激、防腐和溶解角质的作用,50%松馏油软膏可治疗皮肤慢性湿疹、蹄叉腐烂及促进肉芽生长等(松碘油膏由松馏油30g,碘仿50g或50%碘酊30mL,加蓖麻油1 000mL,混合调匀而成)

4.4.4.5 抗微生物药 临床常用抗生素的主要作用、用法用量(表4-4)。

表4-4 常用抗生素的主要作用、用法用量

类别	药物	主要作用	用法用量
青霉素类	青霉素G	本品属窄谱杀菌性抗生素。对多数革兰氏阳性菌、革兰氏阴性球菌、放线菌和螺旋体有强大抗菌作用,但对革兰氏阴性杆菌作用很弱,对结核杆菌、病毒、立克次体及真菌无效	注射用青霉素钠(钾),肌内注射,一次量,每千克体重,马、牛1万~2万IU,羊、猪、驹、犊2万~3万IU,犬、猫3万~4万IU,禽5万IU。2~3次/d,连用2~3d。乳管内注入,一次量,每一乳室,奶牛10万IU,1~2次/d。乳的废弃期3d
	苯唑西林	为耐酸、耐酶的半合成青霉素。对青霉素耐药的金黄色葡萄球菌有效,但对青霉素敏感菌株的杀菌作用不如青霉素。主要用于金黄色葡萄球菌感染,如败血症、肺炎、乳腺炎、烧伤创面感染等	注射用苯唑西林钠,肌内注射,一次量,每千克体重,马、牛、猪、羊10~15mg,犬、猫15~20mg,2~3次/d,连用2~3d
	氨苄西林	为广谱半合成抗生素。对大多数革兰氏阳性菌的效力同青霉素G,对革兰氏阴性菌如大肠杆菌、变形杆菌、沙门氏菌、嗜血杆菌和巴氏杆菌等均有较强的作用	注射用氨苄西林钠,肌内注射、静脉注射,一次量,每千克体重,动物、禽10~20mg,2~3次/d,连用2~3d。乳管内注入,一次量,每一乳室,奶牛200mg,1次/d 氨苄西林胶囊,内服,一次量,每千克体重,动物、禽20~40mg,2~3次/d
	阿莫西林	作用、应用与氨苄西林相似,对肠球菌和沙门氏菌的作用较氨苄西林强2倍。临床上多用于呼吸道、泌尿道、皮肤、软组织及肝胆系统等感染。与氨苄西林有完全的交叉耐药性	阿莫西林胶囊,内服,一次量,每千克体重,动物、禽10~15mg,2次/d 注射用阿莫西林钠,肌内注射,每千克体重,动物4~7mg,2次/d。乳管内注入,一次量,每一乳室,奶牛200mg,1次/d

(续)

类别	药物	主要作用	用法用量
头孢菌素类	（先锋霉素类）头孢氨苄、头孢噻吩钠、头孢喹肟	对革兰氏阳性菌作用强，具有杀菌力强、抗菌谱广、毒性小、过敏反应少等优点	（1）头孢氨苄胶囊、片、混悬剂（2%），内服，一次量，每千克体重，马 22mg，犬、猫 10～30mg，3～4次/d，连用 2～3d。乳管内注入，一次量，每一乳室，奶牛 200mg，2次/d，连用 2d （2）注射用头孢噻呋钠，肌内注射，一次量，每千克体重，牛 1.1～2.2mg，猪 3～5mg，犬、猫 2.2mg，1次/d，连用 3d。皮下或肌内注射，1日龄鸡，每只 0.1mg （3）硫酸头孢喹诺注射液。肌内注射，一次量，每千克体重，牛 1mg，猪 1～2mg，1次/d，连用 3d。乳管注入，奶牛，每乳室 75mg，2次/d，连用 2d
大环内酯类	红霉素	对革兰氏阳性菌如金黄色葡萄球菌（包括耐药菌）、链球菌、猪丹毒杆菌、梭状芽孢杆菌、炭疽杆菌、棒状杆菌等有较强的抗菌作用。主要用于对青霉素耐药的金黄色葡萄球菌所致的轻、中度感染和对青霉素过敏的病例	注射用乳糖酸红霉素，肌内注射，静脉注射，一次量，每千克体重，牛、马、猪、羊 3～5mg，犬、猫 5～10mg，2次/d，连用 3d。临用前，先用灭菌注射用水溶解，然后用 5%葡萄糖注射液稀释，浓度不超过 0.1% 红霉素肠溶片，内服，一次量，犬、猫每千克体重 10～20mg，2次/d，连用 3～5d 硫氰酸红霉素可溶性粉，混饮，每 1L 水，禽 2.5g（相当于红霉素 125mg），连用 3～5d。蛋鸡产蛋期禁用，休药期 3d
	泰乐菌素	对革兰氏阳性菌、某些革兰氏阴性菌、支原体、螺旋体等均有抑制作用；但对革兰氏阳性菌的作用较红霉素弱，而对支原体的作用强	酒石酸泰乐菌素可溶性粉，混饮，每 1L 水，禽 500mg，连用 3～5d。蛋鸡产蛋期禁用，休药期 1d 注射用酒石酸泰乐菌素，皮下注射或肌内注射（以酒石酸泰乐菌素计），一次量，猪、禽每千克体重 5～13mg 磷酸泰乐菌素预混剂，混饲，每 1 000kg 饲料，猪 10～100g，鸡 4～50g。用于促生长，屠宰前 5d 停止给药
氨基糖苷类	链霉素	抗菌谱较广，对结核杆菌的作用在氨基糖苷类中最强，对多数革兰氏阴性杆菌如大肠杆菌、沙门氏菌、布鲁氏菌、变形杆菌、痢疾杆菌等有效，对革兰氏阳性菌的作用较青霉素弱，对钩端螺旋体、放线菌、支原体也有一定作用	注射用硫酸链霉素，肌内注射，每千克体重，家畜 10～15mg，家禽 20～30mg。2次/d，连用 2～3d
	卡那霉素	抗菌谱与链霉素相似，但抗菌活性稍强。对多数革兰氏阴性菌如大肠杆菌、变形杆菌、沙门氏菌和巴氏杆菌等有效，对耐药金黄色葡萄球菌、支原体亦有效	注射用硫酸卡那霉素，肌内注射，一次量，每千克体重 10～15mg，2次/d，连用 2～3d
	庆大霉素	本品在氨基糖苷类中抗菌谱较广，抗菌活性最强。对革兰氏阴性菌和阳性菌均有效。特别对铜绿假单胞菌、大肠杆菌、变形杆菌及耐药金黄色葡萄球菌等作用最强。此外，对支原体、结核杆菌亦有效	硫酸庆大霉素注射液，肌内注射，一次量，每千克体重，家畜 2～4mg，犬、猫 3～5mg，家禽 5～7.5mg，2次/d，连用 2～3d。休药期猪为 40d。静脉滴注（严重感染）用量同肌内注射 硫酸庆大霉素片，内服，一次量，每千克体重，驹、犊、羔羊、仔猪 5～10mg，2次/d

(续)

类别	药物	主要作用	用法用量
多黏菌素类	多黏菌素	本品为窄谱杀菌剂，对革兰氏阴性杆菌的抗菌活性强，尤其对铜绿假单胞菌具有强大的杀菌作用	硫酸黏菌素可溶性粉，混饮，每1L水，猪40~100mg，鸡20~60mg。混饲，每1 000kg饲料，猪40~80g。屠宰前7d停止给药 硫酸黏菌素预混剂，混饲，每1 000kg饲料，牛（哺乳期）5~40g，猪（哺乳期）2~40g，仔猪、鸡2~20g。屠宰前7d停止给药 注射用硫酸黏菌素，乳管内注入，每一乳室，奶牛5万~10万U。子宫内注入，牛10万U，1~2次/d
四环素类	多西环素（强力霉素）	为长效、高效、广谱的半合成四环素类抗生素。抗菌谱与土霉素相似，体内、外抗菌活性较土霉素、四环素强，为四环素的2~8倍。对土霉素、四环素等有密切的交叉耐药性。临床用于治疗动物的支原体病、大肠杆菌病、沙门氏菌病、巴氏杆菌病和鹦鹉热等	盐酸多西环素，内服，一次量，每千克体重，猪、驹、犊、羔3~5mg，犬、猫5~10mg，禽15~25mg，1次/d，连用3~5d 盐酸多西环素可溶性粉，混饮，每1L水，猪100~150mg，禽50~100mg，连用3~5d
氯霉素类	甲砜霉素	对多数革兰氏阳性菌和阴性菌均有抑制作用，但对阴性菌的作用较阳性菌强，主要用于治疗沙门氏菌、大肠杆菌及巴氏杆菌等引起的肠道、呼吸道及泌尿道感染	甲砜霉素片，内服，一次量，每千克体重，畜、禽5~10mg，2次/d，连用2~3d
氯霉素类	氟苯尼考	属动物专用的广谱抗生素，对多种革兰氏阳性菌、革兰氏阴性菌及支原体等均有作用	氟苯尼考粉，内服，一次量，每千克体重，猪、鸡20~30mg，一日2次，连用3~5d；鱼10~15mg，一日1次，连用3~5d 氟苯尼考注射液，肌内注射，一次量，每千克体重，猪、鸡15~20mg，每隔48h一次，连用2次
抗真菌	两性霉素B	为广谱抗深部真菌药。本品内服和肌内注射均不易吸收，治疗全身性真菌感染时，需采取缓慢静脉注射	注射用两性霉素B，静脉注射，一次量，每千克体重0.1~0.5mg，隔日1次或1周3次
抗真菌	制霉菌素	抗真菌作用与两性霉素B相似，但毒性更大，多用其内服治疗消化道真菌感染	制霉菌素片，内服，一次量，马、牛250万~500万U，猪、羊50万~100万U，犬5万~15万U，2~3次/d。混饲，治疗家禽白色念珠菌病，每1kg饲料50万~100万IU，连续饲喂1~3周；治疗雏鸡曲霉菌病，每100只雏鸡用50万IU，2次/d，连用2~4d
抗真菌	克霉唑	临床主要外用治疗体表真菌病，如毛癣、鸡冠等各种癣病。内服可治疗全身性及深部真菌感染	克霉唑片，内服，一次量，牛、马5~10g，驹、犊、猪、羊1~1.5g，2次/d。混饲，雏鸡每100羽为1g 克霉唑软膏，外用，1%或3%软膏

4.4.4.6 化学合成抗菌药物 临床常用化学合成抗菌药物的主要作用、用法用量见表4-5。

表4-5 常用化学合成抗菌药物的主要作用、用法用量

类别	药物	主要作用	用法用量
磺胺类	磺胺嘧啶	脑部感染首选，对球菌、大肠杆菌效力强	磺胺嘧啶片，内服，一次量，动物首次量每千克体重0.14~0.2g，维持量每千克体重0.07~0.1g。2次/d，连用3~5d
	磺胺二甲嘧啶	同磺胺嘧啶，可防治球虫病	磺胺二甲嘧啶片，内服，一次量，动物首次量每千克体重0.14~0.2g，维持量每千克体重0.07~0.1g，1~2次/d，连用3~5d
	磺胺甲噁唑（新诺明）	用于消化道、呼吸道感染	内服，一次量，动物首次量每千克体重0.05~0.1g，维持量每千克体重0.025~0.05g，2次/d，连用3~5d
	磺胺间甲氧嘧啶	抗菌力最强，可治疗各种感染	动物首次用量每千克体重0.05~0.1g，维持量每千克体重0.025~0.05g，间隔6~8h
	磺胺脒	内服不易吸收，肠内浓度高，用于肠道感染	内服，一次量，每千克体重0.1~0.2g，2次/d，连用3~5d
氟喹诺酮类	恩诺沙星	本品为动物专用的广谱杀菌药，对支原体高效，用于全身和深部感染的治疗	恩诺沙星片，内服，一次量，每千克体重，犬、猫、兔2.5~5mg，禽5~7.5mg，2次/d，连用3~5d 恩诺沙星注射液，肌内注射，一次量，每千克体重，牛、羊、猪2.5mg，犬、猫、兔2.5~5mg，1~2次/d，连用2~3d
	达氟沙星（单诺沙星）	为动物专用的广谱抗菌药物，主要用于支原体及敏感菌等引起的肺部、呼吸道感染的治疗	甲磺酸达氟沙星可溶性粉，混饮，每1L水，鸡25~50mg，1次/d，连用3~5d 甲磺酸达氟沙星注射液，肌内注射，一次量，每千克体重，牛、猪1.25~2.5mg，1次/d，连用3d
其他抗菌药	痢菌净（乙酰甲喹）	具有广谱抗菌作用。对革兰氏阴性菌的作用强于革兰氏阳性菌，对猪痢疾短螺旋体的作用突出	痢菌净，内服，每千克体重，犊、猪、鸡5~10mg，2次/d，连用3d
	甲硝唑（灭滴灵）	主要用于治疗厌氧菌引起的肠道或全身感染	内服，一次量，每千克体重，牛50mg，犬25mg，连用5d

4.4.4.7 抗寄生虫药物 临床常用抗寄生虫药物的主要作用和用法用量见表4-6。

表4-6 临床常用抗寄生虫药物的主要作用和用法用量

	药物	主要作用	用法用量
驱线虫药	盐酸左旋咪唑	为广谱高效驱线虫药，对动物线虫有特效，并有免疫增强作用	盐酸左旋咪唑片，内服，一次量，每千克体重，禽25mg 盐酸左旋咪唑注射液，肌内注射，每千克体重7.5mg，1次/d，连用2d

(续)

	药 物	主要作用	用法用量
驱线虫药	丙硫苯咪唑	为广谱、高效、低毒的驱虫药物。对动物大多数线虫、吸虫、绦虫均有驱除作用	丙硫苯咪唑片，内服，一次量，每千克体重，马5～10mg；牛、羊10～15mg；猪5～10mg；犬25～50mg；禽10～20mg
	伊维菌素	为新型大环内酯类驱虫药，具有广谱、高效、低毒等优点。对动物胃肠道线虫、肺线虫有良好的驱除效果	伊维菌素注射液，皮下注射，一次量，每千克体重，牛0.1～0.2mg，猪0.3mg 伊维菌素口服剂，含0.6%伊维菌素。混饲，每天每千克体重，猪0.1mg，连用7d
	阿维菌素	作用与伊维菌素相同	阿维菌素注射液，皮下注射，一次量，每千克体重，猪0.3mg，犬、猫0.1mg 阿维菌素口服剂，混饲，一次量，每千克体重，家禽0.2mg，犬、猫0.1mg
抗球虫药	氯苯胍	抑制球虫一代裂殖体，杀灭二代裂殖体	混饲，禽0.003%～0.006%或每1 000kg饲料33g，兔0.01%～0.015%
	氨丙啉（氨保乐）	主要作用于第一代裂殖体，峰期为感染后的第三天，对柔嫩、毒害艾美耳球虫高效，与乙氧酰胺甲苯酯、磺胺喹噁啉合用，增强其抗球虫效力。具有高效、安全、球虫不易对其产生耐药性等特点，也不影响宿主对球虫产生免疫力，是产蛋鸡的主要抗球虫药。禁止与维生素B_1同时使用。产蛋期禁用	混饲，每1 000kg饲料，鸡125～250mg，连喂3～5d，接着以每1 000kg饲料60mg，再喂14d；或混饮，每1L水，鸡60～240mg。羔羊，每天每千克体重50mg，连用4d；犊牛每千克体重20～50mg，连用5d
	二硝托胺（球痢灵）	对禽类小肠毒害艾美耳球虫高效，对禽类其他球虫、兔球虫也有效。抑制球虫第一代裂殖体，峰期为感染第三天。适用于蛋鸡、肉种鸡及兔球虫病的防治。产蛋期禁用	混饲，每1 000kg饲料，鸡125g。休药期3d。内服，每千克体重，兔50mg，每天2次，连喂5d
	氯羟吡啶（氯吡醇、克球粉、可爱丹）	抑制球虫孢子体发育，峰期为感染后的第一天。效果比氨丙啉、球痢灵、尼卡巴嗪好，且无明显毒副作用。与甲苯氧喹啉合用，可产生协同效应。主要用于预防禽、兔球虫病。产蛋鸡禁用	混饲，每1 000kg饲料，鸡125g，兔200g。休药期，鸡、兔5d
	尼可巴嗪（球虫净）	对鸡柔嫩艾美耳球虫、布氏艾美耳球虫均有良好预防效果。其作用峰期在第二代裂殖体（即感染第4d）。对其他球虫药有耐药性虫株，本品仍有效。高温季节慎用，产蛋期禁用	混饲，每1 000kg饲料，禽125g。休药期4d 尼卡巴嗪、乙氧酰胺苯甲酯预混剂。混饲，每1 000kg饲料，鸡500g。休药期9d
	地克珠利（杀球灵）	新型广谱、高效、低毒抗球虫药。主要抑制球虫的子孢子和第一代裂殖体早期阶段，峰期为感染后第二天	混饲，每1 000kg饲料，禽1g 混饮，每1L水，禽0.5～1mg

4.4.4.8 动物普通病用药
动物普通病临床常用药物的主要作用和用法用量见表4-7。

表4-7 动物普通病临床常用药物的主要作用和用法用量

	药物	主要作用	用法用量
消化系统药物	大黄苏打片	健胃、中和胃酸	口服，一次量，猪、羊5～10g，犬、猫1～2g
	人工盐	小剂量健胃，大剂量缓泻	口服，健胃：一次量，牛50～150g，猪10～30g，犬5～10g；缓泻：牛200～400g，猪、羊50～100g，犬20～50g
	西咪替丁	抑制胃酸	口服，犬，一次量，每千克体重，5～10mg
	浓氯化钠注射液	瘤胃兴奋药	静脉注射，一次量，每千克体重1mL
	甲氧氯普胺注射液	促进瘤胃和肠管蠕动，止吐	牛，肌内注射或静脉注射，一次量，每千克体重0.1mg；犬、猫，肌内注射，一次量，10～20mg
	阿扑吗啡	催吐	皮下注射，一次量，猪10～20mg，犬2～3mg，猫1～2mg
	鱼石脂	制酵	内服，一次量，牛10～30g，羊、猪1～5g，兔0.5～0.8g
	二甲硅油片	消沫	内服，一次量，牛3～5g，羊1～2g
	干燥硫酸钠	泻下	内服，一次量，牛200～500g，羊20～50g，猪10～25g，犬5～10g
	液状石蜡	泻下	内服，一次量，牛500～1 500mL，犊牛60～120mL，猪50～100mL，犬10～30mL，猫5～10mL
	碱式碳酸铋	收敛止泻	内服，一次量，牛15～30g，羊、猪2～4g，犬0.3～2g
呼吸系统药物	氯化铵	祛痰，利尿	内服，一次量，牛10～25g，羊2～5g，猪1～2g，犬、猫0.2～1g
	复方甘草合剂	镇咳祛痰	内服，一次量，牛50～100mL，羊、猪10～30mL
	氨茶碱	平喘、强心、利尿	内服，每千克体重，马5～10mg，犬、猫10～15mg
血液循环系统药物	洋地黄片	强心	内服，全效量，每千克体重，马、犬0.03～0.04g，维持量为内服全效量的1/10
	酚磺乙胺	止血	肌内注射或静脉注射，一次量，马、牛1.25～2.5g，羊、猪0.25～0.5g，预防外科手术出血，应在术前15～30min用药
	肝素	抗凝血	肌内注射或静脉注射，每千克体重，牛、羊、猪100～130IU，犬150～250IU 体外抗凝，每500mL血液用100IU 实验室血样，每毫升血样加10IU
	右旋糖酐铁钴注射液	抗贫血	深部肌内注射，仔猪，一次量，2mL

(续)

	药物	主要作用	用法用量
泌尿生殖系统药物	呋塞米注射液	利尿	肌内注射或静脉注射，一次量，每千克体重，牛、羊、猪 0.5～1mg，犬、猫 1～5mg
	甘露醇	脱水	静脉注射，一次量，马、牛 1～2L，羊、猪 100～250mL
	黄体酮	同期发情、先兆流产	肌内注射，一次量，马、牛 50～100mg，羊、猪 15～25mg，犬 2～5mg
	催产素	引产、产后疾病	皮下注射、肌内注射，一次量，马、牛 30～100IU，猪 10～50IU，犬 2～10IU
	麦角新碱	产后子宫出血、产后子宫复原不全、胎衣不下	肌内注射或静脉注射，一次量，牛 5～15mg，羊、猪 0.5～1mg，犬 0.1～0.5mg，猫 0.07～0.2mg
	前列腺素 $F_{2\alpha}$	同期发情、引产等	肌内注射或子宫内注入，一次量，牛 25mg，猪 5～10mg；犬，每千克体重 0.05mg
中枢神经系统药物	安钠咖	大脑兴奋药	安钠咖注射液，皮下、肌内、静脉注射，一次量，牛、马 2～5g，猪、羊 0.5～2g，犬 0.1～0.3g，鹿 0.5～2g
	回苏灵	兴奋呼吸	肌内或静脉注射，一次量，牛、马 40～80mg，猪、羊 8～16mg。静脉注射时，需用5%葡萄糖注射液稀释后缓慢注入
	氯胺酮	全身麻醉药	麻醉：静脉注射，一次量，每千克体重，牛、羊、猪 2mg；镇静保定：肌内注射，一次量，每千克体重，羊 20～40mg，猪 12～20mg，犬 10～20mg，猫 20～30mg
	速眠新	镇静、镇痛、全身麻醉	肌内注射，一次量，每千克体重，纯种犬 0.04～0.08mL，杂种犬 0.08～0.1mL，兔 0.1～0.2mL，大鼠 0.8～1.2mL，小鼠 1.0～1.5mL，猫 0.3～0.4mL，猴 0.1～0.2mL。肌内注射，一次量，每100kg体重，黄牛、奶牛、马属动物 1.0～1.5mL，牦牛 0.4～0.8mL，熊、虎 3～5mL。用于镇静或静脉给药时，剂量应降至上述剂量的1/3～1/2
	硫酸镁注射液	抗惊厥	肌内或静脉注射，一次量，牛、马 10～25g，猪、羊 2.5～7.5g，犬 1～2g
	静松灵	镇静、镇痛、肌肉松弛	肌内注射，一次量，每千克体重，马、骡 0.5～1.2mg，驴 1～3mg，黄牛、牦牛 0.2～0.6mg，水牛 0.4～1mg，羊 1～3mg，鹿 2～5mg
作用于外周神经系统药物	普鲁卡因	局麻药	浸润麻醉、封闭疗法时浓度为0.25%～0.5%。传导麻醉时浓度为2%～5%，每个注射点，大动物 10～20mL，小动物 2～5mL。硬脊膜外麻醉时浓度为2%～5%溶液，马、牛 20～30mL
	利多卡因	局麻药	浸润麻醉用0.25%～0.5%溶液。表面麻醉用2%～5%溶液。传导麻醉用2%溶液，每个注射点，马、牛 8～12mL，羊 3～4mL。硬脊膜外麻醉用2%溶液，马、牛 8～12mL

(续)

药物		主要作用	用法用量
作用于外周神经系统药物	氨甲酰胆碱	促进胃肠、膀胱、子宫等平滑肌蠕动，促进消化液分泌	皮下注射，一次量，马、牛 1～2mg，猪、羊 0.25～0.5mg，犬 0.025～0.1mg
	硫酸阿托品	解除胃肠等内脏平滑肌痉挛，抑制腺体分泌、散瞳、解救有机磷中毒等	内服，一次量，每千克体重，犬、猫 0.02～0.04mg。皮下、肌内、静脉注射，一次量，每千克体重，麻醉前给药，马、牛、羊、猪、犬、猫 0.02～0.05mg；解除有机磷中毒，马、牛、猪、羊 0.5～1mg，犬、猫 0.1～0.15mg，禽 0.1～0.2mg
	肾上腺素	可作为恢复心脏功能的急救药，可治疗过敏性疾病，可延长局麻药作用时间等	皮下注射、肌内注射，一次量，牛、马 2～5mL，猪、羊 0.2～1.0mL，犬 0.1～0.5mL，猫 0.1～0.5mL（犬、猫需 10 倍稀释后注射）；静脉注射，一次量，牛、马 1～3mL，猪、羊 0.2～0.6mL，犬 0.1～0.3mL，猫 0.02～0.1mL，用生理盐水稀释 10 倍使用
影响组织代谢药物	地塞米松磷酸钠注射液	具有抗炎、抗毒素、抗休克和免疫抑制等作用	肌内注射或静脉注射，一次量，牛 5～20mg，羊、猪 4～12mg，犬 0.25～1mg，猫 0.125～0.5mg，每天 1 次
	维生素 AD 注射液	治疗维生素 AD 缺乏症	肌内注射，一次量，马、牛 5～10mL，猪 2～4mL，仔猪、羔羊 0.5～1mL
	维生素 K_1	治疗维生素 K 缺乏引起的出血性疾病	肌内注射，一次量，每千克体重，动物 0.5～2.5mg，犬、猫 0.5～2mg
	维生素 B_{12}	治疗维生素 B_{12} 缺乏症	肌内注射，一次量，马、牛 1～2mg，羊、猪 0.3～0.4mg，犬、猫 0.1mg
	葡萄糖酸钙	治疗佝偻病、软骨症、产后瘫痪等	静脉注射，一次量，马、牛 20～60g，羊、猪 5～15g，犬 0.5～2g
	生理盐水	电解质补充药，防治低血钠综合征、脱水等	静脉注射，一次量，牛 1 000～3 000mL，猪、羊 250～500mL，犬 100～500mL
	碳酸氢钠	治疗酸中毒	静脉注射，一次量，马、牛 15～30g，羊、猪 2～6g，犬 0.5～1.5g
其他	马来酸氯苯那敏	抗过敏	肌内注射，一次量，马、牛 60～100mg，羊、猪 10～20mg
	对乙酰氨基酚	解热镇痛	内服，一次量，牛 10～20g，猪 1～2g，犬 0.1～1g
	安痛定注射液	解热镇痛	肌内注射或皮下注射，一次量，马、牛 20～50mL，羊、猪 5～10mL
	阿司匹林	解热、镇痛、抗炎、抗风湿	内服，一次量，马、牛 15～30g，羊、猪 1～3g，犬 0.2～1g
	碘解磷定	解救有机磷中毒	静脉注射，一次量，每千克体重15～30mg，中毒症状缓解前，每 2h 注射 1 次，中毒症状消失后，每天 4～6 次，连用 1～2d
	乙酰胺	解救有机磷中毒	静脉注射、肌内注射，一次量，每千克体重50～100mg

4.4.5 处方

4.4.5.1 处方内容

（1）处方上项（登记部分）　包括编号、动物主人、地址、时间、动物类别、性别、年龄（体重）等，应逐项登记。

（2）处方中项（处方部分）　包括药物名称、剂量、配制法、服用法等。

处方以"Rp"符号起头，表示"请取"的意思。

药物名称应写正名（药典或兽药典的名称）全称，或通用的商品名或编写名称。

剂量要注明规格及含量，数量以阿拉伯数字书写。小于1的数量，应加小数点，且上下小数点应对齐。固体药物以克（g），液体药物以毫升（mL）为单位，克和毫升可以不必写出。

配制法应说明调配成何种剂型或制剂。

服用法（或用法）应说明给药途径、给药间隔时间和次数等。

（3）处方下项（签字部分）：为处方医师和药剂员签字盖章处。处方完毕，处方医师应仔细检查，确认无误时方可签字；药剂员在仔细阅读处方后进行调配，调配完毕检查无误时签字（表4-8）。

表 4-8　处方笺

××兽医院（站）笺

NO:　　　　　　　　　　　　　　　　　　　　　　　　　　　　　　　　年　月　日

畜主		地址			
畜别		性别	年龄（体重）		特征
Rp 　磺胺嘧啶　2.5 　次碳酸铋　1.0 　碳酸氢钠　2.5 　常水　　　100.0 　配制法：　混合制成合剂 　服用方法：一次内服					
兽医师		药剂员		药价	

4.4.5.2 剂量开写方法

（1）单剂量法　即每一个剂量是一次用量。如

Rp

大黄苏打片　　0.3×6

服用法：　　　一次灌服

单剂量法适用于片剂、丸剂、散剂（包、袋）、注射剂（安瓿瓶）、胶囊剂等。

（2）总剂量法　给药时给的总量，服用方法中说明每次剂量。如：

Rp

复方龙胆酊　　60.0

服用法：　　　每天3次，每次20.0加水灌服

总剂量法适用于酊剂、合剂、溶液剂、软膏剂、舔剂等。有时总剂量也可由单剂量组成,在服用方法中说明照单剂量照配若干份。如:

Rp

大黄苏打片　　0.3×6

服用法:　　照上量配6份,每天3次,2d服完。

4.4.5.3　注意事项

(1) 处方不可用铅笔书写,且不得涂改。

(2) 处方开写的毒、剧药品剂量不得超过极量,如因特殊需要而超过时(如阿托品用于抢救有机磷中毒的动物),应在剂量旁加惊叹号,如"5.0!",同时加盖处方医师印章(或签字),以示负责。

(3) 一个处方开有多种药物时,应将起主要作用的药物(主药)写在前面,起辅助作用的药物(辅药)、矫正主药和辅药不良作用或不良气味的药物(矫正药)、赋予处方中药物一定剂型的药物(赋形药)依次开写。如表4-8中磺胺嘧啶为主药,次碳酸铋为辅药,碳酸氢钠为矫正药,常水为赋形药。

(4) 如在同一张处方笺上书写几个处方时,每个处方的中项均应完整并分别填写,并在每个处方第一个药名的左上方写出顺序号,如①、②等。

(5) 处方中不得有错别字,也不可用不规范的简体字。

技能考核

1 理论考核

1. 注射给药法、灌药法、混饲给药法、饮水给药法、药物熏蒸法、喷雾给药法适应证与临床应用注意事项。

2. 兽药剂量及计算方法、兽药选购、保管与贮存兽药、处方开写注意事项。

3. 消毒防腐用药、抗微生物药、抗寄生虫药、动物普通病用药作用机制与适应证。

2 操作考核

1. 各种动物皮内注射、皮下注射、肌内注射、静脉注射、腹腔注射、胸腔内注射、瘤胃内注射、瓣胃内注射、乳房内注射部位与方法。

2. 各种动物胃管灌药与器具灌药方法。

3. 动物混饲给药与饮水给药方法。

4. 动物药物熏蒸法、喷雾给药法。

5. 兽药的保管与贮存。

6. 兽药剂量的计算方法;常用药物剂型配制。

7. 选购兽药。

8. 消毒防腐用药、抗微生物药、抗寄生虫药、动物普通病用药的临床应用。

9. 处方的开写。

模块 5 仪器诊断分析技术

岗　位		X线诊断室、B超诊断室、心电图诊断室、内窥镜诊断室
岗位任务		动物疾病的X线诊断、B超诊断、心电图诊断及内窥镜诊断
岗位目标	应　知	X线检查、B型超声检查、心电图检查与内窥镜检查原理、适应证、结果判读与诊断检查注意事项
	应　会	X线机的基本构造识别与安全防护、X线透视检查、X线摄影检查、造影检查、动物骨骼与关节常见疾病X线检查、胸肺疾病的X线诊断、B型超声诊断仪的基本构造识别、动物组织器官的声学特征与声像图术语、B型超声检查探测方法、B型超声检查的操作步骤、B型超声生殖器官和腹部脏器的探查、心电图检测操作方法、心电图的组成与测量方法、心电图的分析与报告、内窥镜结构识别、内窥镜检查的操作、犬（猫）内窥镜临床检查
	职业素养	养成爱岗敬业、认真仔细、实事求是的态度；养成规范的仪器操作、准确的结果判读、善于思考、科学分析的良好作风。养成注重安全的防范意识

技能 5.1 X线检查

X线检查在兽医临床的应用

5.1.1 X线机的基本构造识别与安全防护

5.1.1.1 X线机的基本构造识别

（1）X线管　X线管是产生X线、耐高热的特殊高压真空玻璃球管，也是X线机最主要的组成部件。X线管内有阴极和阳极，阴极为一灯丝，装在集射罩内，以便灯丝通上低压电流时，点燃灯丝发射电子成束状聚射。阳极为一块钨靶，镶在铜柱上，制成倾斜靶面，承受高速运动的电子撞击而产生X线。X线管壁为硬质玻璃制成，其一侧有射出窗。

（2）变压器

①灯丝变压器　将外界电源电压降为几伏至十余伏，供应阴极灯丝加热。

②升压变压器　将外界电源电压瞬间升至数万伏，加在阳极和阴极间，使电子高速运动撞击阳极靶面而产生X线。

③自耦变压器　装在控制台内，将外界电源电压变成各种电压供X线机各部分需要。

（3）控制台　也称操纵器，是开动X线机并调节X线质量的装置。

（4）附属设备　X线机容量不同其附属设备差别较大。小型X线机附属设备极简单，只有固定X线机头的支架、活动荧光屏及暗箱等简单部件。大中型X线机的附属设备复杂，有立柱及轨道、诊视床、滤线器、断层摄影装置等。

(5) 电源 小型 X 线机对电源要求不高,一般照明电即可满足。200 mA 以上的大中型 X 线机,则需要专线的供电设备。

5.1.1.2 X 线的安全防护

(1) X 线对人体的损害 X 线是一种放射线,对人体的危害在于 X 线的电离作用。电离作用使活的组织细胞和体液受到一定程度的抑制、损害,以及生理机能破坏。损伤的程度视接触的 X 线量不同而异,一般照射可不产生明显的影响,但过量照射或者长时间微量照射积累到一定数量后,可产生不可恢复的损伤。不同的组织细胞对 X 线的敏感性不一样,低分化细胞如生殖细胞、造血细胞等对其敏感性最高。

造血系统的损害尤为常见,表现为白细胞与淋巴细胞减少、凝血酶含量降低、贫血,甚至可发生出血性症候群。X 线可引起不孕或生殖机能上的变化;引起眼球干涩、视力疲乏和衰退,严重者可致白内障而失明。皮肤损害可见有毛发脱落、皮肤干硬、红斑、弹性降低、角质增生、色素沉着或皮肤干裂,甚至溃疡或癌变。全身反应如倦怠、睡眠不佳、头痛、健忘等。

(2) X 线防护措施

①工作人员应避免从放射窗发出的直射线直接照射,缩小和控制其照射野范围。透视时 X 线直接照射到荧光屏上,必须用足够铅当量的铅玻璃遮盖荧光屏。

②使用各种防护设备,如铅橡皮围裙、铅橡皮手套、铅屏风等,以起屏蔽作用。此外,透视时使用活动光门,摄影时使用聚光筒,可以缩小照射野,限制照射范围,减少散射线的产生。

③提高和熟练透视技术,缩短透视观察时间。进行摄影曝光时,在距离放射源较远处操作,减少照射量。

④X 线室应有适当的面积和高度。宽敞的房子,散射线因分散面广而强度减弱。X 线室四壁与天花板建筑结构,要根据 X 线机的管电压考虑防护材料的铅当量。

⑤坚持日常防护检查,如检查防护制度执行情况,防护条件是否合格,工作人员应做就业前检查,每 1~2 年进行全面体检,每半年进行血液检查,发现问题应及时处理。

5.1.2 X 线透视检查

5.1.2.1 透视前的准备

(1) 透视者应有充分的暗适应 透视前需在暗室中适应 10~15min,也可以戴上红色眼镜或暗色眼镜同样时间,但在强阳光下需要更长的时间才能适应,而阴天或夜间则能较快适应。

(2) 做好被检动物的保定工作 除去体表被检部位的污物及敷料油膏,尤其要避免沾染含有碘类药物,皮毛尽量刷净擦干。若在 X 线室透视,需准备盛接粪、尿的用具。

(3) 做好人畜和设备的安全工作 调节好透视照射野使其小于荧光屏的范围。检查者穿戴好防护的铅橡皮围裙与手套。做好人畜和设备的安全措施。

5.1.2.2 X 线透视检查的一般步骤

(1) 调节机器

①打开电源开关,并调节电源电压表指针指至 220V 或 "▼" 符号处。并适当预热机器。

②将透视摄影交换器拨向透视挡或相关符号处。

③调节透视电流为 2~5mA。

④根据被检动物的种类及被检部位的厚度调节电压，一般大动物为 65~85kV，小动物为 50~70kV。

(2) 调节好 X 线管与荧光屏间的距离　一般 50~100cm 为宜。

(3) X 线透视检查　将荧光屏紧贴于被检部位并与 X 线管中心线相垂直，脚踏脚闸，曝光时间 3~5s，间歇 2~3s，断续地进行，一般每次胸部透视约需 1min。透视时先适当开大光门，对被检部位作全面观察，注意器官形态及其运动状态，如有异常变化，缩小光门分区进行观察。发现可疑病变时，再缩小光门作重点深入观察，并放大光门复查一次。如认为需要配合摄影检查，则根据透视结果，确定摄影的部位和投照方法。

(4) 关闭电源　检查完毕后，立即关闭电源开关，把各调节器退回零位，断开电源墙闸。

(5) 诊断报告　根据检查结果，出具诊断报告。

5.1.3　X 线摄影检查

5.1.3.1　X 线摄影检查的器材设备识别

(1) X 线胶片　X 线胶片性质类似一般照相胶片，不同之处在于 X 线胶片的片基较厚，而且两面都涂有溴化银感光药膜。X 线胶片规格应与暗盒规格一致，以 27.9cm×35.6cm 最普遍，其感光速度有 3F、4F、5F 三种，F 值越大，感光速度越快。X 线胶片应避光保存在阴凉干燥处，并竖放以免受压。

(2) 增感屏　是两块面上涂有荧光物质药膜的纸板或塑料板，能大大缩短曝光时间，其尺寸规格也与暗盒相同。

(3) 暗盒　是装载 X 线胶片进行摄影的扁盒，盒面是铝板或塑料，而盒底用其他金属制成，外面设有弹簧扣或弹性固定板，以便固定盒底并使增感屏与胶片紧贴，防止影像模糊。

(4) 聚光筒　也称集光筒、遮光筒和遮线筒，为圆锥形或圆筒形的金属筒，是由铅或其他重金属或含铅的塑料制成，装在机头或管头的放射窗上，用以限制照射野范围的大小，提高照片的影像清晰度和分辨率，减少散射线的数量。

(5) 测厚尺　是木制或铝制卡尺，用以测量被检部位的厚度，作为确定摄影曝光条件的根据。

(6) 铅号码　包括铅制的数字、年、月、日、左、右、性别、畜种等，摄影时用以标记照片的日期和编号等。

5.1.3.2　X 线摄影条件的选择

(1) 摄影的技术条件

管电压（kV）：根据被检部的厚度选择管电压，厚者用较高的管电压，薄者用较低的管电压。通常先获得对一定厚度部位的最佳摄影管电压，然后以此为基准，按被检部位厚度变化调整管电压。当厚度增、减 1cm 时，管电压相应增、减 2kV。较厚密部位需用 80kV 以上时，厚径每增、减 1cm，管电压要增、减 3kV。需用 95kV 以上时，厚径每增、减 1cm，要增、减 4kV。当使用管电压可调范围很小或固定管电压的 X 线机时，则应用管电压（kV）与 X 线量（mAs）转换规律，调整 X 线量的值。

管电流（mA）：根据需要和 X 线机的性能选择，管电流越大，单位时间内 X 线输出量越大。

焦片距（cm）：在被检部位紧贴暗盒的情况下，焦片距越远，影像越清晰。但 X 线的强度也与距离的平方成反比，距离增加 1 倍，强度减弱到原来的 1/4。当焦片距增加时，为使胶片达到一定的感光量，必须延长曝光时间，从而增加了摄影时动物移动的机会。焦片距过近则使影像放大和清晰度下降。一般选择 75cm，胸部照片距离可延至 100~180cm。

曝光时间（s）：管电流通过 X 线管的时间，以秒（s）表示。常以毫安秒（mAs）计算 X 线的量，即管电流与曝光时间的乘积。例如：25mA×2s＝50mAs，也可变换为：50mA×1s＝50mAs 或 100mA×0.5S＝50mAs。它决定每张照片上的感光度。感光度过高、过低可造成照片过黑、过白。临床上应根据 X 线机实际性能，在保持一定的毫安秒情况下，宜尽量选择短的曝光时间，以减少因动物移动而致影像模糊不清。如拍摄活动的器官（如心脏、肺、胃、肠），要比相对静止的部位（如骨骼、关节），选择更短的曝光时间。

（2）摄影曝光条件表的制订　根据所用 X 线诊断机的性能和 X 线胶片、增感屏、滤线器的型号，制订一份摄影曝光条件表，专供本单位日常摄影使用。在拍摄某部位的照片时，可以方便地从表内挑选适宜的 X 线曝光条件。在套用其他的现成技术资料时，应按本单位实际情况适当调整条件参数。如按照不同的被检部位固定 X 线量（mAs）和焦片距，只变更管电压，即按照被检部厚度（cm）不同而改变管电压。对胸部或较薄的部位，厚度每增、减 1cm，管电压就相应增、减 2kV。

如制订一份中、小动物的胸部摄影曝光条件表，可先参考"厚度（cm）×2＋25＝管电压（kV）"的公式确定管电压，然后试以 6mAs 为基础进行不同的曝光试验，优选出最佳的 X 线量（mAs）。通常将一张胶片分成 4 等份，拍摄相同部位，每次投照时只暴露要照相的 1/4，而用铅板覆盖其他 3/4。第 1 份用 1/2 的基础 X 线量（mAs），第 2 份用基础 X 线量（mAs），第 3 份用加倍基础 X 线量（mAs），第 4 份用 4 倍基础 X 线量（mAs）。在相同的暗室条件下冲洗照片，然后通过对比试验选出其中最满意的一份，以其条件为标准。如果试验的结果全部不佳，则改变管电压或 X 线量（mAs）值再进行试验直到满意为止。一旦找出了最佳条件，即可以此为基准，按被检部厚度（cm）的变化制订一份技术条件表。

5.1.3.3　X 线摄影检查的一般步骤

（1）拍片

①按要求保定好动物，除去拟拍片部位的附着物。

②根据摄影检查部位的大小及器官，选定所需要 X 线胶片的大小，在暗室内安全灯下装入相应大小的 X 线暗盒内，并贴上标明摄影日期及方位（左或右）的铅字号码符号。

③根据拟摄影检查部位及器官，调整好管电压、管电流及时间。并将透视、摄影交换器拨向摄影挡。

④根据被检部位选定好距离。

⑤安放 X 线胶片暗盒，使暗盒的中心与被检部位中心一致，并紧贴于被检部位的体表。

⑥移动 X 线管，使其中心线对准被检部位和 X 线胶片中心。

⑦趁动物安静时进行曝光。

⑧摄影完毕立即关闭电源，把各调节器归回零位。将 X 线胶片送到暗室内进行冲洗。

（2）X 线胶片的冲洗

①显影。在暗室中从暗盒内取出胶片,将其固定于相应的洗片夹上,然后放入18~20℃显影液内,并轻轻摇动几次,以使药液与胶片接触均匀,并清除表面的气泡。然后盖好盖子,显影4~8min(通常5min)。

②洗影。显影后,将胶片从显影液内取出,放入清水内清洗0.5~1min,洗掉附着在胶片上的显影药液。

③定影。将洗影后的胶片放入18~20℃(最高不得超过25℃)定影液中,定影10~15min,最多不超过30min。

④漂洗。将定影后的X线胶片放置于流动的清水中,冲洗0.5~1h或更长时间,以除去胶片经定影后尚未感光的药膜部分。若无流动清水,则需延长漂洗时间。

⑤干燥。将漂洗后的胶片悬挂于晾片架上,置于通风处或电热干片箱内干燥后观察。

(3) 观察判断结果,出具报告 根据X线胶片显示结果进行判断、分析,出具报告。

5.1.4 造影检查

5.1.4.1 造影剂类型

(1) 气体造影剂 又称阴性造影剂或可透性造影剂,常用空气,主要用于关节造影、气腹造影、膀胱造影等。注意防止气体进入血管产生气栓。

(2) 阳性造影剂 又称不透性造影剂。常用的有钡剂(25%~40%硫酸钡)和碘剂(10%~12.5%碘化钠),主要用于消化道、泌尿道、脓腔和瘘管的检查。

5.1.4.2 造影检查方法

(1) 直接引入法 把造影剂通过动物体自然孔道、瘘管或体表穿刺等途径直接充盈到所检查器官的内腔或周围,形成对比。如胃肠道造影、支气管造影、关节腔充气造影和腹腔充气造影等。

(2) 生理排泄法 造影剂经口或静脉注入法,进入消化道或血液循环,有选择性地在器官积累、浓缩、排泄而形成对比,如口服碘酚酸进行胆囊造影。

5.1.4.3 临床主要造影检查

(1) 消化道造影 检查食道、胃、小肠、大肠等的病变。

①食道造影:一般情况下,可用100%硫酸钡混悬液作造影剂(小型犬每千克体重8~10mL,大型犬每千克体重3~5mL)。当疑似食道破裂时,应选用有机碘造影剂(每千克体重3~5mL,或用5~15mL加入硫酸钡制剂中使用)。首先将待检动物禁食、禁水12h以上,投服造影剂的同时或之后即行观察。

②胃肠造影:可选用以下方法。

阳性造影:40%硫酸钡制剂每千克体重25mL,灌服或胃管投服。

阴性造影:空气每千克体重6~12mL直接注入消化道内,或将酒石酸钾钠和碳酸氢钠(3:1)投入胃内使其在消化道产生气体。

混合造影:空气每千克体重6~12mL和硫酸钡制剂每千克体重3mL,注入胃内,对比观察。

检查前动物禁食、禁水12h以上,对胃的检查于造影当时及之后观察,对小肠检查于服钡剂后1~2h观察,对大肠检查应于服钡剂后6~12h观察。

③钡剂灌肠(结肠造影):主要用于回盲部及大肠检查。造影前应清洗肠道,排除蓄粪。

在透视情况下向直肠内灌注 25％硫酸钡制剂（每千克体重 5～10mL），然后进行观察。

（2）泌尿道造影：可作为膀胱肿瘤、可透性结石、前列腺炎、肾盂积水、输尿管阻塞、肾囊肿、肾肿瘤以及肾功能的检查。

①肾盂造影：造影前动物禁食 24h，禁水 12h，使胃肠空虚。仰卧保定，在腹下加用压迫带和气垫压迫输尿管，以免造影剂进入膀胱导致肾盂充盈不良。然后静脉注射经肾排泄的造影剂（50％泛影酸钠或 58％优罗维新 20～30mL，必要时可加倍），注射后 7～15min 拍摄腹背位的腹部 X 线胶片，并立即冲洗。如肾盂显像清晰，可解除压迫，使造影剂进入膀胱，再拍摄膀胱 X 线胶片。

②膀胱造影：按导尿方法插管将尿液排尽。向膀胱内注入造影剂（①阳性造影用 5％～10％有机碘制剂每千克体重 6～10mL；②混合造影用空气每千克体重 6～10mL 和 20％～30％有机碘制剂每千克体重 1～2mL）。膀胱插管困难时，可静脉注射造影剂，然后进行 X 线摄影。

5.1.5　动物骨骼与关节常见疾病 X 线检查

5.1.5.1　动物四肢骨骼与关节的投照方位与投照条件（表 5-1 和表 5-2）

表 5-1　大动物四肢骨和关节的投照方位与投照条件

骨关节名称	投照方位	X 线胶片规格/mm	曝光条件		
			管电流/mA	管电压/kV	距离/cm
蹄骨及第二指（趾）	正位（前蹄前后位，后蹄后前位）	127×178	55～65	8～10	70
	侧位（暗盒置内侧）		60～65	10	
系关节及第一指（趾）	正位（前后），侧位（外位）	127×178	60～65	10	70～75
腕关节	正位（暗盒置关节掌侧面），侧位（暗盒置于关节内侧面）	127×178	65～70	10～12	70～75
肘关节	正位（暗盒置于肘关节后方）	152×203	70～75	12～15	70～75
	侧位（内侧位或外侧位）	203×254			
肩关节	后前斜位或前后斜位	203×254	85～90	25～30	70
跗关节	正位、侧位、后前斜位或前后斜位	127×178	65～70	12～15	75
膝关节	正位（暗盒置于膝关节前方）	203×254	75～85	15～20	70
	侧位（暗盒置于膝关节内侧）	254×305	70～75	15～17	
鬐甲	侧位	203×254	65～70	10～15	75

注：动物四肢有石膏绷带时，要延长曝光时间。一般绷带未干时延长 4 倍，已经干时延长 2 倍。

表 5-2　小动物 X 线的投照方位与投照条件

骨关节名称	投照方位	曝光条件		
		管电流/mA	管电压/kV	距离/cm
头颅部	背腹位、腹背位、侧位	64	8	100
颈部	颈部背腹位	69	12	100
	颈部侧位	60		

(续)

骨关节名称	投照方位	曝光条件		
		管电流/mA	管电压/kV	距离/cm
肩胛骨	侧位、头尾位	55	8	100
臂骨	侧位、头尾位	55	8	100
肘关节	侧位、头尾位	60	8	100
腕关节	侧位、背掌位、斜位	52	5	100
掌骨和指（趾）骨	侧位、背掌位	50	5	100
股骨	侧位、头尾位	64	12	100
膝关节	侧位、头尾位	58	8	100
跗关节	侧位、背趾位	54	8	100
胸椎	腹背位	69～73	12	100
	侧位	60～70		
骨盆	腹背位、侧位	67	12	100

5.1.5.2 动物四肢正常骨骼与关节的 X 线摄影片

四肢管状长骨的解剖结构见图 5-1，正常管状长骨的骨膜不显影，与周围软组织共同呈现暗黑阴影。骨密质呈现均匀致密的白色阴影，在骨干中央部最厚，两端逐渐变薄、骨密质上有时可见条状的营养血管或点状营养血管孔的阴影。骨松质位于骨松质内面充满于长骨两端，呈现细致、整齐、网状结构的灰白阴影。骨小梁常按机械负重需要规则排列。骨髓腔位于两侧骨密质部中间，呈灰黑阴影。

正常关节解剖图见图 5-2，四肢正常关节间隙呈黑色阴影，组成单关节的两骨端呈现灰白色阴影；复关节各骨排列正常，轮廓清楚。关节囊和周围韧带及软组织不能区分，均呈灰暗阴影。

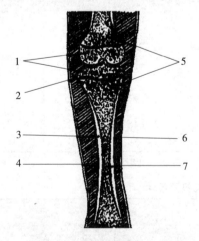

1. 骨骺 2. 骨骺线 3. 骨皮质 4. 软组织
5. 干骺端 6. 骨膜 7. 骨髓腔

图 5-1 管状长骨 X 线解剖图

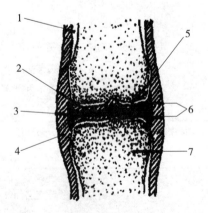

1. 骨皮质 2. 关节软骨 3. 关节腔 4. 软组织
5. 关节板 6. 关节间隙 7. 骨端

图 5-2 正常关节 X 线解剖图

5.1.5.3 骨骼病变的基本表现

（1）密度的改变

密度降低：在常规投照条件下，X线胶片上骨质的密度较正常降低，可以是局限性或多骨性改变。

骨质疏松：又称骨质稀疏，是指单位体积内骨质减少。X线表现为骨皮质变薄，骨髓腔增宽，骨小梁变细，数目减少，间隙变宽。老龄动物、高度营养不良或代谢障碍等原因所致的骨质疏松表现为广泛性的整个密度降低；由于炎症、外伤或废用等原因所致的骨质疏松则表现为局限性密度降低。

骨质软化：指骨样组织中钙盐沉着减少或脱钙，即每克骨中的含钙量减少，未钙化的骨样组织增多，为广泛性的改变。X线表现为骨质密度普遍降低，皮质变薄，骨小梁稀少，负重骨弯曲变形。多见于幼龄动物佝偻病和骨软病。

骨质破坏：在病理过程中，正常的骨组织被肉芽组织、囊肿或坏死组织等所代替，导致局部骨质溶解、吸收。X线表现为局部骨质密度降低，骨皮质及骨小梁消失，呈现局部骨质缺损区。

密度增高：骨质增生硬化，即在单位体积内骨质增多。X线表现为骨皮质增厚，轮廓粗大，盆腔狭窄，骨小梁增粗致密，失去网状结构，使整个密度增高。局限性或多发性，呈慢性经过，多见于慢性炎症、骨病修复期等。

死骨：有些骨病在破坏区内如有死骨形成，显现不规则的块状或条索状致密阴影，此阴影在周围坏死透明区对比下，显得死骨形状清楚且密度增高，称"骨枢"。多见于慢性骨髓炎及骨结核等。

骨质压缩：外伤性压缩性骨折或嵌入性骨折时，局部密度增高。

（2）骨轮廓、大小及位置的改变　轮廓粗糙，边缘不规则，见于骨膜增生及骨质增生，局部隆突为骨内占位性病变；内分泌障碍，神经营养或血流供给障碍引起骨骼缩小变形；外伤骨折、脱位引起骨骼外形改变。

（3）骨膜的改变　正常骨膜为极薄的结缔组织组成，X线胶片不能显示。当骨膜外伤或受病原刺激就会引起增生性改变。

平行形：平行于骨皮质呈线条样增生，单层或多层，称"葱皮样"改变，见于骨外伤的愈合期。

花边状：呈波形不规则起伏状，见于骨髓炎的愈合期。

纺锤形：骨膜围绕骨干呈梭形增厚，见于骨折的愈合期。

（4）软组织的改变　骨髓炎早期，周围软组织发生肿胀；骨结核时软组织有脓肿形成；外伤时软组织内可能有积气、异物或炎性坏死，软组织出血，可能有肌肉或筋腱的钙化现象。

5.1.5.4 关节病变的X线表现

（1）关节周围软组织肿胀　软组织肿大，密度增高、层次模糊不清，见于软组织挫伤及化脓性关节炎早期。

（2）关节内积液　渗出性炎症或化脓性关节炎常引起关节腔内积液，X线胶片表现为关节间隙增宽，密度增加。必要时应取对侧片进行对照观察。

（3）关节破坏　常见于化脓性关节炎，关节软骨明显破坏，随之破坏关节板及骨松质。

X线表现为关节面不光滑，粗糙不规则，甚至骨质缺损，关节间隙狭窄或消失，严重时则引起关节变形、半脱位或畸形。

（4）关节脱位　关节结构发生改变或破坏，常见于髋关节、膝关节及系关节。

（5）关节强直　为化脓性关节炎或慢性炎症的结果。如仅破坏部分关节软骨，在愈合后纤维组织增生，无骨小梁穿过其间，关节活动受限，为纤维性强直；如软骨及骨质均被破坏，在愈合过程中使两骨端融合，X线表现为关节间隙明显狭窄或完全消失，并有骨小梁通过其间，为骨性强直。

5.1.5.5 临床上常见骨骼与关节疾病的 X 线表现（表 5-3）

表 5-3　临床上常见骨关节疾病的 X 线摄影表现

骨关节疾病	X 线摄影表现
骨折	骨完整性破坏，呈现黑色均匀的骨折线，并可见破坏碎骨片由断端移位的影像
骨折愈合	骨折周围软组织肿胀消退，骨折线模糊或消失，骨小梁贯穿两断端
关节脱位	关节窝与关节头的正常解剖关系发生改变，组成关节的两骨端发生部分或全部移位
骨化性骨膜炎	骨皮质表面呈新生致密骨性阴影，常因钙化进行不均匀而呈岛状，最初与骨皮质结合不紧密；增生的新生骨较小者称骨疣或骨赘，呈针状或小结节状高度致密阴影；增生的新骨较大呈局限性结节状的称外生性骨瘤，多无结构
骨关节病	关节间隙狭窄，骨质硬化，其致密度增高；骨组织破坏，在相邻的两关节面上呈现虫蚀样骨质缺损的密度降低阴影，在关节相邻的两骨边缘发生唇样骨质增生
变形性关节炎	关节软骨破坏、关节愈着、关节边缘股质增生、附近韧带和骨膜骨化而形成骨赘等
佝偻病	普遍性骨质稀疏，密度降低，骨皮质变薄，骨小梁稀疏粗糙，甚至消失，重者持重骨弯曲变形，骨干干骺端膨大，呈杯口状凹陷变形
软骨病	全身性骨质密度降低及骨质疏松，骨皮质变薄，骨小梁稀疏粗糙，粗糙模糊或因脱钙形成囊性密度降低区。重者持重骨弯曲变形，骨盆及椎体变形，肋骨胸端膨大，下颌骨粗糙增厚等

5.1.6　胸肺疾病的 X 线诊断

5.1.6.1　动物胸部的投照方位与投照条件（表 5-4）

表 5-4　动物胸部 X 线摄影检查投照方位及投照条件

动物种别	投照方位	X 线胶片规格/mm	曝光条件		
			管电流/mA	管电压/kV	距离/cm
马、牛	肺野前下部	279×356 或 356×432	75～90	15～35	90～100
	肺野后上部	279×356 或 356×432	75～85	15～25	90～100
猪：小猪	直立背腹位	127×178 或 203×254	45～65	10	80～100
中猪	直立背腹位	203×254 或 254×305	55～75	10	80～100
大猪	直立背腹位	254×305 或 279×356	75～85	15	80～100
羊	直立侧位	279×356	较猪低	10	80～100
	直立背腹位	203×254 或 254×305	参考猪	10	80～100
犬	背腹位	283×354	60	10	100
	侧位	283×354	55	10	100

5.1.6.2 动物肺部病变的基本 X 线表现

(1) 渗出性病变　指肺的急性炎症,肺泡内气体被炎性渗出物代替。X 线表现为云雾状密度增加的阴影,密度均匀或不一致,大小不定,边缘模糊,界限不清,多个小片状阴影可融合成大片状阴影,称软性阴影。

(2) 增殖性病变　见于肺的慢性炎症,是肺组织内形成肉芽组织,特点为细胞和纤维组织大量增殖,呈局限性小结节,慢性肺结核的结节样变化最为典型,也见于慢性间质性肺炎。X 线表现为密度较高,边缘较清楚,呈斑点状或花瓣状的阴影,缺乏融合现象,病灶进展缓慢。与渗出性病灶比较,属于硬性阴影。

(3) 纤维性病变　是肺组织病变愈合修复的现象,肺组织被破坏后产生的局限性或弥漫性纤维结缔组织的阴影。此种病变多见于肺结核、肺脓肿和间质性肺炎等。X 线表现为粗细不一的条索状阴影或网状阴影,密度增高,边缘清晰,属于硬性阴影。条索状阴影无一定的走向,与肺纹理不同,有时呈聚集收缩现象。广泛性纤维性病变,常引起肺组织萎缩,导致附近器官向患侧移位,出现胸廓塌陷、肋间隙变窄等。

(4) 钙化　是慢性炎症愈合的另一种形式,多见于肺和淋巴结干酪样坏死病灶的愈合(干酪性肺炎、牛肺结核)。X 线表现为密度增高、边缘锐利的斑点状、斑块状或形状不规则的球形致密阴影。

(5) 空洞　当肺组织坏死液化后经支气管排出即形成空洞。洞壁由坏死组织和肉芽组织等形成。根据其病理发展过程分为 3 类。

多发性空洞:X 线下见到多个不规则的透亮区,周围有大量炎性实变阴影。见于坏疽性肺炎、肺结核或转移性肺脓肿。

厚壁空洞:空洞周围具有较厚的结缔组织及渗出阴影,空洞内壁光滑,外壁不规则。当坏死组织液化而引流不畅,使液体残留洞内时,空洞内则出现液平面,见于肺脓肿、慢性肺结核等。

薄壁空洞:空洞周围有薄层纤维组织围绕,因肺组织向四周的牵引形成圆形空洞。X 线表现为境界清晰、内壁光滑的圆形透亮区。周围很少有浸润性病变。在空洞底部有时见少量液体阴影,见于肺结核,常为多发性。

(6) 囊腔　与薄壁空洞形态相似,但壁更薄。由肺组织内的腔隙呈病理扩大引起,如肺大泡、局限性肺气肿、局限性气胸、气囊所致。X 线表现为一环状透亮区,洞壁更薄,周围无炎性渗出及实变阴影,洞内无液平面。

(7) 肿块　肿块性病变是肿瘤或囊肿代替了正常肺组织的表现。X 线表现为圆形或类圆形、中等密度的致密阴影,一般边缘清晰锐利,可单发或多发。见于牛、羊的肺棘球蚴病。

5.1.6.3 动物肺部常见疾病的 X 线表现（表 5-5）

表 5-5　动物肺部常见疾病的 X 线表现

胸肺疾病	X 线 表 现
支气管炎	急性支气管炎缺乏 X 线表现;慢性支气管炎可见肺纹理增粗、阴影变浓
小叶性肺炎	肺野内呈片状或斑点状、密度不均匀、形状不规则、边缘模糊的阴影,并按肺纹理分布,多见于肺野下部;如果病灶融合,可见较大片云雾状阴影,密度不均匀

(续)

胸肺疾病	X 线 表 现
大叶性肺炎	充血、渗出期缺乏 X 线表现，在肝变期于肺野中下部呈现大片均匀、致密，其上界呈弧形向上隆凸的灰暗阴影；在溶解吸收期，原大片实变阴影逐渐缩小，稀疏变淡，呈不规则斑片或斑点状阴影，随病情的好转，病变阴影继续缩小到消失；非典型性大叶性肺炎时，其病变常发生于肺野的背侧及肺膈叶的后上部
肺坏疽	多见于肺野下部呈现类似蜂窝状的弥漫性渗出性阴影
猪喘气病	背腹位检查时，在肺野中央区域的两膈脚及心脏外周，呈现云雾状渗出性阴影密度不均匀，边缘模糊，致使心形被遮蔽而消失
肺棘球蚴病	肺野内呈现圆形或椭圆形致密阴影，密度均匀，边缘明显，周围无炎性反应，其位置、大小、数量不等
肺脓肿	前期脓汁未排除时，呈现较浓密的局灶性肺实变阴影，密度均匀，但边缘较淡而模糊，中心区密度较深；后期脓汁排出形成空洞时，呈现透明的空洞阴影
肺气肿	肺透明度增高，膈肌运动减弱并向后移，肋间增宽
心包炎和心包积液	心影外缘弧度消失，其后界与膈肌接近或接触
胸腔积液	胸腔有少量积液时，站立侧位检查，可见心膈角钝化消失、密度增高；多量积液时，肺野下部呈现广泛而密度均匀的阴影；当改变体位时，液面随之改变
异物性肺炎	初期，吸入异物沿支气管扩散，在肺门区呈现沿肺纹理分布的小叶性渗出性阴影，随病情的发展，病变发生融合，在肺野下部出现小片状模糊阴影，呈团块状或弥漫性阴影，密度不均匀。当肺组织腐败分解、液化的肺组织被排出后，呈现大小不一、无一定形状的空洞阴影，呈蜂窝状阴影，较大的空洞也能呈现环带状空壁
肺结核	急性粟粒性肺结核：整个肺野有均匀分布、大小相等的点状或颗粒状边缘较清楚的致密阴影，有些病例可见到小病灶融合成较大的点状阴影 结核性肺炎：此型病情较重，多为大片状渗出性的阴影，与融合性支气管肺炎相似，但在渗出阴影中有较致密的结节样病变为其特点。有时在大片状模糊阴影之间出现密度降低区或较明显的空洞形成。此型常可并发结核性胸膜炎 肺硬变：为慢性增殖性经过。表现为范围不等，密度较高，边缘较清楚的致密阴影。有时在病变区出现单发或多发的空洞透明区，并有点状或斑片状钙化灶混杂其间

技能5.2　B型超声检查

5.2.1　B型超声诊断仪的基本构造识别

5.2.1.1　探头　是用来发射和接收超声，进行电声信号转换的部件，与超声诊断仪的灵敏度、分辨力等密切相关。根据探查部位和用途不同，探头可分为体壁用、腔内用（直肠内、阴道内、腹腔内、血管内）和穿刺用探头。根据超声扫描方式，探头可分为线阵扫描和扇形扫描两类，前者因探头接触面小，更适合小动物的探查。常用的超声频率为3.5MHz探头和5.0MHz探头。探头频率高则分辨率好，但探查深度浅；频率低则探查深，但分辨率差。从体壁进行探查，一般用2.25MHz、3.5MHz或5.0MHz探头。小动物一般用5.0MHz探头或7.5 MHz探头。

5.2.1.2　主机　主要为电路系统，由主控电路、高频发射电路、高频信号放大电路、视频信号放大器和扫描发生器等组成。在主机面板上，可供选择输出强度、增益、延时、深度、冻结等技术参数。

5.2.1.3 显示与记录系统 超声回声信号通过显示器显示出图像，也可由记录器记录并以存储、打印、录像或拍照等方式保存，还可根据需要时图像进行测量和编辑。

5.2.2 动物组织器官的声学特征与声像图术语

5.2.2.1 动物组织器官的声学特征

（1）不同组织结构的反射规律　超声在动物体内传播时，具有反射、折射、绕射、干涉、速度、声压、吸收等物理特性。由于动物体的各种器官组织（液性、实质性、含气性）对超声的吸收（衰减）、声阻抗、反射界面的状态以及血流速度和脉管搏动振幅的不同，因而超声在其中传播时就会产生不同的反射规律（表 5-6）。分析、研究反射规律的变化特点是超声影像诊断的重要理论基础。

表 5-6　不同组织结构的反射规律

组织器官	超声波反射规律
实质性组织	由于其内部存在多个声学界面，故示波屏上出现多个高低不等的反射波或实质性暗区
液性组织	由于它们为均质介质，超声经过时不呈现反射，示波屏上显示出"平段"或液性暗区
含气性组织	超声几乎不能穿过，故在示波屏上，出现强烈的饱和回波（递次衰减）或逐次衰减变化光团

（2）脏器运动的变化规律　由于心脏、动脉、横膈和胎心等运动器官与超声发射源的距离不断地变化，其反射信号则有规律地位移，因而可在示波屏上显示；又由于其反射信号在频率上出现频移，又可用多普勒诊断仪监听或显示。

（3）脏器功能的变化规律　利用动物体内各种脏器生理功能的变化规律及对比探测的方法，判定其功能状态。如排尿前、后测定膀胱内的尿量，以判定有无尿液潴留等。

（4）吸收衰减规律　动物体内各种生理和病理的实质性组织对超声的吸收系数不同。肿大的病变会增加声路的长度，充血、纤维化的病变增加了反射界面，从而使超声能量分散和吸收，由此出现了病变组织与正常组织间对超声吸收程度的差异。利用这一规律可判断病变组织的性质和范围。组织对超声的吸收衰减一般是癌性组织＞脂肪组织＞正常组织。因此，在正常灵敏度时，病变的组织可出现波的衰减，癌性组织可显示为衰减暗区。

超声诊断就是依据上述反射规律的改变原理，用来检查各种脏器和组织中有无占位病变、器质性的或某些功能性的病理过程。

5.2.2.2 声像图术语（表 5-7）

表 5-7　声像图术语

声像图术语	解　释
回声	振源发射的声波经物体表面或媒质界面反射回到接收点的声波
管腔回声	由脉管系统的管壁及其中流动的液体所组成的回声，又称管状回声
气体回声	由肠腔、肺、气胸、皮下气肿、腐败气肿和胎儿等含气组织与器官反射的回声
囊肿回声	囊肿壁呈清晰强回声，囊肿后方回声增强（蝌蚪尾症），囊肿内无回声，囊肿侧壁形成侧后声影
光环	声像图上呈圆形或类似圆环形的回声亮环

(续)

声像图术语	解　　释
光团	声像图大于1cm的实质性占位所形成的球形亮区
光点	声像图上小于1cm的亮区。小于0.5cm的为小光点，小于0.1cm的为细小光点
光斑	声像图上大于0.5cm的不规则的片状明亮部分，见于炎症及融合的肿瘤组织
暗区	声像图中范围超过1cm的无回声或低回声的区域，可分实质性暗区和液体性暗区
无回声暗区	声像图中无光点，明显灰黑，加大增益后也无相应反射增强的暗区，通常为液体
胚斑	在子宫的无回声暗区（胎水）内出现的光点或光团，为妊娠早期的胎反射
声影	出现在强回声后的无回声阴影区域
声尾	称蝌蚪尾征，指液性暗区下方的强回声

5.2.3　B型超声检查探测方法

5.2.3.1　滑行探测　在皮肤上涂耦合剂，使探头接触皮肤的同时进行移动，以观察器官或肿块的切面结构状态。

5.2.3.2　加压探测　常用于腹部检查，为排除肠腔气体对诊断影响的探测方法。手握探头，边探测边向下压迫，以驱散肠腔内气体，达到发现被测器官或包块的声像图。如对早孕子宫的探测。

5.2.3.3　扇形探测　使探头于一点作各种方向的扇面形摆动。用于较小器官与包块的探测。

5.2.3.4　混合探测　是上述三种手法的同时结合运用。这一检查方法有利于发现病变的全貌。

5.2.3.5　对比探测　用于对称性器官（如肾）的检查，以病、健比较对照。

5.2.4　B型超声检查的操作步骤

5.2.4.1　开机　将探头插入主机插座上，并将其锁定。在需要接地线的情况下，将接地端与地线可靠连接。用电源线将主机接入220V交流电，启动电源开关。

5.2.4.2　动物准备　将动物保定，剪（剃）毛，在诊断部位涂适量超声耦合剂，使探头端面和诊断部位皮肤紧密接触，但不得用力挤压，以免会损坏探头。

5.2.4.3　扫查　适当移动探头位置和调整探头方向，在观察图像过程中寻找和确定最佳探测位置和角度，此时屏幕显示为被测部位的截面声像图。进行"近场、远场增益""亮度""对比度"调节，当得到满意的声像图时，立即"冻结"使声像图定格，以便对探测到的图像进行观察和诊断。

5.2.4.4　记录　图像存储、编辑、打印。

5.2.4.5　关机　检查结束后关机并切断电源。

5.2.5　生殖器官的探查

5.2.5.1　生殖器官声像图特点

（1）犬子宫　B超通常探查不到正常无腔子宫，用7.5MHz高频探头，可能看到呈卵圆形弱回声团块的子宫颈、呈管状结构的子宫角，位于膀胱和直肠之间，通常与圆形的肠管难以区别。充满尿液的膀胱可作为探查子宫时的声窗和解剖标界。发情前期和发情期子宫开始增加弱回声，伴有中心区强回声，产后3d内子宫直径变化快。妊娠后，子宫中出现孕囊，呈圆形暗区。

(2) 犬胎盘　为环状胎盘，位于胎囊中部，在子宫壁一侧可观察到胎盘层和胎盘带，为均质弱回声。

(3) 犬卵巢　外形似桑葚状，位于第三腰椎或第四腰椎下方，肾之后1～4cm处，经产犬位置更向后向下，体积为（1.5～3.0）cm×（0.7～1.5）cm×（0.5～0.75）cm。发情时，成熟卵泡数为3～15个，卵泡直径4～5mm，黄体直径2～5mm。在发情后2～3d能探查到卵泡，为多个呈圆形的无回声区。

(4) 犬睾丸　正常时，睾丸实质为粗介质回声结构，睾丸纵隔呈均匀的2mm宽的线状强回声结构，在睾丸中心的长轴位置。附睾声像图是变化的，附睾尾从均匀的无回声到弱回声结构。

5.2.5.2　诊断早孕

(1) 犬　于妊娠25～34d、35～44d、47～56d用3.0MHz线阵探头测量母犬孕囊直径，分别平均为23～30mm、25～49mm、46～89mm。在子宫壁一侧观察到犬的胎盘为均质弱回声结构。选用7.5MHz扇扫探头，当深度超过3cm时用5.0MHz线阵探头，最早在配种后20d可在子宫内探到直径20mm的绒毛膜腔（暗区），即孕囊（GS）。孕囊周围子宫壁的回声比子宫角强。23～35d可观察到子宫壁上呈椭圆形结构的胚体，大小约为3.0mm×2.0mm。配种后30d前，唯一能观察到的是胎心搏动。在23～25d即可根据检测到孕囊、胚胎结构和胎心搏动确定妊娠。妊娠34～37d可分辨胎头与胎体，适合测量胎儿大小和诊断死胎（图5-3）。

(2) 猫　用7.5MHz扇扫探头从腹壁开始探查，最早在配种后4～14d观察到子宫增大；11～14d观察到妊娠囊，15～17d观察到胚极在孕囊中为一点的亮点，16～18d观察到胎心搏动。最早可在配种后11～14d根据探查到孕囊而诊断妊娠（图5-4）。

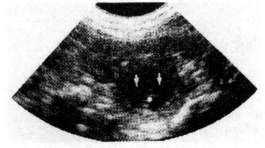

图5-3　犬妊娠早期孕囊横切面声像（箭头所指为卵黄囊膜，表示胚胎反射，实时扫描可见其闪烁，为胎心搏动）

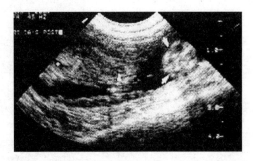

图5-4　猫妊娠早期纵切面声像（白箭头所指为早期钙化而带中等声影的胎头反射）

5.2.5.3　诊断繁殖疾病

(1) 胚胎吸收和流产　声像图特征为子宫内暗区缩小（表示胎水容量减少和变化），子宫壁变厚、孕体萎陷、胚胎心搏消失，进而胚胎消失。胚胎吸收后，子宫呈现适度的低回声，如同产后子宫一样。

（2）气肿胎　腹部触诊可明显触及胎儿，但B超探查不见胎儿形态，完全被气肿的强反射所阻挡。

（3）子宫积液　腹部横向扫描时，腹腔后部或中部出现充满液体、大小不等的圆形或管状或不规则形结构；腔内呈无回声暗区，或呈雪花样回声图像，内无胎体反射；子宫壁很薄，反射不强。

（4）子宫蓄脓　膀胱与直肠间有一囊状或管状弱回声区，边界为次强回声带，轮廓不甚清楚。

（5）睾丸疾病　可检出睾丸肿瘤，但还不易区分肿瘤的细胞类型。还可诊断出非肿瘤性的血管损伤、睾丸萎缩、阴囊水肿、阴囊疝和隐睾。

5.2.6　腹部脏器的探查

5.2.6.1　腹腔脏器正常声像图（表5-8）。

表5-8　几种动物腹腔脏器B超扫描部位及回声特点

脏器	项目	牛	山羊	犬
肝和胆囊	体位	立位	立位	立、横卧、仰卧、犬坐位
	扫描部位	右侧8~12肋间肩端线位下	右侧8~10肋间肩端线位下	左、右侧9~12肋间肋骨弓下
	回声图特点	肝正常声像图边缘平滑，实质呈均匀点状（粗质）回声结构。在同样条件下，回声强度比肾稍强，比脾稍低。在前腹部后腔静脉的腹侧可见到呈强回声门静脉管壁。胆囊壁很薄，难于观察到，内容为无回声暗区，其大小与充盈度有关。横切时呈圆形，矢状切时呈卵圆形		
脾	体位	立位	立位	立、横卧、仰卧、犬坐位
	扫描部位	左侧11~12肋间上缘	左侧8~12肋间上缘	左侧最后肋间及肷部
	回声图特点	外形平滑，边界清晰，实质回声较肝强，呈均匀的细质状回声结构		
肾	体位	立位	立位	立、横卧、仰卧、犬坐位
	扫描部位	右肾：右12肋间上部及肷部上前方 左肾：右侧肷部上后方或中央部	右肾：右12肋间上部及肷部上前方 左肾：右侧肷部上后方或中央部	左、右12肋间上部及最后肋骨后缘
	回声图特点	外周为一强回声光环，皮质呈弱回声区，髓质呈多个无回声或稍显弱回声区。肾中央或偏中央区为肾盂和肾盂周围的脂肪囊，呈放射状排列的强回声结构，正常情况下肾盂部分蓄有尿液，会出现暗区		
膀胱	回声图特点	膀胱充盈尿液时声像图很容易识别，如无尿，可用导管注入生理盐水后再探查。膀胱壁回声较强，其内的尿液为无回声暗区。膀胱远壁回声增强。尿液充盈时，膀胱内壁光滑、薄，排尿后壁较厚。正常膀胱横切时呈圆形，矢状切时呈梨形，细锥形处朝向膀胱颈		

5.2.6.2　肝疾病声像图

（1）回声强度增加　肝实质弥漫性回声增强，提示有继发性严重肝硬化或脂肪肝；肝硬化伴有腹水时，呈现无回声暗区。

(2) 弥漫性回声强度降低　犬肝回声强度普遍降低主要见于肝淋巴腺瘤；肝硬化时肝体积缩小；脂肪肝和患淋巴肉瘤时，肝体积增大或正常。

(3) 局灶性无回声　肝囊肿声像图形态是囊肿内无回声，边界和远壁界限清晰，周边有反射和折射带；有的囊肿可伴有间隔，内有条索状和不同程度的回声增强；肝囊肿一般都单发，不影响肝大小。还可见于血肿、脓肿、肝坏死以及原发性或转移性肿瘤疾病。

(4) 局灶性弱回声　见于血肿或脓肿的某一阶段、原发性或转移性肿瘤的实质性肿块；不同类型的原发性或转移性肿瘤，可显现弱回声，也可显现混合性回声；弱回声图像是非特异性的，要结合其他诊断综合分析、确诊。

(5) 强回声　病变见于致密纤维组织或钙化、气体、血肿和脓肿形成的早期，并伴有不同程度的声影；局灶性纤维化或钙化，可继发于以前的创伤或炎症疾病。

(6) 混合性回声　可见于血肿、脓肿、坏死或不同类型的肿瘤。这些病变主要是伴有液体成分的固体病变或大量液体伴有固体成分，也可能是液体和固体成分均等；液体因其稠度不同可表现为无回声或弱回声；在肿块与不同类型的条索状物聚积和坏死，可产生混合性回声；某些肿瘤过程产生强回声的中心，环绕一个透声的环状靶病变。

5.2.6.3　胆囊和胆道声像图

(1) 胆汁阻塞　胆管完全阻塞时，声像图是胆囊迅速扩张和伴随有胆管增大。扩张的肝内胆管以其不规则分支和弯曲的状态与门静脉相区分。

(2) 胆石症和胆总管石症　结石呈强回声结构，当有足够大小和密度时，出现强的声影。改变动物姿势时，结石和沉积物在胆囊内可发生位移，能和沉积物相区分。胆总管结石除伴有阻塞外，由于缺乏无回声的胆汁环绕，且肠气妨碍观察，故难以与沉积物相鉴别。

(3) 胆囊壁增厚　犬的胆囊壁正常时观察不到。在疾病的急性期，由于胆囊水肿，胆囊壁增厚，可观察到内外壁形成一个"双环"的声像图征象。在慢性胆囊炎时，由于慢性炎症和瘢痕组织导致不可逆的胆囊壁增厚，呈不规则的、厚的回声增强。

5.2.6.4　脾疾病声像图

(1) 回声降低而无实质异常　败血症或毒血症均会引起脾急性充血和整个脾增大。被动性充血可由麻醉、慢性肝疾病或右心衰竭所致。脾扭转、脾静脉栓塞、淋巴腺瘤和白血病也可使脾脏肿大，在大多数情况下，呈现脾回声正常或低回声结构。

(2) 局灶性回声异常　局灶性回声异常时，常伴有脾增大征象。类似肝探查，可以诊断脾囊肿、血肿、脓肿、肿瘤以及坏死和梗死。脾淋巴腺瘤也可出现局灶性低回声结构。犬脾感染时，开始为弱回声或混合回声，随后由于瘢痕组织的形成而发展为强回声的楔性病变。

(3) 脾破裂　继发于创伤或在病理情况下所致脾破裂时，可呈现脾血肿或游离性腹水。

(4) 脾血肿　显示不规则、大的无回声和弱回声脾团块，跟随探查，团块进行性溶解消散，血肿吸收。

5.2.6.5　肾疾病声像图

(1) 肾结石　结石处形成极强回声，结石后方伴有声影。B超探查可检出直径大于0.5cm的肾结石，还能查出X线摄影不能显示结石密度的肾结石病，肾实质回声强度增加并有声影存在，肾结石病就易诊断，如仅为肾实质回声增强而无声影就不能做出肾结石病的诊断，因肾纤维化也会增加肾实质回声强度。

（2）肾盂积水　肾实质内出现大的无回声区，是由尿液使肾盂扩张所致。肾皮质的多少随肾盂积水程度而定。肾盂积水轻微，无回声区可把肾盂的回声隔开。在声像图上偶尔可看到肾阻塞的部位。

（3）肾实质疾病　任何慢性、进行性和不可逆性的肾实质疾病，最终的结局都是肾实质纤维化和瘢痕组织形成。B超不能明显区分肾实质疾病，但可相应提示疾病的严重程度。不可逆性肾疾病时，皮质回声强度增加，均质性消失，皮髓质结合处明显丧失。肾体积比正常小，边界不明显、不规则。

（4）肾囊肿　囊肿内无回声，囊肿壁界限清楚，囊的深部呈强回声结构。肾囊肿有单个或多个，进行性多囊肾病有多个间隔囊区，伴有肾边缘不规则或没有明显的界线。

（5）肾肿瘤　犬有血管肉瘤、肾母细胞瘤、组织细胞淋巴瘤、软骨肉瘤和肾腺癌，它们的声像图有很大差异，最常见的是混合型回声结构。肿瘤发生钙化或纤维化时呈强回声结构；肿瘤内发生坏死、出血和液化时呈无回声结构和弱回声结构，偶见肿瘤呈均质弱回声结构。除淋巴腺瘤呈弱回声结构外，根据回声结构不能确定肿瘤细胞的类型，也不能鉴别肿瘤是原发性的还是转移性的。

5.2.6.6　膀胱疾病声像图

（1）膀胱结石　通过超声扫查能确定肿块的性质（是矿物质还是软组织），并判定结石的大小、数目、部位和膀胱壁有无增厚。

结石声像图特征，一是膀胱内无回声区域中有致密的强回声光点或光团，其强回声的大小和形状视结石大小和形状而定；二是强回声的光团或光点后方伴有声影，膀胱壁增厚。

（2）膀胱炎　膀胱壁增厚、轮廓不规则，黏膜下层为低回声带。

（3）膀胱肿瘤　声像图可见膀胱无回声区内有自膀胱壁向腔内突入的肿瘤团块状回声结构，呈强光团，边缘清晰，后方不伴有声影。

技能 5.3　心电图检查

5.3.1　心电图检查操作方法

5.3.1.1　调试心电图机

（1）将导联选择开关旋钮旋至零位，衰减拨动置于"1"位，琴键式开关置"准备"位置。接好地线，连接电源后再检查一次各导线的连接情况，然后接通电源，预热2~5min。

（2）校正标准电压，使标准电压1mV相当于描记笔上下摆动10mm（10小格）。

（3）根据QRS波群大小设置灵敏度，QRS波群过大时0.5cm相当于1mV，过小时2cm相当于1mV。

（4）根据动物的心率快慢，调整走纸速度为25mm/s或50mm/s，并将零电位线调到心电图纸的中央。

5.3.1.2　动物准备

（1）犬右侧位卧于绝缘毯上，双前肢相互平行并垂直于躯干（图5-5）。

（2）摆位后对其进行温和保定以减小运动干扰，在动物放松且安静的状态下，能够检测到较理想的心电图。

（3）当犬喘息严重时轻闭其口部，颤抖严重时用手抚触动物胸壁均有利于减轻干扰。

5.3.1.3 选择导联 在描记心电图时，电极在动物体表放置的部位不同，以及电极与心电图机连接方式的不同，会导致描记出来的心电图在波形、波向、电压上也会出现差异，为了便于比较和分析，有必要对电极在动物体表的放置部位以及与心电图机正负极的连接方法做出统一规定，

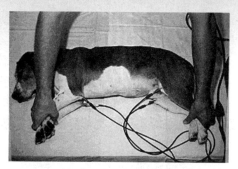

图 5-5 犬右侧位卧于绝缘毯上

这些人们所规定的电极放置部位及其与心电图机正负极连接的方法，被称为导联。

5.3.1.4 安置电极 连接肢导线，并将肢导线的总插头连于心电图机上。连接肢导线时，一般按如下规定连接：红色导线，连接右前肢电极；黄色导线，连接左前肢电极；绿色导线，连接左后肢电极；黑色导线，连接右后肢电极；白色导线，连接胸前电极。

5.3.1.5 湿润电极 在使用鳄鱼夹或电极片时，应使用心电图胶或酒精润湿以增强传导，但尽量不要使其流至或触碰另一电极。

5.3.1.6 打印结果 当基线平稳、无干扰时即可打印结果。若遇基线不稳或干扰，应注意检查动物是否有骚动，电极与皮肤接触是否良好，电极的接线是否牢固，导联线及地线的连接是否牢固，以及周围是否有交流电器等。

5.3.1.7 关闭机器，判读结果

5.3.2 心电图的组成与测量方法

动物正常心电图由心房激动波和心室激动波组成，心房激动波以 P 波表示，心室激动波由心室肌去极化产生的 QRS 综合波和复极化产生的 T 波组成（图 5-6）。

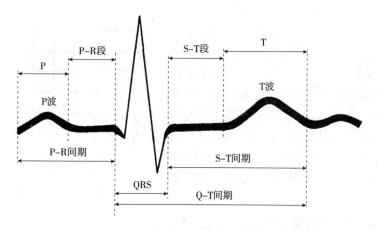

图 5-6 心电图各波、间期和段的名称

5.3.2.1 心电图各波、间期名称

P 波：代表左、右心房激动时电位变化，也称心房除极波。P 波持续的时间（P 波时限）表示兴奋在两个心房内传导的时间。P 波是一个圆顶状的小波。

P-R 段：代表心房肌除极化结束到心室肌开始除极化的时间，即激动从心房传到心室的时间。

P-Q 间期：也称 P-R 间期，其时限代表激动从窦房结传到房室结、房室束、蒲肯野氏纤维，引起心室肌除极化的时间，相当于 P 波时限与 P-R 段时限之和。

QRS 综合波：又称 QRS 波群、心室除极波，代表心室肌除极化过程的电位变化。这一波群由几个部分组成，每部分的命名一般采用下列规定（图 5-7）：

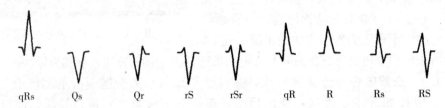

图 5-7 QRS 综合波的不同波形

Q 波-第一个负向波，它前面无正向波；R 波-第一个正向波，它前面可有可无负向波；S 波-R 波后的负向波；R′波-S 波后的正向波；S′波-R′波后由出现的负向波；QS 波-波群仅有的负向波；R 波粗钝（切迹）-R 波上出现负向的小波或错折，但未达到等电线。

QRS 综合波的波形极其多样化，而且在动物的正常心电图上常常不一定全部具有 Q 波、R 波和 S 波 3 种波。

S-T 段：相当于心肌细胞动作电位的 2 期，此时全部心室肌都处于除极化状态，各部分之间没有电位差，呈现一段等电位线。

T 波：代表左、右心室肌复极化过程的电位变化，相当于心肌细胞动作电位的 3 期。T 波一般呈尖顶状或钝圆形，上升支与下降支通常不对称。

Q-T 间期：是指从 QRS 综合波起点到 T 波终点之间的距离，其时限代表心室肌除极化和复极化过程的全部时间。Q-T 间期时限的长短与心率有关，心率越快，时限越短。

5.3.2.2 心电图记录纸 心电图记录纸有粗细 2 种横线和纵线，横线代表时间，纵线代表电压。细线的间距为 1mm，粗线的间距为 5mm，纵横交错组成许多大小方格（图 5-8）。一般情况下，记录纸的走纸速度为 25mm/s，故横轴每一小格代表 0.04s，每一大格代表 0.20s；采用标准电压时，输入 1mV 电压，描笔上下摆动 10mm（10 小格），故此时纵轴每一小格代表 0.1mV。实际中，若输入 1mV 标准电压，描笔摆动 8mm，则此时纵轴上一小格代表 0.125mV。

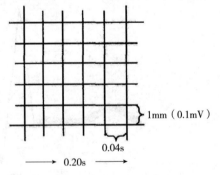

图 5-8 心电图记录纸上横格和竖格的意义

5.3.2.3 心电图的测量方法

（1）心率测定 在某些带电脑的心电图机描记的心电图上一般可直接打印出心率的数值，无需人工测定。若心电图机无此功能，则常用以下方法进行测定和计算。

①测量 R-R 间期或 P-P 间期时限（s），按以下公式计算心率：

心率（次/min）= 60 / R-R（或 P-P）间期时限

若动物有心律失常，则应多测量几个 R-R 间期时限，取其平均数。若有房室脱节，则用 P-P 间期时限计算房率，R-R 间期时限计算室率。

②在一条连续描记的心电图纸上数出 3s 或 6s 内的 R 波或 P 波个数，起点的 R 波不计入在内，乘以 20 或 10，即得出心率数值。

(2) 心电图各波振幅和时限的测量

①振幅的测量：测量心电图时，首先应检查标准电压曲线是否合乎标准，确定每一小格代表多大电压，以免影响心电图的判断。在 T-P 段，整个心脏无心电活动，电位相当于 0，故此段可作为等位线。测量正向波的振幅，应从等位线的上缘量至波峰；测量负向波时应从等位线的下缘量至波谷（图 5-9）。

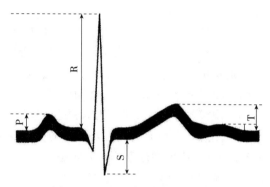

图 5-9 心电图波形振幅测量方法

②时限的测量：应选择波形清晰的导联，从波形起点内缘量至波形终点内缘的距离，在走纸速度为 25mm/s 时，将所测小格数乘以 0.04，即为该波的时限数值（s）。

(3) 间期时限的测量（图 5-10）

①P-Q 间期时限的测量：应选择 P 波宽大、显著且具有明显 Q 波的导联进行测量，一般以测量 A-B 导联或单极胸导联比较适宜。

②Q-T 间期时限的测量：应选择具有明显 Q 波和 T 波比较清楚的导联进行测量。当动物心率过快时，应选择 T 波电压较高的导联。

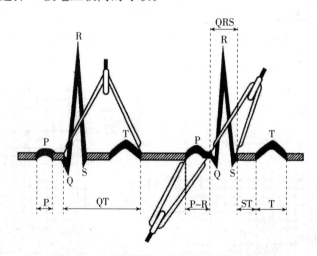

图 5-10 心电图各波和间期时限的测量方法

5.3.3 心电图的分析与报告

5.3.3.1 心电图的分析步骤

在分析心电图时，应准备一个双脚规和一个放大镜。观察微细的波形变化并准确地测定各波的时间、电压和间期等，通常可按下列步骤依次测量观察。

(1) 将各导联心电图剪好，按Ⅰ、Ⅱ、Ⅲ、aVR、aVL、aVF、V_1、V_2……的顺序贴好，注意各导联的P波要上下对齐。检查心电图导联的标志是否准确，导联有无错误，定标电压是否准确，有无干扰波。

(2) 找出P波，确定心律，判断心律是否规律，观察有无额外节律如期前收缩等。注意aVR和aVF导联，窦性心律时，aVR为阴性P波，aVF为阳性P波。

(3) 计算心率。测量P-P或R-R间距以计算心率，一般要测5个以上间距求平均数(s)，如有心房纤颤等心律失常时，应连续测量10个P-P间距，取其平均值以计算心室搏动率。判定是正常心率、心动过速，还是心动过缓。

(4) 测量P-R间期、Q-T间期等。

(5) 观察各导联中P波、QRS波的形态、时间及电压，注意各波之间的关系和比例。

(6) 注意S-T段有无移位，移位的程度及形态。T波的形态及电压。

5.3.3.2 心电图建立诊断的方法

(1) 猫和犬正常心电图（图5-11）

P波：Ⅰ导联上绝大多数呈正向或波向不定，Ⅱ导联、Ⅲ导联、aVF导联、A-B导联上均为正向波，aVR导联为负向波，aVL导联上波向不定。P波电压在CR6U导联为0.35mV，CR6L导联为0.334mV，Ⅱ导联为0.242mV。在Ⅱ导联上P波时限为0.03~0.05s。

QRS综合波：Ⅰ导联、Ⅱ导联、Ⅲ导联和aVF导联上绝大多数呈qRs或qR型，aVR导联和aVL导联上绝大多数呈rSr′型或rS型，A-B导联上均呈rS型或QS型。在Ⅱ导联上QRS综合波时限为0.055s。Q波电压在Ⅱ导联为0.682mV，Ⅰ导联为0.522mV，CR6U导联为0.57mV，CR6L导联为0.406mV；R波电压在CR6L导联上为4.766mV，CR6U导联为4.246mV，在Ⅱ导联为2.406mV，aVF导联为1.35mV。

T波：肢导联上T波波向变化甚大，A-B导联上均为负向波。在Ⅱ导联上T波时限为0.095s。

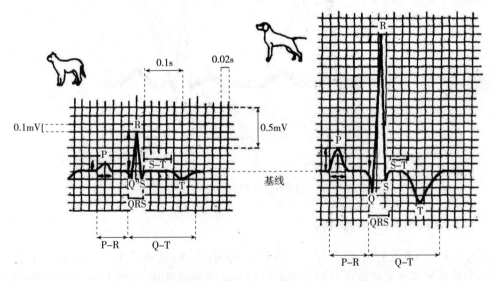

图5-11　猫和犬的正常心电图

P-Q 间期：P-Q 间期的时限为 0.118s（0.10～0.14s）。

Q-T 间期：Q-T 间期的时限为 0.210s（0.16～0.24s）。

（2）心电图建立诊断的方法　一般可按上列的分析内容或心电图报告单的项目逐项填写。在心电图诊断栏内要写明心律类别、心电图是否正常等。在进行心电图诊断时，必须结合临床检查和血液检查等结果综合分析。由于在治疗时某些药物会对心血管系统产生影响，故应了解临床用药情况以免影响分析。

判断心电图是否正常，可分为如下三种情况：①心电图的波形、间期等均在正常范围内，可定为正常心电图。②若个别导联中有 S-T 段轻微下降，或个别的期前收缩等，而无其他明显改变的，可定为大致正常心电图。③若多数导联的心电图发生改变，能综合判定为某种心电图诊断，或形成某种特异心律的，都属于不正常心电图。

技能 5.4　内窥镜检查

5.4.1　内窥镜结构识别

各种内窥镜的形状、结构虽不相同，但一般均由粗细、长短、形状不一的金属或塑料导管制成。其前端附有照明装置，管内有折射用的反光镜及电线，通过电线将尖端照明装置与外面的电源相连接。有的如腹腔镜、胃镜还附有采取组织标本的刮削或切除系统，或附有摄影装置。

5.4.1.1　硬质套管窥镜　指从体外导入腹腔的窥镜，规格多种多样，可根据需要选购。一般常用的为直径 5～10mm 的硬质导管窥镜，长 30～60cm，可以屈曲。较长的窥镜优点是在腹腔内伸展范围大，检查的器官多，但不足是操作较为复杂。多数窥镜的视角为 0°和 30°。一般窥镜都有两个通道，一个为光学凹透镜，另一个与光源连接，显示检查的体腔。手术窥镜有第三个通道，这个附加的通道可以避免手术时使用其他器械再另外开口。

5.4.1.2　光源　通过光纤与窥镜连接，显示出体腔和要检查的部位。一般观察只要求 150W 氙光源，但如需录像或摄影，则应采用 300W 氙光源，才能拍出好的图像。

5.4.1.3　录放机　用来监视手术区域。尽管手术过程录像对手术本身帮助不大，但通过屏幕观察，手术医生可不必太靠近手术区，操作方便，助手也能在观测情况下协助手术。这一点比关节内窥镜更为重要，因为一般腹腔手术常需要更多的助手和器械，同时也减少了污染的机会。除了手术操作方便外，录放机还记录下了手术过程。目前录放机启闭都用一套无菌的遥控器或用开关袋，非常方便。此外还可用照相机拍片。有的还带有打印机，需要时可以打印出所需的图片。

5.4.1.4　电子气腹机　进行腹腔镜检和治疗前，首先必须使腹腔扩张造成气腹，使得腹腔有足够的空间，便于直观地对各脏器进行检查及手术操作。电子气腹机就是向腹腔内充适量的二氧化碳以扩张腹腔的仪器。新型气腹机流率和压率可调，一般流率为 1～10min，腹压 2.0kPa（15mmHg）内无副作用，需要增减时可由医生掌握。气腹机也是通过套管针将二氧化碳导入腹腔。

5.4.1.5　胸腔镜　由于胸壁较薄而有足够空间，常不需要扩张就有相当好的视野。

5.4.1.6　套管　套管是使仪器引入腹腔的部件。配置的套管有一次性的和重复使用的两种。套管直径有 5~33mm 等多个型号，套管一端有橡胶环、垫圈及一个阀门。该套管腔可以使窥镜和器械进出，并取出切除组织，而不使二氧化碳逸出，腹腔仍然保持扩张。

5.4.1.7 套针 套针是一钝的或锐的针，置于套管内。钝头针不需要保护，锐头针一般在气腹后使用，避免损伤腹腔脏器，目前多在前端有塑料护套。

一般来说，套管针长 15~20cm，可以进行站立腹侧壁手术操作。而腹部仰卧位和胸腔手术时只需长 10cm 的套管针。套管的直径为 5~12mm，较大的套管针多用于腹腔缝合或从腹腔移出组织。

其他器械包括内窥镜、组织固定器、手术剪、手术镊、持针器、缝合针、缝合线等，根据情况选用。

5.4.2 内窥镜检查的操作

5.4.2.1 动物准备 动物禁食 12h 以上，全身麻醉左侧卧保定于手术台上，使用开口器确保整个操作过程动物的口呈张开状态。

5.4.2.2 插镜方法 左手操作操作柄，右手持镜身 25cm 处，轻柔缓慢地插入口腔颌咽部，将胃镜沿舌根部插入食管入口处，看到食管后即可循腔进镜。

5.4.2.3 充气操作 入食管后边进镜边充气，部分气体先进入胃内，进入胃内即可观察扩张的胃壁。食管少量充气能看清四壁即可。胃体中等扩张能看清胃四壁即可。观察胃底、穹隆部时必须在胃体基础上加注少量气体。

5.4.2.4 见腔进镜 无腔时结合退镜及角度键，大量胃液潴留时吸引液体，适当充气使视野四壁清楚，见腔入镜。

5.4.2.5 用毕消毒 操作后对内窥镜进行彻底清洗、消毒，可防止疾病的交叉感染。内窥镜的消毒主要有以下几点：

① 使用完毕后应立即清洗，以免血液和黏液干后不易洗净。洗涤时，先将软管末端浸在蒸馏水中，用纱布或海绵擦洗镜体软管部和弯曲部，并反复注气和注水，使气管和水管出水处黏附的污物排出。活检孔道需用清洁刷反复刷拭清洗。

② 将清洗过的插管、气管、水管、孔道、活检钳等擦干，放入戊二醛消毒液中浸泡消毒 20min。在洗涤与浸泡消毒过程中，勿使操纵部弄湿。

③ 用 75% 酒精擦拭消毒纤维镜头部、软管操纵部、各调节旋钮。

④ 消毒完毕，用蒸馏水充分冲淋插管和内管道，以便除去残留消毒剂。

⑤ 贮存时应将镜体悬挂于干燥处，弯角固定钮应置于"自由位"，活检钳瓣应张开。

5.4.3 犬、猫内窥镜临床检查

5.4.3.1 喉镜和支气管镜检查
（1）适用范围

① 诊断检查：对上呼吸道阻塞（喉头侧腔外翻、软骨麻痹、声带增厚、软腭过长以及颈部外伤等）、气管支气管病变（气管麻痹、纵隔肿瘤、肺门淋巴结肿大及寄生虫性结节）等的诊断以及慢性呼吸器官疾病时采取病理材料等。对上呼吸道阻塞采用保守疗法无效时，用支气管镜可直接确定阻塞性质及程度。

② 治疗检查：取出气管内异物；对肺脓肿、支气管扩张进行吸脓引流或直接将药物注入

气管内；对气管狭窄进行扩张手术；维持呼吸道畅通。

（2）器械与药品　麻醉药（2%利多卡因、戊巴比妥钠等）、注射器、12～14口径的8～11cm长的钝端套管。插管用喉头镜、口腔镜、舌钳、大照明的支气管镜、50cm长的前端可动吸管、材料收集瓶及吸引用具。

支气管镜的规格与使用范围如下：3.0mm×25cm，适用于体重2～3kg的犬；3.5mm×35cm，适用于体重7～9kg的犬；7.5mm×35cm，适用于体重9～14kg的犬；8.0mm×45cm，适用于体重14～23kg的犬；10.0mm×63cm，适用于体重23kg以上的犬。

（3）操作方法　动物禁食18～24h，检查前30min同时投予阿托品和麻醉剂（静脉注射戊巴比妥钠做短时间的全身麻醉），若全身麻醉危险时，可用11cm长的钝端套管把2%利多卡因滴在咽、声带、支气管等部位，做局部表面麻醉。

将动物仰卧保定，固定头部并尽量使头后仰。装置开口器后，术者先把喉头镜插入咽部，显露声门。右手持支气管镜送入喉镜内，或直接用支气管镜沿舌根部插入会厌，将气管镜送入气管内。插入后将喉镜向左旋转，抽出滑片，除去喉镜。将支气管镜柄指向前面，慢慢深入并轻轻转动，观察气管壁。继续深入将镜柄左右转动，可进入左右支气管内。

当支气管镜检查时间长时，需通过支气管镜的侧管输入1.0%～1.5%氟烷与氧气的混合气体4～6L/min。把吸取或用生理盐水冲洗的气管内分泌物分为2份，一份用于细菌培养，另一份加入离心管中，加入50%乙醇，1 500r/min离心30min，取沉渣滴在载玻片上，固定、染色，进行细胞学检查。

5.4.3.2　食管镜检查

（1）适应证　食道疾病（不明原因的吞咽困难、异物阻塞、肿瘤、炎症、狭窄、扩张）的诊断；钳取食道异物、扩张食道狭窄。

（2）操作方法　动物全身麻醉，安装开口器，食道镜头朝前插入咽部，趁患病犬、猫吞咽时将食道镜送入食道。

5.4.3.3　直肠镜检查

（1）适应证　直肠镜可用于结肠下段、直肠、肛门等部位的检查，诊断肉芽肿性结肠炎、异物、肿瘤、黏膜异常等后段肠管的病变。

（2）器械与药品　戊巴比妥钠、水溶性润滑胶、带有照明装置的S状直肠镜。

（3）操作方法　首先禁食24h，检查前2h灌肠，灌肠剂必须是非油性无刺激性的溶液。若患犬一般状态较差（不能禁食24h）时，可在检查前12～18h给予低盐食物，充分饮水，在直肠镜检查前8h，经口投予盐类泻剂。

患犬麻醉后，侧卧于手术台，使手术台倾斜，后躯抬高。首先用手指触诊检查直肠或骨盆腔有无狭窄、息肉及阻塞等，然后，在直肠镜端涂擦润滑胶，缓慢插入并通过肛门括约肌，注意要边旋转边向前推进，当遇到阻力时应停止，通过直肠镜检查阻力的原因，把直肠镜插到检查部位后，向后退出一点观察肠壁，有时需用膨胀球充气，使肠皱襞展开观察。同时可用活组织钳取肠黏膜做病理学检查。由于器械反复插入，有时可引起点状出血，注意与病理状态相区别。直肠后段和肛门的检查可用肛门镜。

5.4.3.4　膀胱镜检查

（1）适应证　怀疑膀胱内有肿瘤、结石或膀胱颈阻塞时，可用膀胱镜检查。

（2）操作方法　横卧（雄性）或站立（雌性）保定，首先用戊巴比妥钠进行全身麻醉或用2%利多卡因做黏膜表面麻醉，然后用尿道探子探查尿道有无狭窄或梗阻后，将有闭孔器的膀胱镜鞘放入膀胱内，抽出闭孔器测量残余尿液并观察尿液的颜色，若尿液混浊或带血，应反复冲洗。洗液清亮后，再插入观察镜。先将膀胱镜推向三角后区末端，沿镜的轴心边旋转边观察，旋转360°，将镜逐步拉出，每拉一定距离，再旋转360°，一直检查到膀胱颈部。

技能考核

1 理论考核

1. X线检查原理、适应证、结果判读与诊断检查注意事项。
2. B型超声检查原理、适应证、结果判读与诊断检查注意事项。
3. 心电图检查原理、适应证、结果判读与诊断检查注意事项。
4. 内窥镜检查原理、适应证、结果判读与诊断检查注意事项。

2 操作考核

按照兽医仪器检验分析程序，对下列各项进行仪器检验操作，对检查项目记录检验单，建立初步仪器检验分析诊断：

1. X线机的基本构造识别与安全防护。
2. X线透视检查。
3. X线摄影检查。
4. X线造影检查。
5. 动物骨骼与关节常见疾病X线检查。
6. 动物胸肺疾病的X线诊断。
7. B型超声诊断仪的基本构造识别。
8. 动物组织器官的声学特征与声像图术语。
9. B型超声检查探测方法。
10. B型超声检查的操作步骤。
11. 动物生殖器官B型超声探查。
12. 动物腹部脏器B型超声的探查。
13. 心电图检测操作方法。
14. 心电图的组成与测量方法。
15. 心电图的分析与报告。
16. 内窥镜结构识别。
17. 内窥镜检查的操作。
18. 犬、猫内窥镜临床检查。

模块 6　兽医临床基本诊疗方法

岗　位		治疗处置室、兽医室
岗位任务		兽医临床基本疗法
岗位目标	应　知	穿刺术、冲洗术、补液疗法、普鲁卡因封闭术、输氧法、自家血液疗法、灌肠术、雾化吸入术、犬导尿术临床适应证、诊疗意义及注意事项
	应　会	腹膜腔穿刺术，胸膜腔穿刺术，瘤胃穿刺术，膀胱穿刺术，皮下血肿、脓肿、淋巴外渗肿穿刺术，洗眼术与点眼术，导胃与洗胃术，阴道及子宫冲洗术，补液疗法，普鲁卡因封闭术，输氧法，自家血液疗法，灌肠术，氧气雾化吸入法，超声波雾化吸入法，犬导尿术操作技术
	职业素养	养成注重安全防范意识；养成敢于实践敢于操作的作风；养成认真仔细、实事求是的态度；养成善于思考、科学分析的习惯

技能 6.1　穿刺术

6.1.1　腹膜腔穿刺术

6.1.1.1　准备　站立保定或侧卧保定，术部剪毛常规消毒。

6.1.1.2　部位　牛、羊在脐与膝关节连线的中点；犬在脐至耻骨前缘的连线中央，腹白线两侧。

6.1.1.3　方法　大动物采取站立保定，小动物采取平卧位或侧卧位，术部剪毛消毒。术者左手固定穿刺部位的皮肤并稍向一侧移动皮肤，右手控制套管针或针头的深度，垂直刺入腹壁3～4cm，待抵抗感消失时，表示已穿过腹壁层，即可回抽注射器，抽出腹水放入备好的试管中送检，如需要大量放液，可接一橡皮管，将腹水引入容器，以备定量和检查。橡皮管可夹一输液夹以调整放液速度。小动物可用注射器抽出。放液后拔出穿刺针，用无菌棉球压迫片刻，覆盖无菌纱布，以胶布固定。

洗涤腹腔时，牛在右侧肷窝中央进行；小动物在肷窝或两侧后腹部进行。右手持针头垂直刺入腹腔，针头另一端连接输液瓶胶管或注射器，注入药液，再由穿刺部排出，如此反复冲洗2～3次。

6.1.1.4　注意事项

(1) 刺入不宜过深，以防刺伤肠管。保定要安全，以确保穿刺位置准确。

(2) 抽、放腹水引流不畅时，可将穿刺针稍做移动或稍变动体位。抽、放液体速度不可过快。

(3) 穿刺过程中应注意动物的反应，观察其呼吸、脉搏和黏膜颜色的变化，发现有特殊变化时应停止操作，并进行适当处理。

（4）腹腔过度紧张时，易刺入肠管而将肠内容物误认为腹腔积液，造成错诊。穿刺时应防止空气进入胸膜腔。针孔如被堵塞，可用针芯疏通。

6.1.2　胸膜腔穿刺术

6.1.2.1　准备　准备好盐水针头或静脉注射针头，外科刀与缝合器械等所需用具。动物取站立保定，术部剪毛常规消毒。

6.1.2.2　部位　牛、羊右侧第6肋间或左侧第7肋间，猪、犬右侧第7肋间，与肩关节水平线交点下方2～3cm处，胸外静脉上方约2cm处。

6.1.2.3　方法

（1）动物站立保定，术部剪毛消毒。

（2）术者左手将术部皮肤稍向上方移动1～2cm，右手持套管针，指头控制在3～5cm处，在靠近肋骨前缘垂直刺入。穿刺肋间肌时有阻力感，当阻力消失而感空虚时，即表明已刺入胸腔内。

（3）套管针刺入动物胸腔后，左手把持套管，右手拔去内针，即可流出积液或血液。放液速度不宜过快，应用拇指不断堵住套管口，做间断性引流，以防胸腔减压过快，影响动物心、肺功能。针孔堵塞时，可用针芯疏通。

（4）放完积液之后，有时还需要洗涤胸腔，可将装有清洗液的输液瓶乳胶管或输液器连接在套管口或注射针上，高举输液瓶，药液即可流入胸腔，然后将其放出。如此反复冲洗2～3次，最后注入治疗性药物。

（5）操作完毕，插入内针，拔出套管针或针头，使局部皮肤复位。术部涂擦碘酊，用碘仿纱布封闭穿刺孔。

6.1.2.4　注意事项

（1）穿刺或排液过程中，应注意无菌操作并防止空气进入胸腔。

（2）排出积液、注入清洗液时应缓慢进行，同时注意观察患病动物有无异常表现。

（3）穿刺时须小心谨慎以防损伤肋间血管及神经。

（4）套管针刺入时，应以手指控制套管针的刺入深度，以防过深刺伤心脏、肺。

（5）穿刺过程中遇有出血时，应充分止血，改变位置再行穿刺。

（6）需进行药物治疗时，可在抽液完毕后，将药物经穿刺针注入。

（7）穿刺中应注意防止空气进入胸膜腔，用套管针穿刺时，应缓慢排液。针孔如被堵塞，可用针芯疏通。要洗涤反复2～3次，清洗完毕后注入治疗性药物。

6.1.3　瘤胃穿刺术

6.1.3.1　准备　动物站立保定，术部剪毛常规消毒。

6.1.3.2　部位　在左侧肷窝部，由髋骨外角向最后肋骨所引水平线的中点，距腰椎横突10～12cm处，也可选在瘤胃隆起最高点穿刺。

6.1.3.3　方法　先在穿刺点旁1cm处做一个小的皮肤切口（有时也可不做切口，羊一般不做切口）。术者左手将皮肤切口移向穿刺点，右手持套管针将针尖置于皮肤切口内，向对侧肘头方向迅速刺入10～12cm，左手固定套管，右手拔出内针，用手指不断堵住管口，间歇放气，使瘤胃内的气体间断排出。若套管堵塞，可插入针芯进行疏通。排出气体后，为防止复发，可经套管向瘤胃内注入制酵剂。穿刺完毕，用力压住皮肤切口。拔出套管针，消毒创口，皮肤切口行结节缝合1针，涂碘酊，或以碘仿纱布封闭穿刺孔。

紧急情况下，无套管针或盐水针头时，可就地取材，如取竹管、鹅翎或静脉注射针头等进行穿刺，以挽救病畜生命，然后再采取抗感染措施进行处理。

6.1.3.4 注意事项

（1）放气速度不宜过快，以防发生急性脑贫血，造成虚脱。同时，注意观察病畜的表现。

（2）套管堵塞时，可插入针芯疏通。气体排出后为防止复发，可经套管向瘤胃内注入防腐消毒药（克辽林）。

（3）穿刺和放气时，应防止针孔局部感染，因为放气后期往往伴有泡沫内容物流出，污染套管口周围并流进腹腔而继发腹膜炎。

（4）根据病情，为防止臌气继续发展，避免重复穿刺，可将套管针固定，留置一定时间后再拔出。

（5）拔针前需插入针芯，并用力压住皮肤慢慢拔出，以防套管内的污物污染创道或落入腹腔。

（6）皮肤切口要结节缝合一针。

（7）必要时用绷带覆盖针孔。

6.1.4 膀胱穿刺术

6.1.4.1 准备　套管针或盐水针头，静脉注射针头，注射器等。

6.1.4.2 部位　牛可通过直肠穿刺膀胱，亦可在右侧腹腔壁进行；猪在耻骨前缘腹白线侧方1cm处穿刺。也可根据膀胱充盈程度确定其穿刺部位。其他中、小动物在后腹部耻骨前缘，触摸膨胀及有弹性部位，即为术部。

6.1.4.3 方法

（1）牛　站立保定，术者首先给牛灌肠让其排出积粪，然后将带有长橡胶管的14～16号长针头握于手掌中，手呈锥形缓缓伸入直肠，在膀胱充满的最高处将针头向前下方刺入，并固定好针头，用注射器套于外部橡胶管口上，抽出尿液，除去注射器，尿液可借虹吸作用自然流出，至尿液排完为止，再拔出针头。同样握于掌中带出肛门（图6-1）。

（2）猪、羊　可行侧位保定，将左或右后肢向后牵引，使术部充分暴露后，将术部剪毛、消毒，于耻骨前缘或触诊波动最明显处，向后下方刺入，并固定好针头，抽取尿液后，令其自然流出，至排完为止。然后拔出针头，术部消毒。

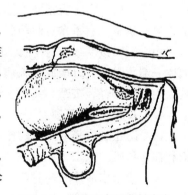

图6-1　牛通过直肠穿刺膀胱

6.1.4.4 注意事项

（1）通过直肠穿刺膀胱时，应充分给病畜灌肠并排出宿粪。

（2）针刺入膀胱后，应握好针头，防止其滑脱。

（3）抽取中应注意不可误伤其他部位。

(4) 有炎症时可经套管或针头向膀胱内注入抗生素等药物。

(5) 若进行多次穿刺，易引起腹膜炎、膀胱炎，宜慎重。

(6) 大动物努责严重时，不能强行从直肠内进行膀胱穿刺，必要时给予镇静剂后再进行穿刺。

6.1.5 皮下血肿、脓肿、淋巴外渗肿穿刺术

6.1.5.1 准备 25%酒精，3%～5%碘酊，注射器及相应针头，消毒棉球等。

6.1.5.2 部位 一般在肿胀部位下方或触诊松软部。

6.1.5.3 方法 常规消毒术部。左手固定患处，右手持注射器使针头直接穿入患处，然后抽动注射器内芯，将病理产物吸入注射器内。初学者也可让助手固定患部，术者将针头穿刺到患处后，左手固定注射器，右手抽动注射器内芯。确定穿刺液性质后再行相应处理。

血肿、脓肿、淋巴外渗肿穿刺液的鉴别诊断：血肿穿刺液为稀薄的血液；脓肿穿刺液为脓汁；淋巴外渗液为透明的橙红色液体。

6.1.5.4 注意事项

(1) 穿刺部位必须固定确实，以免患病动物乱动伤及其他组织。

(2) 在穿刺前需制订穿刺后的治疗方案，如血液清除、脓肿清创、淋巴外渗治疗用药品等。

技能 6.2 冲洗术

6.2.1 洗眼术与点眼术

犬、猫的洗眼法与点眼法

6.2.1.1 动物保定 洗眼与点眼时，助手要确实固定动物头部。

6.2.1.2 方法 术者用一只手的拇指与食指翻开上下眼睑，另一只手持冲洗器、洗眼瓶或注射器，使其前端斜向内眼角，徐徐向结膜上灌注药液冲洗眼内分泌物。洗净之后，左手食指向上推上眼睑，以拇指与中指捏住下眼睑缘，向外下方牵引，使下眼睑呈一囊状，右手拿点眼药瓶，靠在外眼角眶上，斜向内眼角，将药液滴入眼内，闭合眼睑，用手轻轻按摩1～2下，以防药液流出，并促进药液在眼内扩散。用眼药膏时，可用玻璃棒一端蘸眼药膏，横放在患病动物上下眼睑之间，闭合眼睑，抽去玻璃棒，眼膏即可留在其眼内，用手轻轻按摩1～2下，以防流出。或直接将眼膏挤入结膜囊内。

6.2.1.3 注意事项

(1) 防止动物骚动，点药瓶或洗眼器与病眼不能接触。与眼球不能成垂直方向，以防感染和损伤角膜。

(2) 给予水溶性眼药时，不宜过多，一般2～3滴；大部分眼药水的药性只能维持2h左右，故用眼药水时应每2h重复给药1次。

(3) 滴眼药水时药瓶不能触及动物眼球；给予眼药膏时，可将眼药膏涂于动物下眼睑，长度以3mm为宜；因其药效维持时间约为4h，故应每4h重复给药1次。

6.2.2 导胃与洗胃术

6.2.2.1 保定 大动物于柱栏内站立保定，中、小动物可站立保定或在手术台上侧卧保定。

6.2.2.2 准备　先用胃管测量动物从口、鼻到胃的长度,并做好标记。牛是从唇至倒数第5肋骨。牛、猪、犬经口插入胃管进行导胃。

6.2.2.3 方法　导胃时,将动物保定好并固定好头部,将胃管插入动物食管内,胃管到胸腔入口及贲门处时阻力较大,应缓慢插入,以免损伤食管黏膜。必要时灌入少量温水,待贲门弛缓后,再向前推送入胃。胃管前端经贲门到达胃内后,阻力突然消失,此时会有酸臭气体或食糜排出。如不能顺利排出胃内容物,可接上漏斗,每次灌入温水或其他药液1 000～2 000mL。利用虹吸原理,高举漏斗,不待药液流尽,随即放低头部和漏斗,或用抽气筒反复抽吸,以洗出胃内容物。如此反复多次,逐渐排出胃内大部分内容物,直至病情好转为止。

治疗胃炎时,导出胃内容物后要灌入防腐消毒药。冲洗完后,缓慢抽出胃管,解除保定。

6.2.2.4 注意事项

（1）操作中动物易骚动,要注意人和动物安全。

（2）根据不同种类的动物,选择适宜长度和管径的胃管。

（3）当中毒物不明时,应抽出胃内容物送检。洗胃溶液可选用温开水或等渗盐水。

（4）洗胃过程中,应随时观察动物脉搏、呼吸的变化,并做好详细记录。

（5）每次灌入量与吸出量要基本相符。瘤胃积食和瘤胃酸中毒时,宜反复灌入大量温水,方能洗出瘤胃内容物。

（6）抽吸量大时,应密切注意动物心脏功能变化,必要时,应用心电图仪予以监护。

6.2.3　阴道及子宫冲洗术

6.2.3.1 方法　先充分洗净动物外阴部,而后插入开膣器开张阴道,即可用洗涤器冲洗阴道。如要冲洗子宫,先用颈管钳钳住子宫外口左侧下壁,拉向阴唇附近。然后依次应用由细到粗的颈管扩张棒,插入颈管使之扩张,再插入子宫冲洗管,通过直肠检查确认冲洗管已插入子宫角内之后,用手固定好颈管钳与冲洗管,然后将洗涤器的胶管连接在冲洗管上,将药液注入子宫内,边注入边排出,另一侧子宫角也用同样方法冲洗,直至排出液透明为止。

犬、猫的阴道冲洗

6.2.3.2 注意事项

（1）操作过程要认真,动作要轻缓,特别是冲洗管插入子宫内时,更要小心谨慎,以免造成子宫壁穿孔。

（2）不要应用强烈刺激性或腐蚀性的药物冲洗。

（3）冲洗液量不宜过大,一般500～1 000mL即可。冲洗完后,应尽量排净子宫内残留的洗涤液。

技能 6.3　补液疗法

6.3.1　补液方法

（1）口服补液　动物取坐式保定,头稍向上仰,操作者一手拨开动物嘴角将上下唇撑开,使其形成袋状，另一手持注射器或药瓶将药液注入或倒入袋状口角，迅速将口合拢，药液便进入口腔并被咽下。注意一次灌入量不宜过多，待药液完全咽下后重复灌入，以防误咽。

(2) 皮下补液　皮下注射部位通常选择皮肤较薄、皮下组织疏松、血管较少的部位，如颈部或股内侧皮下为较佳部位。

注射时，助手将动物保定好，局部剪毛后用70％酒精棉球消毒，以左手的拇指、食指和中指将皮肤轻轻捏起，形成一个皱褶，右手将注射器针头刺入皱褶处皮下，深1.5～2cm，药液注完后，用酒精棉球按住进针部位皮肤，拔出针头，轻轻按压进针部位皮肤即可。

(3) 腹膜腔内补液

①犬腹膜腔内输液。注射部位为脐和骨盆前缘连线的中间点，腹白线一侧。注射前，先使犬前躯侧卧，后躯仰卧，将两前肢系在一起，两后肢分别向后外方转位，充分暴露注射部位，保定好头部。注射时，局部消毒，将针头垂直刺入皮肤，依次穿透腹肌及腹膜，当针头刺破腹膜时，顿觉无阻力，有落空感。针头内无气泡及血液流出，也无脏器内容物溢出，注入灭菌生理盐水无阻力，说明刺入正确。此时可连接胶管，进行注射。腹腔注射时的药液必须加温至37～38℃，否则温度过低会刺激肠管，引起痉挛性腹痛。为利于吸收，注射的药液一般选用等渗或低渗溶液。如发现膀胱内积尿时，应轻压腹部，促其排尿，待排空后再注射。

②猪腹膜腔内输液。动物取倒立保定。注射部位：耻骨前缘5cm处、腹白线两侧。注射部位剪毛消毒，先用碘酊消毒再用酒精脱碘。术者一手拇指、食指捏起腹壁，另一手持连接针头的注射器垂直刺入2～3cm，拨动针头活动自由后，注入药物。注完后，用酒精棉球按压注射部位，拔出针头。

(4) 静脉补液

①牛静脉输液。注射部位多在颈沟上的颈静脉管，也可在乳静脉管注射。注射时先排净注射器或输液管中的气体，左手下压使血管怒张，右手持针，垂直或呈45°角刺入静脉内，见回血后继续顺血管进针1～2cm，接上针筒或输液管。注射完毕，用酒精棉球压住针孔，迅速拔出针头，按压针孔片刻，最后涂以碘酒。病牛要确实保定，看准静脉后再刺入针头；注入大量药液时，速度以每分钟30～60mL为宜，药液应加温至接近体温；油类制剂不能于血管内注射；注射时要排净注射器或胶管内空气；注射刺激性药液时不能漏到血管外。

②犬静脉输液。静脉注射的部位，可选择颈部静脉（颈沟内，颈部上1/3与中1/3交界处，此处静脉浅在，易于寻找），腕关节以上的内侧或腕关节以下掌中部内侧的静脉，或跗关节外侧、跗关节上方的静脉、股内侧的静脉等。注射时，用胶管结扎注射部位静脉的向心端，使静脉血管怒张，局部剪毛消毒后，将针头沿静脉纵轴平行刺入静脉内，若刺入正确到位，马上可见到血液回流。此时松开扎紧的胶管，将针头顺血管方向再刺入一些，然后固定针头，使药液缓缓滴入（每分钟20～25滴）。注射完毕后，用酒精棉球按压注射处，然后拔出针头，局部消毒，以免血液顺针孔流入皮下形成血肿。

6.3.2　动物脱水补液量计算

(1) 补液量计算

①公式计算法。成年犬44～66mL/(kg·d)，大型犬为44mL/(kg·d)，小型犬为66mL/(kg·d)，仔犬为66～110mL/(kg·d)。猫为66～110mL/(kg·d)。

犬、猫静脉输液

②丢失补偿计算法。每天需要补充的水分量为不感蒸泄与尿液量的总和。不感蒸泄为 20mL/（kg·d），尿液量为 30mL/（kg·d）。

③表格查询法。可以通过表格查出不同体重的犬每天的必须水分量，详见表 6-1。缺失量可以通过查找表 6-2 来确定。

表 6-1 不同体重的犬每天必需水分量

体重/kg	必需水分量/mL	体重/kg	必需水分量/mL
1.4	80	15.0	875
2.8	160	20.5	1 000
4.0	240	25.5	1 130
5.5	320	30.5	1 250
7.0	400	35.4	1 400
9.0	475	40.2	1 500
12.2	625		

表 6-2 缺水程度判定及缺水量的计算表

脱水程度	轻度	中度	高度	重度	超度
体重减少/%	4～5	6～8	8～10	10～12	12～15
眼球凹陷程度	±	++	+++	++++	+++++
捏皮实验/s	—	2～4	6～10	20～45	45 以上
黏膜干燥	—	+	++	+++	++++
休克、痉挛	—	—	—	+	++
死亡	—	—	—	—	+
缺水量/[mL/(kg·d)]	60	80	100	120	140
必须投给量/[mL/(kg·d)]	20	25	30	40	50

注：必须投给量为缺水量的 1/3，捏皮实验的部位为脊背部皮肤。

④丧失量的计算。可以根据犬、猫主人所提供的呕吐物、腹泻便、乳汁分泌量、其他分泌物量推算。

⑤代谢水量。约为 4mL/（kg·d）。

⑥水分摄取量。根据动物主人提供的饮水数量计算。

(2) 补液方法

①脱水 8% 以上时，静脉点滴。

②脱水 8% 以下时，皮下注射（葡萄糖禁忌），将药品加热至等体温，从脊背顶部注入。一般情况下，全量的 1/3 经静脉给予，剩余的经皮下或隔 8h 经静脉灌注。7% 以下的脱水，可经皮下全量给予，若吸收良好，可于次日连续补液乃至数月。

6.3.3 注意事项

(1) 输液要避免盲目性，应根据患病动物的具体情况，缺什么补什么（缺水补水，缺盐补盐）；缺多少，补多少。为此，输液前应详细了解病史，并做认真的临床检查和必要的实验室检验，综合全部症状、材料，做出准确判断，定出合理的输液方案。

（2）严格遵守无菌操作规程。

（3）输液前要仔细检查药品质量，注意有无杂质、沉淀及变质；输液中加入其他药剂时应避免配伍禁忌；大量输液时，应注意等渗及药液温度（加温至近似体温程度）。

（4）输液过程中，要严密注意患病动物的状态，如发现不安、骚动、呼吸加快、大出汗、肌肉震颤、心率过快或心律不齐时应立即停止输液，检查原因并进行必要的处理。

技能6.4 普鲁卡因封闭术

6.4.1 病灶周围封闭法

首先剪毛、消毒，然后根据封闭的不同要求，采用直线性、菱形、扇形或分层等形式，将普鲁卡因青霉素溶液注射到距病灶周围约2cm处的皮下与肌肉之间。其药量以能达到浸润麻醉为度，一般牛用20～50mL。

6.4.2 环状分层封闭法

（1）注射部位 在患肢病灶上方3～5cm的健康组织上，前肢不超过前臂部，后肢不超过小腿部，分别在前后、内外从皮下到骨膜进行环状分层注射药液。

（2）注射方法 剪毛消毒后，右手持注射针头与皮肤成45°角刺入皮下，直达骨膜，连接注射器用左手固定并向外拔针头，边拔针头边注药，使药液浸润皮下至骨膜的各层组织内，以同样的方法环绕患肢注射数点，注入所需药液量。根据封闭部位的直径大小，一般100～200mL为宜。

6.4.3 静脉内封闭法

（1）部位 选择病灶周围暴露明显的静脉。

（2）操作方法 同颈静脉注射法。一般注射0.1%普鲁卡因生理盐水，大动物每次用量为100～250mL，中、小动物酌减。

6.4.4 注意事项

（1）病灶周围封闭术的部位应选正确，针头刺入的角度及深度要准确，只有将药液注入封闭部位，才能起到应有疗效。

（2）注意针头不要损伤较大的神经和血管。

（3）静脉内封闭注药时必须缓慢，每分钟50～60滴为宜。

（4）为防止普鲁卡因引起过敏反应，可加入适量氢化可的松溶液。

技能6.5 输氧法

6.5.1 输氧方法

（1）吸入面罩输氧 给氧装置输出导管的一端连接特制的面罩，将面罩套在患病动物的面鼻上,并固定于头部和鼻梁上,打开氧气瓶,患病动物即可自由吸入氧气。

(2) 插管输氧法

①鼻导管给氧法。即将给氧装置输出导管插入患病动物的鼻孔内,放出氧气,供患病动物吸入。

②导管插入咽头方法。将导管插入患病动物的咽头部给氧。

③气管直接吸氧方法。将导管插入患病动物的气管内,放出氧气,供患病动物吸入。

(3) 鼻塞输氧法　将给氧装置输出导管连接在鼻塞上,再将鼻塞插入患病动物的鼻孔内,放出氧气,供患病动物吸入。

(4) 氧气帐篷输氧法　在空地上,支撑一个帐篷,将患病动物放入帐篷内,通过给氧装置给帐篷内给氧,患病动物即可自由吸入氧气。

通常在治疗低氧血症时,氧气的浓度达到30%～40%就可以满足(重剧的循环障碍则需要氧气的浓度更高)。最初以10L/min的流速将氧气箱中的氧挤出,然后以5L/min的流速维持就完全可以满足。在输氧的同时需要加湿,相对湿度应达到40%～60%。

6.5.2　注意事项

(1) 在短时间内低浓度输氧时氧气毒性不会出现,但长时间高浓度的输氧疗法将导致特异性并发症。

(2) 给氧装置必须由专人看管,且要与患病动物保持一定距离,并注意输入量,以保证安全。

(3) 给氧场地严禁烟火,以防发生氧气瓶爆炸事故。

(4) 给氧导管必须严密,防止漏气。

技能6.6　自家血液疗法

6.6.1　自家血液疗法

(1) 注射部位　常注射于颈部皮下或肌肉内,也可注射于胸部或臀部肌肉中。自家血液注射在病灶邻近的健康组织里,效果较好。如治疗眼病时,可将血液注射在眼睑的皮下,用量不宜超过3mL,腹膜炎时可注入腹部皮下。

(2) 注射方法　患病动物取站立保定,在无菌条件下,由颈静脉采取所需要量的血液,立即注射于事先准备好的部位。但牛的血液凝固速度很快,最好在注射器内先吸入抗凝剂再采血。

(3) 注射剂量　猪、羊为10～30mL,小动物为1～3mL,大动物为60～120mL。开始注射量要少些,每注射一次增加原来剂量的10%～20%,隔2d 1次,4～5次为一个疗程。注射部位可左右两侧交替进行。

6.6.2　注意事项

(1) 操作过程中必须严格消毒,以防感染。

(2) 操作要迅速熟练,防止发生凝血。

(3) 注射血液后,患病动物体温有时稍有升高,但对机体无任何影响,会很快恢复。

(4) 注射 2~3 次血液后,若无明显效果,则应停止使用。如收到预期效果,可经一个疗程后,间隔 1 周再进行第 2 个疗程。

(5) 体温升高、病情严重的患病动物禁止使用。

(6) 注射大量血液时,为减少组织损伤而发生脓肿的危险,可分别数点注射。

(7) 为增强疗效,最好与其他疗法配合使用,或作为其他疗法的辅助疗法。

技能 6.7　灌肠术

灌肠术

6.7.1　浅部灌肠法

灌肠时,动物取站立保定,助手将尾拉向一侧。术者一手提盛有药液的灌肠用吊桶,另一手将连接吊桶的橡胶管徐徐插入动物肛门 10~20cm,然后高举吊桶,使药液流入直肠内。灌肠后使动物保持安静,以免引起排粪动作而将药液排出。对以人工营养、消炎和镇静为目的的灌肠,在灌肠前应先将直肠内的宿粪取出。

6.7.2　深部灌肠法

(1) 大动物深部灌肠

①保定。将患病动物在柱栏内确实保定,用绳子吊起尾巴。

②麻醉。为使肛门括约肌及直肠松弛,可施行后海穴封闭,即以 10~12cm 长的封闭针头与脊柱平行地向后海穴刺入 10cm 左右,注射 1%~2% 普鲁卡因注射液 20~40mL。

③塞入塞肠器。

木制塞肠器:长 15cm,前端直径为 8cm,后端直径为 10m,中间有直径 2cm 的孔道器,后端装有两个铁环,塞入直肠后,将两个铁环拴上绳子,系在动物颈部的套包或夹板上。

球胆制塞肠器:将带嘴的排球胆剪两个相对的孔,中间插一根直径 1~2cm 的胶管,然后再用胶粘合,胶管的一端露出 5~10cm,朝向牛头一端露出 20~30cm,连接灌肠器。塞入直肠后,由原球胆嘴向球胆内打气,胀大的球胆堵住直肠膨大部,即自行固定。

④灌水。将灌肠器的胶管插入木制塞肠器的孔道内,或与球胆制塞肠器的胶管相连接,缓慢地灌入温水或 1% 温盐水 10 000~30 000mL。灌水量的多少依据便秘的部位而定。灌肠开始时,水顺利进入,当水到达结粪阻塞部位时则流速变缓,甚至随患病动物努责向外反流,当水通过结粪阻塞部,继续向前流时,水流速度又见加快。如患病动物腹围稍增大,并且腹痛表现加重,呼吸增数,胸前微微出汗时,则表示灌水量已经适度。灌水后,经 15~20min 取出塞肠器。

如无塞肠器,术者也可用双手将插入肛门内的灌肠器胶管连同肛门括约肌一起捏紧固定。但此法不可预先做后海穴麻醉,以免肛门括约肌松弛,捏不紧。尾巴也不必吊起或拉向一侧,任其自然下垂,以免动物努责时,水喷在术者身上。灌肠过程中,如动物努责,可让助手在动物前方摇晃鞭子,吸引其注意力,以减少努责。

(2) 中、小动物深部灌肠　灌肠时,动物取站正或侧卧保定,并呈前低后高姿势。术者先将灌肠器的胶管一端插入动物肛门,并向直肠内推进 8~10cm。另一端连接漏斗或吊桶,也可使用 100mL 注射器注入溶液。先灌入少量药液软化直肠内积粪,待排净积粪后再大量灌入药液，直至从口中流出灌入药液为止。灌入量根据动物个体大小而定，一般幼犬或仔猪80～100mL，成年犬100～500mL，药液温度以35℃为宜。

6.7.3 注意事项

（1）直肠内存有宿粪时，按直肠检查要领取出，再进行灌肠。
（2）避免粗暴操作，否则会损伤动物肠黏膜或造成肠穿孔。
（3）溶液注入后，由于排泄反射，溶液易被排出，应用手压迫动物尾根和肛门，或于注入溶液的同时，用手指刺激肛门周围，也可通过按摩腹部以减少排出量。

技能 6.8　雾化吸入术

6.8.1　氧气雾化吸入法

利用高速氧气气流使药液以气雾状喷出，由呼吸道吸入而达到消炎、减轻支气管痉挛、稀释痰液、减轻咳嗽的目的。

6.8.1.1　常用药物

（1）抗生素，如卡那霉素、庆大霉素等。
（2）解痉药物，如氨茶碱、舒喘灵（沙丁胺醇）等。
（3）稀化痰液，如 α-糜蛋白酶、易咳净（乙酰半胱氨酸）等。
（4）减轻呼吸道黏膜水肿，如地塞米松等。

6.8.1.2　氧气雾化吸入法

（1）将稀释、溶解的药物注入雾化器内，雾化器内药液不能超过5mL，湿化瓶内不能装水，以免药液稀释。
（2）将喷雾器连接在氧气筒的橡胶管上，取下湿化瓶，再调节氧流量。
（3）给动物戴上面罩，或将喷雾器管直接对准动物口、鼻部，直到药液喷完为止，一般10～15min即可将5mL药液雾化完毕。
（4）吸毕，取下雾化器，关闭氧气筒。

6.8.2　超声波雾化吸入法

应用超声波使药液变成气雾，再由呼吸道吸入。其特点是雾量大小可以调节，气雾颗粒均匀，随深吸气可到达终末支气管和肺泡。气雾经机器适当加热，温暖而舒适。目的是预防呼吸道感染、治疗呼吸道感染、湿化呼吸道、改善通气功能。

6.8.2.1　超声雾化操作方法

（1）水槽内加冷蒸馏水250mL，浸没透声膜。
（2）雾化罐内放入药液，稀释至30～50mL，盖紧药杯盖。
（3）接通电源，预热3min，药液成雾状喷出。
（4）根据需要调节雾量，一般用中档。
（5）给动物戴上面罩，或不用面罩而直接将波纹管对准动物口、鼻部进行超声雾化。
（6）使用过程中如发现水槽内水温超过50℃，可调换冷蒸馏水，换水时要关闭机器。

(7) 治疗时间每次 15~20min。

6.8.2.2 注意事项

(1) 使用前，先检查机器各部位有无松动、脱落等异常情况。机器和雾化罐编号要一致。

(2) 水槽底部的晶体换能器和雾化罐底部的透声膜薄而脆，易破碎，应轻按，不能用力过猛。

(3) 水槽和雾化罐切忌加温水或热水。

(4) 特殊情况需连续使用的，中间必须间歇 30min。

(5) 治疗完毕后先关雾化开关，再关电源开关。否则，电子管易损坏。

技能 6.9　犬导尿术

犬、猫导尿素

导尿是用导尿管经尿道外口插入膀胱内排出尿液的方法。其目的多是缓解尿闭，排出膀胱中蓄积的尿液或采集新鲜纯净的尿液进行化验等。导尿管一般以直径 1.3~3.3mm、长约 45cm 为宜。

6.9.1　保定

公犬或母犬导尿时，通常取侧卧保定。需要助手保定动物，以确保整个操作过程为无菌操作。

6.9.2　所需工具

(1) 导尿包　弯盘，治疗碗，10、12 号无菌导尿管，小药杯，镊子，血管钳，石蜡油瓶，标本瓶，洞巾，纱布。

(2) 其他　棉球，中性肥皂，消毒外科手套，聚乙烯吡咯酮碘外科刷，抗生素软膏（连续导尿时），利多卡因（装在不带针头的注射器中），无菌阴道反射镜等。

6.9.3　术前准备

(1) 用聚维酮碘外科刷清洁包皮和外阴周围，彻底淋洗后晾干，如要进行连续导尿，最好将包皮和外阴周围的毛剃光。

(2) 选择大小、型号合适的导管。为减少尿道创伤，最好使用弹性好的且管径最小容易插进的导管。还要检查导管有无瑕疵，表面粗糙、管腔阻塞或管壁变薄的导管应弃之不用。

(3) 彻底洗净手，戴上无菌手套。

6.9.4　公犬导尿

(1) 术者手持导管在近插管处估计插入膀胱所需长度（如弹性导管插入膀胱过深，会打结或在膀胱内自己折回）。

(2) 犬取侧卧保定，助手外展犬的后腿上部，使犬包皮缩回以暴露 2.5~5cm 长的远端龟头。

(3) 用中性肥皂清洗龟头远端，这样可以清除包皮腺的分泌物。

(4) 术者充分用润滑剂润滑导管末端，导管末端在龟头远端处稍插入尿道口。润滑导管除了有助于导管通过尿道外，还可以减少远端尿道的细菌进入膀胱的机会，为防止尿道在导管插入时被感染可将导管剩余部分留在无菌包装内。

（5）导管向前上方插入膀胱，当导管经过坐骨弓时可能会稍有阻力。

（6）当确定导管充分进入膀胱，却无尿出现时，试着用注射器从导管抽取尿液。如将导管再插进 2.5～5cm，不可用手压迫膀胱让尿液流出来，这样会增加病原性感染的机会。

（7）收集尿液标本。

（8）轻牵引取出导管，在病历上注明已进行导尿。

6.9.5 母犬导尿

（1）母犬取站立保定，将其尾部拉向一侧。

（2）用去针头的 1mL 注射器吸取适量局麻药插入母犬阴道 4～5cm 并注入药液。

（3）将润滑胶涂在导管尖端，并用食指将其导入。尿道外口在阴道前庭，左手一指深入并压于阴道前庭腹侧，右手将导尿管沿手指腹侧插入阴道外口，在手指轻压下进入尿道口。用戴手套的食指触摸尿道乳头状突起（尿道乳头状突起为圆形、坚硬或柔软的团块）。从插入阴道内的手指腹侧穿过导尿管，并用手指引导尿管进入尿道口，同时用手掌护着导管剩余部分以防被污染。如可以感觉到导管末端越过食指尖，轻轻回拉导管并再次向腹侧方向插入尿道口。导管充分进入膀胱，却无尿出现时，可试着用注射器从导管抽取尿液。

（4）收集尿液标本。

 技能考核

① 理论考核

穿刺术、冲洗术、补液疗法、普鲁卡因封闭术、输氧法、自家血液疗法、灌肠术、雾化吸入术、犬导尿术适应证、临床诊疗意义与注意事项。

② 操作考核

腹膜腔穿刺术，胸膜腔穿刺术，瘤胃穿刺术，膀胱穿刺术，皮下血肿、脓肿、淋巴外渗肿穿刺术，洗眼术与点眼术，导胃与洗胃术，阴道及子宫冲洗术，补液疗法，普鲁卡因封闭术，输氧法，自家血液疗法，灌肠术，氧气雾化吸入法，超声波雾化吸入法，犬导尿术操作技术。

模块 7 外科手术疗法

岗 位		手术室
岗位任务		临床常用外科手术
岗位目标	应 知	外科无菌手术临床意义；局部与全身麻醉机制；组织切开、止血、缝合注意事项；包扎注意事项；气管切开术、开腹术、肠管手术、胃切开术、阉割术、剖宫产术等临床常用外科手术适应证及手术注意事项
	应 会	制订手术方案、组织手术分工、手术人员与施术动物准备、手术器械准备及消毒；手术刀、手术剪、手术镊、止血钳、持针钳及钳类器械、牵引钩类、缝针与缝线等手术器械识别与使用；局部麻醉技术、全身麻醉技术；皮肤切开法、腹膜切开法、止血技术、缝合打结、软组织缝合、剪线与拆线；包扎法、复绷带、石膏绷带；气管切开术、开腹术、肠管手术、犬胃切开术、阉割术、剖宫产术
	职业素养	养成团结合作的工作作风，培养无菌意识，养成正确对待机体组织、正确养护器械的基本素养

技能 7.1 手术前准备

7.1.1 手术方案制订与手术组织分工

7.1.1.1 制订手术方案

（1）写出手术的名称、目的、日期、畜主、品种、临床检查情况等。

（2）进行手术人员的分工：主术者、第一助手、器械助手、麻醉助手、保定助手。

（3）写出手术前必须采取的措施，如禁食、胃肠减压、灌肠、导尿、给药的种类与方法，给动物注射破伤风类毒素或破伤风抗毒素等药物。

（4）列出所需用的手术器械、药品、敷料，其他用品的种类、数量及消毒方法。

（5）列出保定及麻醉方法。

（6）考虑到手术过程中可能出现的意外：如大出血、休克、窒息的问题，以及预防和急救措施。

（7）术后观察及治疗措施。

7.1.1.2 手术组织与分工 手术参与者既要有明确分工，又要密切配合。参加手术的人数取决于手术的大小和种类。每组手术必须由手术者、助手、麻醉者、手术护士和巡回护士组成。手术成员的分工和职责是：

（1）手术者 一般立于右侧，在助手的配合下，负责手术全过程的主要操作，包括组织的切开、分离、止血、结扎和缝合等。发生疑问时应征询大家的意见，术后负责写手术记录。

（2）助手　第一助手应先洗手，负责手术区的皮肤消毒、铺创巾。手术时立于手术者对面，协助手术者的所有操作，主要是止血和吸干积血，保证手术者每一手术动作的方便和手术野的显露，必须时替代手术者进行不便完成的某些操作或完成手术。第二或第三助手主要协助手术野的显露和清洁，协助递送器械，做好拉钩和剪线等工作。

（3）手术护士　最先洗手，完成手术器械的准备工作，手术时立于术者的右侧，负责器械的传递并保持器械清洁，随时供给穿好的针线和敷料。手术前后与巡回护士共同清点纱布和器械。

（4）麻醉者　完成和维持一定深度的动物麻醉，观察麻醉过程中的生命指标，遇紧急情况时，设法抢救，并随时通知手术者。

（5）巡回护士　负责手术的准备和物品供应工作，打开手术包，准备手套，协助手术人员穿手术衣，随时供应术中所需物品，清点、记录并核对纱布、手术器械和针线等。

7.1.2　手术人员与施术动物准备

7.1.2.1　手术人员准备

（1）手术人员术前更衣、戴帽　穿着清洁的衣服和套鞋，上衣穿超短袖衫以充分裸露手臂，并戴好手术帽和口罩。手术帽应把头发全部遮住。要求帽的下缘应达到眉毛之上和耳根顶端，手术口罩应完全遮住口和鼻。这些措施可对防止手术创飞沫感染和滴入感染。为了避免戴眼镜的手术人员因呼吸的水气使镜片模糊，可将口罩的上缘用胶布贴在面部，或是在镜片上涂抹薄层肥皂（用干布擦干净）。

（2）手、臂的清洁与消毒

①首先应去掉手上饰物，检查指甲，长的要剪去，剔除甲缘下的污垢，有逆刺的也应事先剪除。

②手部有创口（尤其有化脓感染创）时不能参加手术。手部若有小的新鲜伤口且必须参加手术时，应先用碘酊消毒伤口，暂时用胶布封闭，再进行手的消毒。手术时最好戴手套。

③手、臂的洗刷。擦刷，用流水充分冲洗以对手臂进行初步机械性清洁、处理。刷洗手、臂时，最好用指刷沾肥皂并按一定顺序擦刷。一般首先对指甲缝、指端进行仔细地擦刷，然后按手指、指间、手掌、掌背、腕部、前臂、肘部及以上顺序擦刷，通常5~10min。然后用流水（温水或自来水）将肥皂泡沫充分洗去。冲洗时手应朝上，使水自手部向肘部方向流去，然后用灭菌巾（或纱布）按上述顺序拭干，最好是每侧用灭菌巾一块。如果不具备流水条件，则要在2~3个盆内逐盆清洗。

④手、臂的消毒。手和臂的抗菌和无菌消毒法很多，较简便有效的常用方法如下：

肥皂刷洗、新洁尔灭消毒法：在肥皂刷洗基础上，将手臂于0.1%新洁尔灭溶液浸泡洗5min→无菌布拭干→2%碘酊涂擦手臂、指端等处→75%酒精脱碘→施行手术。

肥皂刷洗、酒精消毒法：在肥皂刷洗基础上，将手臂浸泡于75%酒精溶液浸泡洗5min→无菌布拭干→2%碘酊涂擦手臂、指端等处→75%酒精脱碘→施行手术。

（3）穿着无菌手术衣　手术人员在洗手并消毒手臂之后，取出高压灭菌的手术衣自己穿好，这时应避免手臂接触未经消毒的其他部位。由助手协助在其背后将衣带或腰带系好。穿灭菌手术衣时应避免其他任何部分（主要指衣服的外表面）触及未经灭菌的物品，尤其要注意保护手术衣前胸部分，应保持无菌状态。如果有必要还可考虑加穿消毒过的橡胶或塑料围裙。

(4) 戴手套

①干戴法（经高压灭菌，或由工厂生产已经消毒处理并包装好的灭菌手套）。在清洗消毒处理手部之后，用灭菌的干纱布擦干（或涂布少量灭菌的滑石粉）后穿戴。

②湿戴法（用化学药液浸泡消毒，如用0.1%新洁尔灭浸泡30min）。在手套内灌注一些无菌药液，如0.1%新洁尔灭溶液（在溶液的滑润下容易穿戴）。

7.1.2.2 施术动物准备

(1) 辅助检查，包括血、尿、便的常规检查、肝功能、肾功能、水电解质、血糖等化验检查，以及X线、B超、心电图等检查。

(2) 手术前动物禁饮食，测量体温、脉搏、呼吸及体重。

(3) 术部的剪毛与消毒，视手术切口大小，顺毛方向剃毛，剪毛则逆毛剪去被毛。消毒术部，清水洗净，用灭菌纱布拭干。消毒术部皮肤时，用5%碘酊由术部中心向周围一圈一圈的涂擦，干后再用75%酒精脱碘。对于感染创则由边缘至创口消毒。

(4) 用创巾布覆盖消毒后的手术部位并用巾钳固定，以便隔离切口外被毛，防止污染。

7.1.3 手术器械准备及消毒

7.1.3.1 手术器械准备 消毒前，应根据手术的种类、大小清点所用器械；金属器械要用纱布擦去油脂、彻底擦净；详细检查器械，以保证刀、剪的锋利，转轴灵活；各种钳和镊子闭合紧密，锁口开闭可靠；再用纱布或棉花包住刀刃，缝合针即针头应别在纱布块上，以便取用。

7.1.3.2 手术器械消毒

(1) 煮沸灭菌法

①在煮沸消毒器内的器械盘上铺一块纱布，按顺序放入器械，其上再覆盖一块纱布，然后放一把镊子或器械钳，最后加蒸馏水至淹没全部器械，盖上锅盖加热煮沸后维持30min，即可杀灭一般细菌，如果需要杀灭细菌芽孢则需煮沸60min。

②消毒完毕打开锅盖，用镊子或器械钳取出覆盖的纱布铺在消毒过的器械盘内，再取出器械依次摆在该瓷盘内，盖上瓷盘盖或覆盖灭菌纱布，以防污染。

(2) 高压蒸汽灭菌法

①将准备好的手术器械分别用消毒巾包好，依次放入高压灭菌器的盛物桶内，放一把镊子或器械钳。

②按规定加入开水，再盖上盖，旋紧螺丝，加热，当压强升至0.15MPa（121℃）时，灭菌锅放气，开始计时，维持30min，可杀灭所有微生物。

③灭菌完毕，停止加热，待压力表上的指针降至0后，开启上盖，用器械钳取出灭菌物品，分别摆在已消毒好的瓷盘内备用。

(3) 化学药品消毒法

①新洁尔灭。可用0.1%新洁尔灭水溶液浸泡金属手术器械30min，可杀灭一般细菌；

浸泡 18h 可杀灭细菌芽孢。为防止金属手术器械生锈，可在每 1 000mL 0.1％新洁尔灭水溶液中加入 5g 亚硝酸钠作为防锈液。

②1％甲醇溶液。可用于金属器械的浸泡消毒，需浸泡 30min 以上。

（4）火焰灭菌法　此法主要用于搪瓷盘和紧急手术时的金属器械消毒。

①搪瓷盘消毒时可用镊子夹取酒精棉球点燃后，在瓷盘内全面涂擦烧烤即可。

②如用于紧急使用的金属手术器械消毒，可擦净搪瓷盘，放入器械，倒入适量 95％酒精，点燃后转动，使其均匀燃烧即可。

③待消毒的器械冷却后再使用。

技能 7.2　手术器械识别与使用

7.2.1　手术刀

7.2.1.1　用途　主要用于切开和分离组织。

7.2.1.2　类别　有固定刀柄和活动刀柄两种。活动刀柄手术刀由刀柄、刀片两部分组成，常将长刀片装置于较长的刀柄上，刀柄分 4、6、8 号（安装 19、20、21、22、23、24 号大刀片）和 3、5、7 号（安装 10、11、12、15 号小刀片）（图 7-1）。

7.2.1.3　装刀方法　用止血钳或持针钳夹持刀片装于刀柄前端的槽缝内（图 7-2）。根据不同部位、不同性质的手术，选择不同大小、不同外形的刀片及刀柄。

7.2.1.4　执刀法　运刀的姿势、动作、力量根据不同的需要分为以下几种（图 7-3）：

（1）指压式　为常用的一种方法，以手指按刀背 1/3 处，用腕和手指的力量切割。

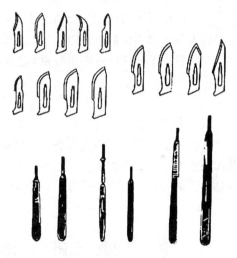

图 7-1　各种手术刀柄与刀片

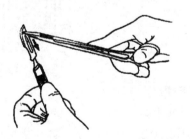 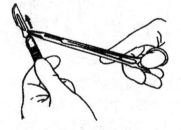

图 7-2　持针钳夹持刀片装置（左）和拆卸（右）刀片的方法

（2）执笔式　同执钢笔，力量主要在手指，适用于进行短距离精细操作，切割小伤口、分离血管及神经。

（3）全握式　力量在手腕，用于切割范围广，用力大的切口。

（4）反挑式　用刀刃将组织从内向外面挑开，以免损伤深部组织（如腹部切开）。

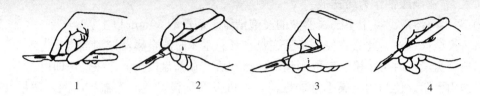

1. 指压式　2. 执笔式　3. 全握式　4. 反挑式

图 7-3　执刀法

7.2.1.5　注意事项

（1）手术过程中，不论选用何种大小和外形的刀片，刀刃都必须锐利，这样才能迅速切开组织，且不引起组织过多损伤。为此，必须注意保护刀刃，避免磕碰。使用手术刀的关键在于动作精确、力量适当。

（2）无论采用哪种执刀方式，拇指均应放在刀柄的横纹或纵槽处，食指在其他指的近刀片端，以稳住刀柄并控制刀片的方向和力量。握持刀柄的高低要适当，否则会影响操作或控制不稳。应用手术刀切开或分离组织时，除特殊情况外，一般要用刀刃突出的部分，避免用刀尖插入深层看不见的组织内，从而误伤重要的组织和器官。

（3）根据不同部位的解剖特点，适当地控制力量和深度，否则容易造成意外的组织损伤。

7.2.2　手术剪

（1）类别　有尖、钝，直、弯，长、短各型。据其用途可分为组织剪、线剪及拆线剪。

（2）用途　组织剪多为弯剪，锐利而精细，用来解剖、剪断或分离剪开组织。浅部手术操作用直剪，深部手术操作用弯剪。线剪多为直剪，用来剪断缝线、敷料、引流物等。拆线剪是一页钝凹，一页直尖的直剪，用于拆除缝线，刃较厚（图 7-4、图 7-5）。

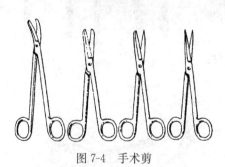

图 7-4　手术剪

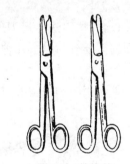

图 7-5　剪线剪

（3）使用方法　正确持剪刀法为拇指和第四指分别插入剪刀柄的两环中，中指放在第四指环的剪刀柄上，食指压在轴节处起稳定和向导作用，有利于操作（图 7-6）。

（4）注意事项　线剪与组织剪的区别在于组织剪的刃锐薄，线剪的刃较钝厚。决不能贪图方便、快捷，以组织剪代替线剪，以致损坏刀刃，造成浪费。

图 7-6　手术剪的使用方法

7.2.3 手术镊

（1）类别　根据镊的尖端形状不同可分为有齿镊和无齿镊两种，可按需要选择。

（2）用途　用于夹持、稳定或提起组织，以利于切开及缝合。有齿镊损伤性较大，主要用于夹持坚硬组织；无齿镊损伤性较小，用于夹持脆弱组织及脏器。

（3）使用方法　执镊子的方法有两种，一种是拳握式，用来夹持棉球涂擦消毒或夹持皮肤等较硬的组织；另一种是以拇指与食指、中指相对捏执镊子中段的执镊，用力稳定而灵活（图7-7）。

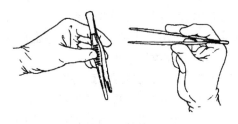

图7-7　手术镊使用方法

7.2.4 止血钳

7.2.4.1　类别　止血钳又称血管钳。血管钳结构上的不同主要是齿槽床，因手术操作需要，齿槽床分为直、弯、直角、弧形（如肾蒂钳）等，常见的有直、弯两种，还有有齿血管钳（全齿槽）、蚊式钳、弯血管钳等（图7-8）。

7.2.4.2　用途　主要用于夹住出血部位或出血点，以达到止血目的，因钳的前端平滑，易插入筋膜内，不易刺破静脉，也可用于分离解剖组织用。还可用于牵引缝线、拔出缝针，或代镊使用。无损伤血管钳：用于血管手术的血管钳，齿槽的齿较细、较浅，弹性较好，对组织的压迫作用及对血管壁、血管内膜的损伤均较轻。

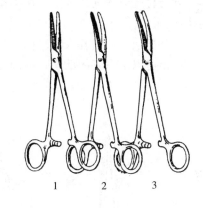

1. 直止血钳　2. 弯止血钳　3. 有齿止血钳

图7-8　不同类型止血钳

7.2.4.3　使用方法

（1）执钳法　执拿止血钳的方法同执剪法。

（2）松钳法　如用右手时，将拇指及无名指插入柄环内捏紧使扣分开，再将拇指内旋即可；如用左手时，拇指及食指持一柄环，第三、四指顶住另一柄环，二者相对用力，即可松开（图7-9）。

7.2.4.4　注意事项

（1）任何止血钳对组织都有压迫作用，只是程度不同而已，所以不宜用于夹持皮肤、脏器等脆弱组织。

（2）用于止血时止血钳尖端应与组织垂直，夹住出血血管断端，尽量少夹附近组织。

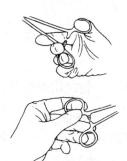

图7-9　右手及左手松钳法

7.2.5 持针钳

7.2.5.1 类别 持针钳也称持针器,分为两种,即握式持针钳和钳式持针钳。

7.2.5.2 用途 主要用于夹持缝针缝合各种组织。有时也用于器械打结。用持针器的尖夹住缝针的中、后1/3交界处为宜,多数情况下夹持的针尖应向左,特殊情况可向右,缝线应重叠1/3,且将绕线重叠部分也放于针嘴内。兽医外科临床上,握式持针钳用于大动物,钳式持针钳用于小动物。

7.2.5.3 持针钳执握方法

(1) 掌握法 也称为一把抓或满把握,即用手掌握拿持针钳。钳环紧贴大鱼际肌上,拇指、中指、无名指和小指分别压在钳柄上,后三指并拢起固定作用,食指压在持针钳前部近轴节处。利用拇指及大鱼肌和掌指关节活动推展,张开持针钳柄环上的齿扣,松开齿扣及控制持针钳的张口大小来持针。合拢时,拇指及大鱼际肌与其余掌指部分对握即将扣锁住。此法缝合稳健,容易改变缝合针的方向,缝合顺利,操作方便。

(2) 指套法 用拇指、无名指套入钳环内,以手指活动力量来控制持针钳的开闭,并控制其张开与合拢时的动作范围。用中指套入钳环内的执钳法,因距支点远而稳定性差,是错误的执法。

(3) 掌指法 拇指套入钳环内,食指压在钳的前半部做支撑引导,余三指压钳环固定于掌中。拇指可以上下开闭活动,控制持针钳的开张与合拢(图7-10)。

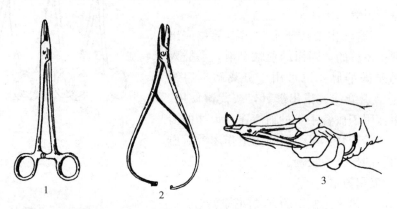

1. 钳式持针钳 2. 握式持针钳 3. 握式持针钳握持法

图7-10 持针钳

7.2.6 其他常用钳类器械

7.2.6.1 类别与用途

(1) 海绵钳(卵圆钳) 也称为持物钳。分为有齿纹、无齿纹两种,有齿纹的主要用以夹持、传递已消毒的器械、缝线、缝针、敷料、引流管等,也用于钳夹蘸有消毒液的纱布,以消毒手术野的皮肤,或用于手术野深处拭血。无齿纹的用于夹持脏器,协助暴露。换药室及手术室通常将无菌持物钳置于消毒的大口量杯或大口瓶内,内盛刀剪药液。

(2) 组织钳 又称为鼠齿钳。对组织的压迫较血管钳轻,故一般用以夹持软组织,不易滑脱,如夹持牵引被切除的病变部位,以利于手术进行,钳夹纱布垫与切口边缘的皮下组织，避免切口内组织被污染。

(3) 布巾钳　用于固定铺盖在手术切口周围的手术巾（图 7-11）。

(4) 直角钳　用于游离和绕过主要血管、胆道等组织的后壁，如胃左动脉、胆囊管等。

(5) 肠钳（肠吻合钳）　用于夹持肠管，齿槽薄，弹性好，对组织损伤小，使用时可外套乳胶管，以减少对肠壁的损伤（图 7-12）。

(6) 胃钳　用于钳夹胃以利于胃肠吻合，轴为多关节，力量大，压迫力大，齿槽为直纹且较深，组织不易滑脱。

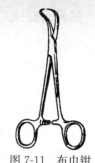

图 7-11　布巾钳

7.2.6.2　使用其他常用钳类器械注意事项

(1) 不可将其头端（即浸入消毒液内的一端）朝上放置，这样将消毒液流到柄端的有菌区域，放回时将污染头端。正常持法是头端应始终朝下。

(2) 专供夹取无菌物品，不能用于换药。

(3) 取出或放回时应将头端闭合，勿碰容器口，也不能接触器械台。

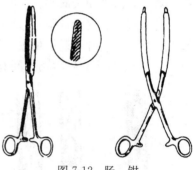

图 7-12　肠　钳

(4) 放持物钳的容器口应用塑料套遮盖。

7.2.7　牵引钩类

牵引钩也称为拉钩或牵开器，是显露手术野必需的器械（图 7-13）。

图 7-13　各种牵引钩

(1) 皮肤拉钩　为耙状牵开器，用于浅部手术的皮肤拉开。

(2) 甲状腺拉钩　为平钩状，常用于甲状腺部位的牵拉暴露，也常用于腹部手术，用于腹壁切开时的皮肤、肌肉牵拉。

(3) 钩状牵开器　用于阑尾、疝等手术，用于腹壁牵拉。

(4) 腹腔平头拉钩　为较宽大的平滑钩状，用于腹腔较大的手术。

(5) S 状拉钩：是一种如 S 状腹腔深部拉钩。使用时，应以纱垫将拉钩与组织隔开，拉力应均匀，不应突然用力或用力过大，以免损伤组织。正确持拉钩的方法是掌心向上。

(6) 自动拉钩　为自行固定牵开器，腹腔、盆腔、胸腔手术均可应用。

7.2.8 缝针与缝线

7.2.8.1 缝针 缝针是用于各种组织缝合的器械,由 3 个基本部分组成,即针尖、针体、针眼。针尖按形状分为圆头、三角头及铲头 3 种;针体有近圆形、三角形及铲形 3 种。针眼是可供引线的孔,它有普通孔和弹机孔 2 种。圆针根据弧度不同分为 1/2、3/8 弧度等,弧度大者多用于深部组织。三角针前半部为三棱形,较锋利,用于缝合皮肤、软骨、韧带等坚韧组织,损伤性较大。无论用圆针还是用三角针,原则上应选用针径较细者,其对组织的损伤较少,但有时组织韧性较大,针径过细易于折断,故应合理选用。此外,在使用弯针缝合时,应顺弯针弧度从组织拔出,否则易折断。一般多使用穿线的缝针,将线从针尾压入弹机孔的缝针,因常使线破裂、易断,且对组织创伤较大,现已少用。目前,发达国家多采用针线一体的缝合针(无针眼),这种针线对组织所造成的损伤小(针和线的粗细一致),可防止缝线在缝合时脱针,还能免去引线的麻烦。无损伤缝针属于针线一体类,可用于血管神经的吻合等。根据针尖与针眼两点间有无弧度可分为直针和弯针(图 7-14、图 7-15)。

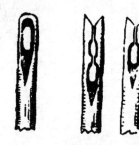

图 7-14 无损伤缝针尾部构造

图 7-15 弹机孔针尾构造

7.2.8.2 缝线

(1) 可吸收缝线类 主要为肠线和合成纤维线。

①肠线为羊的小肠黏膜下层制成。有普通与铬制两种,普通肠线吸收时间较短(4~5d),多用于结扎及皮肤缝合。铬制肠线吸收时间较长(14~21d),用于缝合深部组织。肠线属异体蛋白质,在吸收过程中,组织反应较重。因此,使用过多、过粗的肠线时,创口炎性反应明显。其优点是可被吸收,不存异物。

②合成纤维线的品种较多,如聚羟基乙酸、聚甘醇碳酸、聚乳酸羟基乙酸等。其优点是组织反应较小、吸收时间延长、有抗菌作用。

(2) 不吸收缝线类

①丝线。其优点是柔韧性高、操作方便、组织反应较小、耐高温、价格低、来源广。缺点是在组织内为永久性异物、伤口感染后易形成窦道、伤口有线头会延迟愈合、胆道缝合时易形成结石。一般该类缝线用于肠道、血管神经等的缝合,1 号丝线用于缝合皮肤、皮下组织和结扎血管等,4 号丝线用于缝合筋膜及结扎较大的血管,7 号丝线用来缝合腹膜和张力较大的伤口组织。

②不锈钢丝。用来缝合骨、肌腱、筋膜、减张缝合或口腔内牙齿固定。

③尼龙线。组织反应小,且可以制成很细的线,多用于小血管缝合及整形手术。用于小血管缝合时,常制成无损伤缝合线。缺点是线结易松脱,且结扎过紧时易在线结处折断,因此不适于有张力的深部组织的缝合。

④切口黏合材料。

外科拉链：主要用于皮肤的关闭，最大优点是切口内无异物。

医用黏合剂：可分为化学性黏合剂和生物性黏合剂，前者有环氧树脂、丙烯酸树脂、聚苯乙烯和氰基丙烯酸酯类等；后者有明胶、贻贝胶和人纤维蛋白黏合剂等，主要用于皮肤切口、植皮和消化道漏口的黏合。使用时将胶直接涂擦在切口创缘，加压拉拢切口即可。

技能 7.3 麻醉技术

7.3.1 局部麻醉

7.3.1.1 常用局部麻醉药

（1）盐酸普鲁卡因 为临床上常用的局部麻醉药，其特点为毒性小，对感觉神经亲和力强，使用安全，药效迅速，注入组织后1～3min即可发挥麻醉作用，但是药效维持时间短，一般在45～60min，其渗透组织的能力弱，一般不作表面麻醉。在临床上盐酸普鲁卡因常用0.5%～1%溶液作浸润麻醉；用2%～5%溶液作传导麻醉；用2%～3%溶液作脊髓麻醉；用4%～5%溶液作关节腔封闭麻醉。临床上为了延长局部麻醉药的作用时间，减少创口出血，降低组织对局部麻醉药吸收过多、过快，常在每250～500mL局部麻醉药中加入0.1%肾上腺素溶液1mL，以延长局部麻醉药的作用时间。

（2）盐酸利多卡因 其特点为麻醉强度与毒性在1%浓度以下与普鲁卡因相似，2%浓度的麻醉强度提高2倍，具有较强的穿透性和扩散性，作用时间快、持久，可维持1h以上，对组织无刺激性，但毒性较普鲁卡因稍大。临床上盐酸利多卡因也可用作多种局部麻醉，用2.5%溶液作表面麻醉，用2%溶液作传导麻醉，用0.25%～0.5%溶液作浸润麻醉，用2%溶液作硬膜外腔麻醉。

（3）盐酸丁卡因 局部麻醉作用强、迅速、穿透力强。常用于表面麻醉，其毒性较普鲁卡因强12～13倍、麻醉效果强10倍。0.5%溶液用于角膜麻醉，1%～2%溶液用于口鼻黏膜麻醉。

7.3.1.2 局部麻醉方法

（1）表面麻醉 利用麻醉药的渗透作用，使其透过黏膜而阻滞浅在神经末梢的功能，称为表面麻醉，如口鼻、直肠的黏膜麻醉。

（2）浸润麻醉 沿手术切口线皮下注射或部分分层注射局部麻醉药，阻滞神经末梢的功能，称为浸润麻醉。常用0.25%～1%普鲁卡因。注射方法：先将针头插至所需深度，然后一边拔针一边推药液（图7-16、图7-17）。麻醉方式有：直线浸润麻醉、菱形浸润麻醉、扇

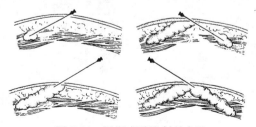

图7-16 浸润麻醉注射的方法

图7-17 直线浸润麻醉

形浸润麻醉、基部和分层浸润麻醉等（图7-18至图7-20）。

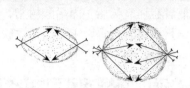

图7-19 基部浸润麻醉

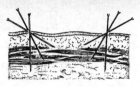

图7-20 分层浸润麻醉

图7-18 菱形浸润麻醉（左）和扇形浸润麻醉（右）

（3）传导麻醉 在神经干周围注射麻醉药，使神经干所支配的区域失去痛觉，称为传导麻醉。传导麻醉的特点是使用麻醉药药量少，产生区域较大的麻醉效果，常用2％利多卡因或2％～5％普鲁卡因，药的浓度和用量与麻醉效果成正比（图7-21）。

（4）脊髓麻醉 将局麻药注射到脊髓椎管内，阻滞脊神经的传导，使其所支配的区域无痛觉，称为脊髓麻醉。兽医临床上多数采用硬膜外腔麻醉，医学上还有蛛网膜下腔麻醉。脊髓麻醉有3个注射部位：一是第1、2尾椎间隙，二是荐骨与尾椎间隙，三是腰、荐椎间隙。第一处操作最方便，确定第1、2尾椎的方法：一手将动物的尾巴上下晃动，另一手指端抵于动物尾根背部中线，可探知尾根固定和活动

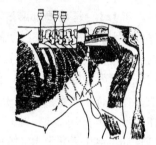

图7-21 腰旁神经干传导麻醉

部分的横沟，即为第1、2尾椎间隙，在横沟与中线交点处进针（图7-22、图7-23）。消毒术部，以45°～60°角进针3～4cm即可刺入硬膜外腔。进针时可感觉到刺破弓间韧带至坚硬尾椎骨体，稍退针头，无回血即可注射药液。若位置正确，药液注入应无过大阻力。根据注射剂量大小可分为前位硬膜外腔（药量大，向前扩散至第2荐神经或更前方，动物常站立不稳或倒地）和后位硬膜外腔（药量小，仅使注射部位少数神经根麻醉，动物常维持站立状态）。常用于难产、尾部、会阴、直肠、膀胱等的手术，例如，牛的硬膜外腔麻醉可用2％普鲁卡因10～15mL；利多卡因5～10mL；猪和羊的硬膜外腔麻醉多选用荐尾椎间隙或腰荐椎间隙，可用3％普鲁卡因3～5mL或1％～2％利多卡因2～5mL。前位硬膜外腔可用3％普鲁卡因，最多不超过10mL。

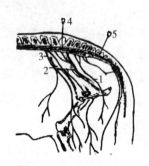

1.阴部神经 2.坐骨神经 3.股神经 4.腰荐间隙硬膜外腔麻醉 5.荐尾椎间隙硬膜外腔麻醉

图7-22 脊髓麻醉及相关神经分布示意

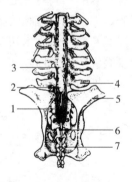

1.尾椎 2.脊髓圆锥 3.脊髓 4.最后腰椎横突 5.髋结节 6.第1尾椎 7.第2尾椎

图7-23 脊椎结构

7.3.2 全身麻醉

7.3.2.1 全身麻醉

（1）吸入麻醉 麻醉药经呼吸道吸入，进入血循环，作用于中枢神经系统而产生麻醉作用者，称为吸入麻醉。常用的吸入麻醉药有乙醚、氟烷、安氟醚、异氟醚及氧化亚氮等。

（2）非吸入麻醉 非吸入麻醉的给药途径有多种，如静脉内注射、皮下注射、肌内注射、腹腔注射、口服给药及直肠灌注等。其中，静脉内给药方法因作用迅速、确实，在兽医外科临床上占有重要地位。非吸入麻醉药有非巴比妥类的水合氯醛、隆朋（麻保静）、氯胺酮、速眠新（846合剂），以及巴比妥类的硫喷妥钠、戊巴比妥钠等。

7.3.2.2 注意事项

（1）麻醉前，应进行健康检查，了解动物整体状态，以便选择适宜的麻醉方法。若全身麻醉则动物要绝食，牛应绝食 24~36h，停止饮水 12h，以防麻醉后发生瘤胃臌气，甚至误咽和窒息。

（2）麻醉操作要正确，严格控制药量。麻醉过程中要随时观察动物，监测动物的呼吸、循环、反射功能以及脉搏、体温变化，发现不良反应，要立即停药，以防动物中毒。

（3）麻醉过程中，药量过大，动物出现呼吸、循环系统机能紊乱，如呼吸浅表、间歇呼吸、脉搏细弱、瞳孔散大等症状时，要及时抢救。可注射安钠咖、樟脑磺酸钠、氧化樟脑等中枢兴奋剂，若呼吸停止，可打开口腔，以每分钟 20 次的频率拉舌或压迫胸壁进行人工呼吸，促使其恢复呼吸。一般情况下，静脉注射麻醉剂发生中毒很难解救，临床上务必谨慎。

（4）麻醉后，动物开始苏醒时，其头部常先抬起，护理员应注意保护，以防摔伤或致脑震荡。开始挣扎站立时，应及时扶持其头颈并提尾抬起后躯，至自行保持站立时为止，以免发生骨折等损伤。寒冷季节，当麻醉伴有出汗或体温降低时，应注意保温，防止动物感冒。

技能 7.4 组织切开技术

7.4.1 皮肤切开法

皮肤活动性比较大，切开时易造成皮肤和皮下组织切口不一致。为了防止这一现象发生，在皮肤做切口时，术者应用拇指和食指将皮肤向切口两侧撑紧，或与助手用手共同固定在预定切口两侧的皮肤，称紧张皮肤切开法（图7-24）。下刀时，先用刀尖在切口上角垂直刺透皮肤，然后刀刃倾斜约 45°，按预定方向、大小，一刀切透皮肤直至切口下角，然后刀刃与皮肤垂直提出（图7-25），防止切口两端成斜坡，或多次切开而使切口成锯齿状，造成不必要的皮肤损伤，以致影响创口愈合。

（1）皱襞切开 在切口的下面有大血管、大神经、分泌管和重要器官，而皮下组织甚为疏松时，为了使皮肤切口位置正确而不误伤其下面组织，术者和助手应在预定切线的两侧，用手指或镊子提拉皮肤呈垂直皱襞，并进行垂直切开。

（2）皮下疏松结缔组织的分离 皮下结缔组织内分布着许多小血管，故用钝性分离，先将组织刺破，再用手或器械分离。

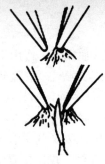
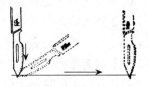

图 7-24 紧张皮肤切开法（左）和皱襞切开法（右）　　　图 7-25 皮肤切开运刀方法

（3）筋膜　为防止筋膜下血管、神经受到损伤，应先用镊子将筋膜提起切一个小口。用弯止血钳伸入切口，分离膜下组织和筋膜的联系，然后用手术剪剪开。

（4）肌肉分离　一般沿肌纤维方向作钝性分离，先剪一个沿纤维方向的小切口，然后用止血钳、刀柄等作钝性分离至所需要的长度，但在紧急情况下或肌肉较厚并含有大量腱质时，切开分离。横过切口的血管可用止血钳钳夹或用细缝线从两端结扎后，从中间将血管切断（图 7-26）。

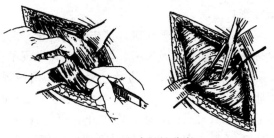

图 7-26　肌肉钝性分离

7.4.2　腹膜切开法

腹膜切开时，为了避免伤及内脏，可用组织钳或止血钳提起腹膜做一小切口，利用食指和中指或有钩探针引导，再用手术刀或剪分割（图 7-27）。

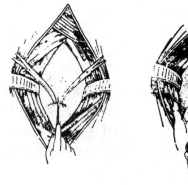
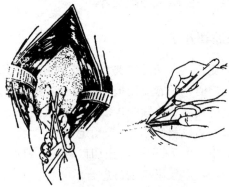

图 7-27　腹膜切开法

7.4.3　注意事项

（1）切口部位要适当，应靠近病变部位，以最短的距离达到手术区，以尽快显露病变组织或器官。

（2）切开组织必须整齐，力求一次切开，避免出现锯齿状切口，两侧创缘要能密切接触，以利于缝合和愈合，肌肉不要横断，尽可能按皮肤纹理和肌纤维方向分层切开，并沿组织间隙分离。

（3）组织切开时用分层切开法，不损伤大血管、神经以及腺体的输出管，以免影响术部机能。

（4）切口部位要选择在健康组织上，坏死组织及被感染的组织要切除干净。二次手术避免在伤疤上做切口，否则影响愈合。

（5）切口要确保创液及渗出物顺利排出。

（6）在分离骨组织前，先要分离骨膜，尽可能地保存其健康部位，以利于骨组织愈合。

技能 7.5　止血技术

7.5.1　全身预防性止血法

（1）肌内注射维生素 K 注射液，以促进血液凝固，增加凝血酶原。牛用量 10～20mg，猪、羊用量 2～10mg。

（2）肌内注射安络血注射液，以增强毛细血管的收缩力，降低毛细血管渗透性。牛用量 30～60mg，猪、羊用量 5～10mg。

（3）肌内注射止血敏注射液，以增强血小板机能及结合力，减少毛细血管渗透性。牛用量 1.25～2.5g，猪、羊用量 0.25～0.5g。

7.5.2　局部预防止血法

7.5.2.1　肾上腺素止血　应用肾上腺素作局部预防性止血，常配合局部麻醉药进行，一般是在每 1000mL 普鲁卡因溶液中加入 0.1% 肾上腺素溶液 2mL，利用肾上腺素收缩血管的作用，减少手术局部出血，其作用可维持 20min 至 2h，但手术局部有炎症病灶时，因高度的酸性反应，可减弱肾上腺素的作用。此外，在肾上腺素作用消失后，小动脉管扩张，若血管内血栓形成不牢固，可能会发生二次出血。

7.5.2.2　止血带止血　适用于四肢、阴茎和尾部手术，可暂时阻断血流，减少手术中的失血，有利于手术操作。用橡胶管、绷带等紧缠于手术部位的近心端，以暂时阻止血液循环，达到止血的目的。

（1）棉布类止血带止血法　在伤口近心端，用绷带、带状布条或绳索等，勒紧止血。一般常用于外伤时现场紧急止血。

（2）橡皮止血带止血法　将橡皮止血带适当拉紧（以远端脉搏即将消失为度），拉长绕肢体 2～3 周。其保留时间为 2～3h，冬季为 40～60min，如果手术不能在使用止血带的时间内完成，应将其松开 10～30s，然后重新捆扎。松开止血带时应缓慢，宜采用多次"松—紧—松—紧"的方法，切忌一次松开。

（3）充气式气压止血袋止血法　先绑扎气压止血袋，为防止松动，可外加绷带绑紧一周固定；气压止血袋绑扎妥当后抬高肢体；用驱血带由远端向近端拉紧、加压缠绕；缠绕驱血带后向气压止血袋充气并保持所需压力；松开驱血带。

7.5.3 手术过程中止血法

7.5.3.1 机械止血法

（1）**压迫止血** 是用纱布或泡沫塑料压迫出血部位，以清除术部血液，辨清出血组织和出血处，以便采取止血措施。在毛细血管渗血和小血管出血时，压迫片刻，出血即可自行停止。为了提高压迫止血的效果，可选用温生理盐水、1%~2%麻黄碱、0.1%肾上腺素、2%氯化钙溶液浸湿的纱布挤干后压迫止血。在止血时，只能按压，不可擦拭，否则会损伤组织或使血栓脱落。

（2）**钳夹止血** 利用止血钳最前端夹住血管的断端，钳夹方向应与血管垂直，钳住的组织要少，不可大面积钳夹。

（3）**钳夹结扎止血** 是常用而可靠的基本止血法，多用于较大血管出血的止血，其方法有两种：

单纯结扎止血：用丝线绕过止血钳所夹住的血管及少量组织而结扎（图7-28、图7-29）。在结扎时，由助手放开止血钳的同时收紧结扣，过早放松，血管可能会脱出，过晚放松，则结扎住钳头不能收紧。

贯穿结扎止血：持结扎线用缝针穿过所钳夹组织（勿穿透血管）层进行结扎。常用的方法有"8"字缝合结扎及单纯贯穿结扎两种（图7-30）。贯穿结扎止血的优点是结扎线不易脱落，适用于大血管或重要部分的止血，在不易用止血钳夹住的出血点，不能用单纯结扎止血，而宜采用贯穿结扎止血的方法。

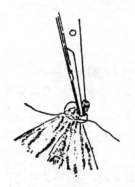
图7-28 结扎止血

图7-29 双结扎止血

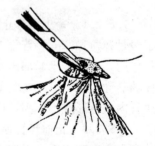
图7-30 贯穿结扎止血

7.5.3.2 填塞止血
在深部大血管出血，一时找不到血管断端，钳夹或结扎止血困难时，用灭菌纱布塞紧于出血创腔或解剖腔内，压迫血管断端达到止血的目的。填入纱布止血时，要将出血创腔填满，以便有足够的压力压迫血管断端。填塞止血留置的敷料通常在18~48h后取出。

7.5.3.3 烧烙止血法
用于弥漫性出血，如羔羊断尾、去角、大家畜火骟等。用电烙铁或普通烙铁通过高温使血管断端收缩止血。

技能 7.6 缝合技术

7.6.1 缝合打结

7.6.1.1 结的种类 见图 7-31。

（1）方结 又称平结，是手术中最常用的一种，用于结扎较小的血管和各种缝合时的打结，不易滑脱。

（2）三叠结 又称加强结，是在方结的基础上再加一个结，较为牢固。但遗留于组织中的结扎线较多。三叠结常用于有张力的部位的缝合。

（3）外科结 打第 1 个结时绕两次，使摩擦面增大，故打第 2 个结时不易滑脱和松动。此结牢固可靠。多用于大血管、张力较大的组织和皮肤的缝合。

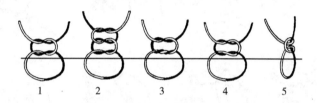

1. 方结 2. 三叠结 3. 外科结 4. 假结 5. 滑结

图 7-31 打结的种类

7.6.1.2 打结方法

（1）单手打结法 适合于各部的结扎，是最常用的打结方法。打结时，一手持线，另一手打结，主要为拇指、食指、中指三指。凡"持线""挑线""钩钱"等动作必须运用手指末节近指端处，才能做到迅速有效。拉线作结时要注意线的方向。如用左手打结，右手所持的线要短些，具体步骤见图 7-32。

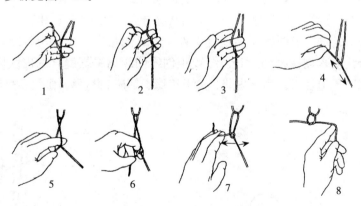

图 7-32 单手打结法（1～8 为打结顺序）

（2）双手打结法 此法适用于深部组织的结扎和缝合。双手打结方法较单手打结法复杂，具体步骤见图 7-33。

（3）器械打结法 用于深部创口或线头较短而无法徒手打结时进行打结。用持针钳或止血钳打结（图 7-34）。

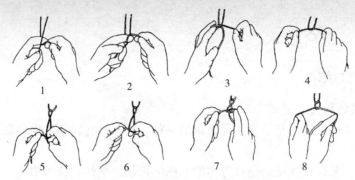

图 7-33 双手打结法（1~8 为打结顺序）

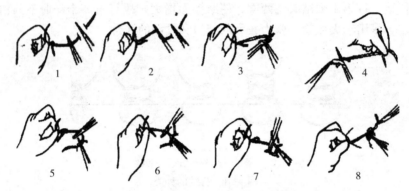

图 7-34 器械打结（1~8 为打结顺序）

7.6.2 软组织缝合

7.6.2.1 对接缝合

（1）单纯间断缝合 又称结节缝合，是最古老、最常用，操作容易、迅速的缝合方法。包括结节缝合、减张缝合、"8"字缝合、纽扣状缝合等（图 7-35 至图 7-38）。缝合时，将缝针引入 15~20cm 缝线，于创缘一侧垂直刺入，于对侧相应部位穿出打结，每缝一针，打一次结。该缝合法要求创缘密切对合。缝线距创缘的距离根据缝合的皮肤厚度决定。在切口一侧打结，以防压迫切口。用于皮肤、皮下组织、筋膜、黏膜、血管、神经、胃肠道等的缝合。

图 7-35 结节缝合　　　　　　　　　图 7-36 减张缝合

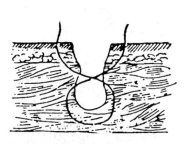
图 7-37　"8"字缝合

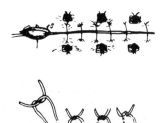
图 7-38　纽扣状缝合

（2）单纯连续缝合　包括螺旋缝合、锁扣缝合（图 7-39、图 7-40），是用一条长的缝线自始至终连续地缝合一个创口，最后打结。第一针和打结操作同结节缝合，以后每缝一针以前，对合创缘，避免创口形成皱褶，使用同一缝线以等距离缝合，拉紧缝线，最后留下线尾，在一侧打结。常用于有弹性、无太大张力的较长创口。用于皮下组织、筋膜、血管、胃肠道缝合。

图 7-39　螺旋缝合

图 7-40　锁扣缝合

（3）表皮下缝合　适用于小动物表皮下缝合（图 7-41）。在切口一端开始缝合，缝针刺入真皮下，再翻转缝针刺入另一侧真皮，在组织深处打结。应用连续水平褥式缝合平行切口。最后缝针回转刺向对侧真皮下打结，埋置在深部组织内。一般选择可吸收性缝合材料。

图 7-41　表皮下缝合法

（4）压挤缝合法　用于肠管吻合的单层间断缝合法，是犬、猫肠管吻合很好的缝合方法，也可用于大动物肠管吻合（图 7-42、图 7-43）。缝针刺入浆膜、肌层、黏膜下层和黏膜层进入肠腔。在越过切口前，从肠腔再刺入黏膜到黏膜下层、越过切口转向对侧，从黏膜下层刺入黏膜层进入肠腔。在同侧从黏膜层、黏膜下层、肌层到浆膜刺出肠表面。将两端缝线拉紧、打结。这种缝合使浆膜、肌层对接，黏膜、黏膜下层内翻，通过肠组织本身组织的相互压挤，可防止液体泄漏，使肠管密切对接，还可保持正常的肠腔容积。

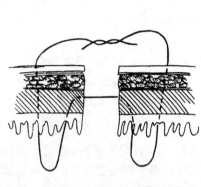

图 7-42　压挤缝合模拟图

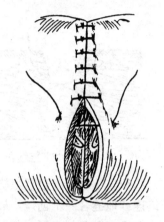

图 7-43　压挤缝合

（5）十字缝合　从第一针开始，缝针从一侧到另一侧做结节缝合，第二针平行第一针从一侧到另一侧穿过切口，缝线的两端在切口上交叉形成 X 形，拉紧打结。用于张力较大的皮肤缝合（图 7-44）。

（6）连续锁边缝合法　这种缝合方法与单纯连续缝合基本相似。缝合时每次将缝线交锁。此种缝合能使创缘闭合良好，并使每一针缝线在进行下一次缝合前就加以固定。多用于皮肤直线形切口及薄且活动性较大的部位缝合（图 7-45）。

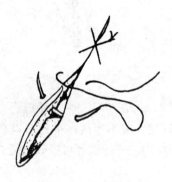

图 7-44　十字缝合

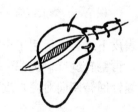

图 7-45　连续锁边缝合法

7.6.2.2　内翻缝合　用于胃肠、子宫、膀胱等空腔器官的缝合。

（1）伦勃特氏缝合法　是胃肠手术的传统缝合方法，又称垂直褥式内翻缝合法。分为间断与连续两种，常用的为间断伦勃特氏缝合法。

①间断伦勃特氏缝合法。缝线分别穿过切口两侧浆膜及肌层即行打结，使部分浆膜内翻对合，用于胃肠道的外层缝合（图 7-46）。

②连续伦勃特氏缝合法。于切口一端开始先做一浆膜肌层间断内翻缝合，再用同一缝线做浆膜肌层连续缝合至切口另一端。其用途与间断内翻缝合相同（图 7-47）。

图 7-46　间断伦勃特氏缝合法

（2）库兴氏缝合法　又称连续水平褥式内翻缝合法。这种缝合法从伦勃特氏连续缝合演变来，缝合方法是于切口一端开始先做一浆膜肌层间断内翻缝合，再用同一缝线平行于切口做浆膜肌层连续缝合至切口另一端。适用于胃、子宫浆膜肌层缝合（图 7-48）。

图 7-47　连续伦勃特氏缝合法

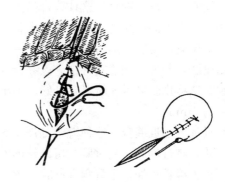

图 7-48　库兴氏缝合

（3）康乃尔氏缝合法　这种缝合法与连续水平褥式内翻缝合法相同，仅在缝合时缝针要贯穿全层组织，将缝线拉紧时肠管切面即翻向肠腔（图 7-49）。多用于胃、肠、子宫壁缝合。

（4）荷包缝合　即做环状的浆膜肌层连续缝合。主要用于胃肠壁上小范围的内翻缝合，如缝合小的胃肠穿孔。此外，还用于胃肠、膀胱等造引流固定的缝合方法（图 7-50）。

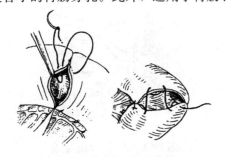

图 7-49　康乃尔氏缝合

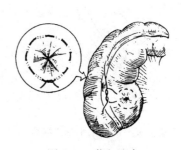

图 7-50　荷包缝合

7.6.2.3　张力缝合

（1）间断垂直褥式缝合　间断垂直褥式缝合是一种张力缝合。针刺入皮肤，距离侧缘约 8mm，创缘相互对合，越过切口到相应对侧刺出皮肤。然后缝针翻转在同侧距切口约 4mm 处刺入皮肤，越过切口到相应对侧距切口约 4mm 处刺出皮肤，与另一端缝线打结。该缝合要求缝针刺入皮肤时只能刺入真皮下，接近切口的两侧刺入点要接近切口。这样皮肤创缘对合良好，不能外翻。缝线间距为5mm（图7-51、图7-52）。

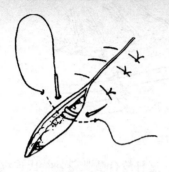

图7-51　间断垂直褥式缝合

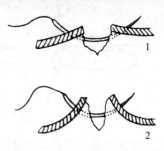

1. 正确缝合位置　2. 不正确缝合位置
图7-52　间断垂直褥式缝合的位置

（2）间断水平褥式缝合　这种缝合如图7-53所示。间断水平褥式缝合是一种张力缝合。特别适用于牛和犬的皮肤缝合。针刺入皮肤，距创缘2～3mm，创缘相互对合，越过切口到对侧相应部位刺出皮肤，然后缝线与切口平行向前约8mm，再刺入皮肤，越过切口到相应对侧刺出皮肤，与另一端缝线打结。该缝合要求缝针刺入皮肤时，要刺在真皮下，不能刺入皮下组织。这样皮肤创缘才能对合良好，不出现外翻。根据缝合组织的张力，每个水平褥式缝合间距为4mm。

（3）近远—远近缝合　这种缝合如图7-54所示，是一种张力缝合。第一针接近创缘垂直刺入皮肤，越过创底，到对侧距切口较远处垂直刺出皮肤。翻转缝针，越过创口到第一针刺入侧，距创缘较远处，垂直刺入皮肤，越过创底，到对侧距创缘近处垂直刺出皮肤，与第一针缝线末端拉紧打结。

图7-53　间断水平褥式缝合

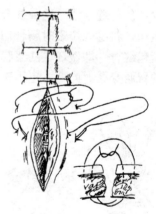

图7-54　近远—远近缝合

7.6.3　剪线与拆线

7.6.3.1　剪线

（1）应用　将缝合或结扎后残留的缝线剪除，一般由助手操作完成。

（2）方法　术者结扎完毕后，将双线尾提起略偏向术者的左侧，助手将剪刀微张开，顺线尾向下滑动至线结的上缘，再将剪刀向上倾斜45°左右，然后将线剪断。

7.6.3.2 拆线

（1）应用 拆线是指拆除皮肤创口的缝线。

（2）方法 先用碘酒消毒创口、缝线及创口周围皮肤，然后用手术镊轻轻提起线结稍向外牵拉，使埋在组织内的缝线露出针孔外，用剪刀剪短，抽出缝线（图7-55）。针孔再次涂碘消毒。

7.6.3.3 注意事项

（1）为防止结扣松开，必须在结扣外留一段线头，丝线留1～2mm，肠线及尼龙线留3～4mm。细线可留短些，粗线留长些；深部留短些，浅部留长些；结扣次数多的可留短，次数少可留长些；重要部位应留长。剪线应在明视下进行，可单手或双手完成剪线。

（2）拆除缝线的时间可根据创口愈合的情况而定：一般愈合良好的创口在手术后7～8d拆除缝线；如果动物营养不良、贫血或缝合部位活动性较大，创口呈紧张状态等，则可适当延长拆线时间，但创伤已经化脓或创缘已被缝线撕断，起不到缝合作用时，可根据创伤治疗需要随时拆除全部缝线。

1. 提起结扣 2. 正确地剪断露出组织内的缝线 3. 抽出缝线

图7-55 拆 线

技能 7.7 包扎

7.7.1 认识包扎材料及其应用

7.7.1.1 敷料
常用敷料有纱布、海绵纱布及棉花。

（1）纱布 纱布要求质软、吸水性强。多选用医用的脱脂纱布。根据需要剪叠成不同大小的纱布块。纱布块四边要光滑、没有脱落棉纱，并用双层纱布包好，经高压蒸汽灭菌后备用。用以覆盖创口、止血、填充创腔和吸液。

（2）海绵纱布 是一种多孔皱褶纺织品，一般是棉制的，质地柔软，吸水性比纱布好，其用法同纱布。

（3）棉花 选用脱脂棉花。棉花不能直接与创面接触，应先放纱布块，棉花放在纱布上。为此，常可预制成棉垫，即在两层纱布间铺一层脱脂棉，再将纱布四周毛边向棉花折转，使其成方形或长方形棉垫，大小则按需要制作。棉花也是四肢骨折外固定的重要敷料。使用前应高压灭菌。

7.7.1.2 绷带
多由纱布、棉布等制作成圆筒状，故又称卷轴绷带，用途最广。另外，还有复绷带、石膏绷带等其他绷带，其临床用途及制作材料也不相同。

（1）纱布绷带 是临床上常用的绷带，有多种规格。长度一般6m，宽度有3cm、5cm、

7cm、10cm、15cm等规格。纱布绷带质地柔软,压力均匀,价格便宜,但在使用时容易起皱、滑脱。

(2) 棉布绷带 用本色棉布按上述规格制作。因其质地厚实,故坚固耐洗,施加压力后不变形、不断裂,常用以固定夹板和肢体。

(3) 弹力绷带 是一种弹性网状织品,质地柔软,包扎后有伸缩力,常用于烧伤、关节损伤等的包扎。此种绷带不与皮肤、被毛粘连,故拆除时动物无不适感。

(4) 胶带 目前多数胶带是多孔的,能让空气进入其下层纱布、创面,有利于伤口愈合。我国目前多用布制胶带,故也称胶布或橡皮膏。使用胶带时胶带难以撕开,需用剪刀剪断。通常局部剪剃被毛,盖上敷料后,再用胶布条粘贴在敷料及皮肤上将其固定;也可在使用纱布或棉布绷带后,再用胶带缠绕固定。

7.7.2 包扎法

7.7.2.1 基本包扎方法 包扎时,一般以左手持绷带的开端,右手持绷带卷,以绷带的背面紧贴肢体表面,由左向右缠绕。第一圈缠好之后,将绷带的游离端反转盖在第一圈绷带上,再缠第二圈压住第一圈绷带。然后根据需要进行不同形式的包扎法缠绕。无论采用何种包扎法,均应以环形开始并以环形终止。包扎结束后将绷带末端剪成两条打个半结,以防撕裂。最后打结于肢体外侧,或以胶布将末端加以固定(图7-56)。

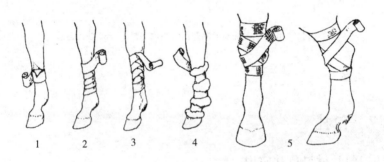

1. 环形包扎法 2. 螺旋形包扎法 3. 折转包扎法
4. 蛇形包扎法 5. 交叉包扎法

图 7-56 卷轴绷带的基本包扎法

(1) 环形包扎法 用于其他形式包扎的起始和结尾,以及用于系部、掌部、跖部等较小创口的包扎。方法是在患部将卷轴带以环形缠绕数圈,每圈盖住前一圈,最后将绷带末端剪开打结或以胶布加以固定。

(2) 螺旋形包扎法 以螺旋形自下向上缠绕,每后一圈遮盖前一圈的1/3~1/2。用于掌部、跖部及尾部等的包扎。

(3) 折转包扎法 又称螺旋回反包扎法,用于上粗下细径圈不一致的部位,如前臂和小腿部。方法是由上向下做螺旋形包扎,每一圈均应向下回折,逐圈遮盖上圈的1/3~1/2。

(4) 蛇形包扎法 又称蔓延包扎法。斜行向上延伸,各圈互不遮盖。用于固定夹板绷带的衬垫材料。

(5) 交叉包扎法 又称"8"字形包扎法。用于腕、跗、球关节等部位,方便关节屈曲。包扎方法是在关节下方做一环形带,然后在关节前面斜向关节上方,做一圈环形带后再斜行经过关节前面至关节下方。如上操作至患部完全被包扎住，最后以环形带结束。

7.7.2.2 各部位包扎法

（1）蹄包扎法　方法是将绷带的起始部留出约20cm作为缠绕的支点，在系部做环形包扎数圈后，绷带由一侧斜经蹄前壁向下，折过蹄尖经过蹄底至踵壁时与游离部分扭缠，以反方向由另一侧斜经蹄前壁做经过蹄底的缠绕。同样操作至整个蹄底被包扎，最后与游离部打结固定于系部。为防止绷带被污染，可在其外部加上帆布套（图7-57）。

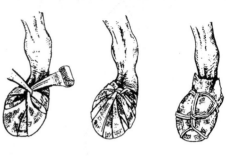

图7-57　蹄包扎法

（2）蹄冠包扎法　包扎蹄冠时，将绷带两个游离端分别卷起，并以两头之间背部覆盖于患部，包扎蹄冠，使两头在患部对侧相遇，彼此扭缠，以反方向继续包扎。每次相遇均行相互扭缠，直至蹄冠完全被包扎为止。最后打结于蹄冠创伤的对侧，如图7-58所示。

（3）角包扎法　用于角壳脱落和角折。包扎时先用一块纱布盖在断角上，用环形包扎固定纱布，再用另一角作支点，以"8"字形缠绕，最后在健康角根处环形包扎打结，如图7-59所示。

（4）尾包扎法　用于尾部创伤或用于后躯，以及肛门、会阴部施术前、后固定尾部。先在尾根做环形包扎，然后将部分尾毛折转向上做尾的环形包扎后，将折转的尾毛放下，做环形包扎，目的是防止包扎滑脱。如此反复多次，用绷带做螺旋形缠绕至尾尖时，将尾毛全部折转做数圈环形包扎后，绷带末端通过尾毛折转所形成的圈内，如图7-60所示。

图7-58　蹄冠包扎法

图7-59　角包扎法

图7-60　尾包扎法

7.7.3　复绷带

复绷带是按动物体一定部位的形状缝制的具有一定结构、大小、双层的盖布，在盖布上缝有若干布条以便打结固定。复绷带虽然形式多样，但都要求简便、固定确实。常用的复绷带见图7-61。

7.7.4　石膏绷带装置与拆除方法

7.7.4.1　石膏绷带的装置方法
石膏绷带用于治疗骨折时，可分为无衬垫和有衬垫两种。操作时逐个将石膏绷带卷轻轻横放到盛有30～35℃温水的桶中，使整个绷带卷被淹没。

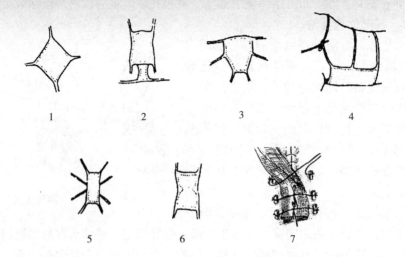

1. 眼绷带 2. 前胸绷带 3. 背腰绷带 4. 腹绷带 5. 喉绷带 6. 鬐甲绷带 7. 结系绷带

图 7-61　复绷带

待气泡出完后，两手握住石膏绷带圈的两端将其取出，用两手掌轻轻对挤，除去多余水分。从病肢下端先做环形包扎，后做螺旋包扎向上缠绕，直至预定部位。每缠一圈绷带，都必须均匀涂抹石膏泥，使绷带紧密结合。骨的突起部，应放置棉花垫加以保护。石膏绷带上下端不能超过衬垫物，并且松紧适宜。根据伤肢重力和肌肉牵引力的不同，可缠绕6～8层（大动物）或2～4层（小动物）。包扎最后一层时，必须将上下衬垫向外翻转，包住石膏绷带边缘，最后表面涂石膏泥，数分钟后即可成型。犬、猫石膏绷带应从第二、四指（趾）近端开始（图 7-62）。

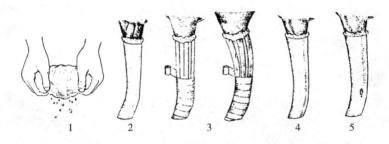

1. 捏去石膏绷带圈中的多余水分 2. 包扎好的石膏绷带 3、4. 石膏夹板绷带 5. 窗形石膏绷带

图 7-62　石膏绷带的包扎

兽医临床上有时为了加强石膏绷带的硬度和固定作用，可在卷轴石膏绷带缠绕后的第3～4层（大动物）或第1～2层（小动物）暂停缠绕，修整平滑并置入夹板材料，使之成为石膏夹板绷带。

7.7.4.2　石膏绷带的拆除　应根据不同的动物和病理过程来确定拆除石膏绷带的时间。一般大动物为6～8周，小动物3～4周，如遇下列情况，则应提前拆除或拆开另行处理：

(1) 石膏夹内有大出血或严重感染。

(2) 患病动物出现原因不明的高热。

(3) 包扎过紧，肢体受压，影响血液循环。此时患病动物表现不安，食欲减少，末梢部肿胀，蹄（指）变凉。

（4）肢体萎缩，石膏夹过大或严重损坏失去其固有作用。

如出现上述症状，应立即拆除重新包扎。

拆除石膏绷带的方法：石膏绷带干燥后十分坚硬，拆除时多用专门工具，包括锯、刀、剪、石膏分开器（图7-63）。先用热醋、双氧水或饱和食盐水在石膏夹表面画好拆除线，使之软化，然后沿拆除线用石膏刀切开或用石膏剪逐层剪开。

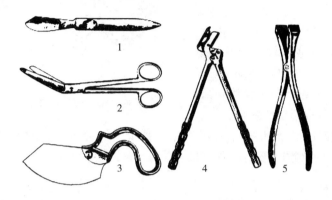

1. 石膏刀　2. 石膏剪　3. 石膏手锯　4. 长柄石膏剪刀　5. 石膏分开器

图 7-63　石膏绷带拆除工具

技能 7.8　临床常用外科手术

7.8.1　气管切开术

7.8.1.1　保定　患病动物可于柱栏内站立保定，头部要可靠固定，颈部稍抬高、伸直，也可侧卧保定。

7.8.1.2　麻醉　切口部分做菱形皮下浸润麻醉。在皮下组织和肌肉下的深肌膜内注入2％普鲁卡因 30～40mL。

7.8.1.3　手术部位　手术切口位置在颈腹侧中线上 1/3 段与中段交界处。此处有两侧胸头肌与肩胛舌骨肌共四条肌肉，构成一菱形区域。在此区域内，气管与表面皮肤之间只隔着左、右两条薄的胸骨甲状舌骨肌，气管位置浅，是手术最安全的区域。

7.8.1.4　手术方法　术部做剃毛、消毒等常规处理，在颈部正中线做5cm左右的切口，切开皮肤及皮下组织，钝性分离左右两条胸骨舌骨甲状肌和气管周围结缔组织。用扩创钩将切口向两边拉开，充分显露气管，彻底止血。按照气管切开手术要求及气管导管的大小，在第 3～5 气管环间纵行切开气管深筋膜和气管环。气管创缘如有出血，应立即压迫止血，防止血液流入气管内。然后插入气管套管，保持气道通气。在切除软骨环时，若有软骨和组织碎片，必须用镊子夹住，以免落入气管内，引起气管堵塞和窒息。气管切开后，正确插入气管导管，并用绷带将其固定好，或将可固定的气管导管缝合固定于切口上。如没有气管导管，可采用气管软骨撑开法，即把气管纵向切开 3～4 个软骨环，让切开的软骨一端连着气管上，另一端游离，然后用一根小木棍把前后两软骨环撑开，用丝线固定好，使气管切口保持扩张通气状态（图7-64）。

7.8.1.5 术后护理

（1）应密切注意术部气管套管的通畅性，如有分泌物，应立即清除。常用棉花拭子和抽吸法保持气管湿润。

（2）一旦气管通气功能恢复，原发病治愈，就可拔除气管套管。实施上呼吸道手术的动物，多数在术后24～48h拔管。严重病例可延长数日或数周。套管拔除前，术者用手捂住套管外口，如动物鼻道呼吸正常，即可拔除套管。套管拔除后，创口做一般处理，争取第二期愈合。

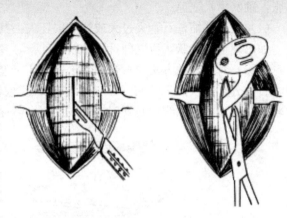

图7-64 气管切开与气管导管插入

7.8.1.6 适应证 气管切开术常用于鼻骨骨折、气管阻塞、咽喉水肿、喉囊积脓等上呼吸道疾病引起的严重呼吸困难及窒息。

7.8.2 开腹术

7.8.2.1 保定 根据不同疾病的不同手术目的和手术的操作难易，采用站立、侧卧或仰卧保定。

7.8.2.2 麻醉 小动物可采用全身麻醉，大动物可采用腰旁传导麻醉，必要时可配合盐酸氯丙嗪肌内注射。

7.8.2.3 手术部位 一般根据手术的目的和要求选择开腹术切口部位，部位的选择也与动物种类有关。常用手术部位有侧腹壁切开法（图7-65）、下腹壁切开法两种。

（1）侧腹壁切开法 主要用于肠堵塞、肠扭转、肠变位、肠套叠等的治疗，其切口部位是：

①进行小肠、小结肠手术时，切口部位在左髂区，定位方法是由髂结节到最后肋骨水平线的

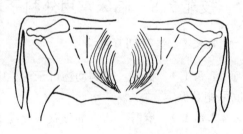

图7-65 牛左、右腹侧壁切口部位

中央点，向下做一20～25cm的切口。依据手术目的不同，切口位置可稍有变化，以利于手术进行。

②进行右侧的盲肠手术时，切口在与左侧上述切口位置相对的右髂区由髂结节到最后肋骨水平线的中央点，向下做一20～25cm的切口。根据手术目的不同，切口位置可稍有变化，但总的原则是切口尽可能接近患病或疑似患病器官，有利于充分显露手术器官及操作。

（2）下腹壁切开法（多用于小动物的开腹术） 依据手术目的的不同，有正中线切开法和中线旁切开法两种。

①正中线切开法。切口部位在正中腹白线上，脐的前部或后部，雄性动物在脐的前部。

②中线旁切开法。切口部位在腹白线的一侧2cm处，做一与正中线平行切口，此切口部位可不受性别限制。

7.8.2.4 手术方法 进行术部剃毛、消毒、放置创巾、麻醉等常规处理。然后按下列方法进行手术。

（1）侧腹壁切口法 在手术部位上做20～25cm的切口，并及时止血、清洁创面。然后切开皮肌、皮下结缔组织及肌膜，彻底止血，用扩创钩扩大创口，充分显露术野。按肌纤维方向在腹外斜肌或其腱膜上做一小切口，钝性分离肌肉切口，再以同样方法按肌纤维方向切开腹内斜肌及其腱膜，彻底止血、清洁创面。上述肌肉切开后，用创钩扩大创口，显露术野。接着再向深部进行手术，也按肌纤维方向切开，并钝性分离腹横肌及其腱膜。腹壁肌肉切开后，充分止血，用创钩拉开腹壁肌肉，充分显露腹膜。上述各层肌肉及其腱膜切口的大小应与皮肤切口一致，避免越来越小。切开腹膜时，要保护腹腔器官，外向式用刀切开或用剪刀剪开腹膜。然后用灭菌生理盐水浸湿的纱布衬垫整个腹壁切口，勿使肠管脱出。准备进行下一步手术。

（2）下腹壁切开法 正中线切开，按上述方法切开皮肤和皮下结缔组织，充分止血，用扩创钩扩大创口充分显露术野。然后切开腹白线，显露腹膜。切开腹膜，同样采用皱襞切开法，即先提起腹膜切个小口，插入有钩探针或镊子保护腹腔器官，外向式挑开或用剪刀剪开腹膜。

（3）中线旁切开法 按上述方法切开皮肤和皮下结缔组织，继而切开腹直肌鞘的外板，然后按肌纤维的方向用钝性分离法分离腹直肌，再切开腹直肌鞘的内板，按前述方法切开腹膜。

当腹腔切开后，可分别进行目的手术的操作。

7.8.2.5 适应证 开腹术常用于肠堵塞、肠套叠修整、肠切开术、肠吻合术，以及腹腔肝、肾、剖宫产等手术的通路或腹部疾病探查。

7.8.3 肠管手术

7.8.3.1 肠套叠整复术

（1）由助手稍微向上提起套叠肠管的远端，离开切口，术者用双手拇指和食指自套叠的远端进行均匀而轻轻地推挤（图7-66），使其逐渐复位。切不可用手硬拉，否则会因肠壁较薄或套叠较紧拉断肠管或造成肠破裂。

（2）如果推挤整复有困难，可用小指深入在套叠鞘内进行扩张紧缩环（图7-67）或滴加少量液状石蜡润滑后继续整复。

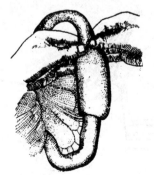

图7-66 推挤套叠远端是肠管复位

图7-67 用手指扩张紧缩环

(3) 如果整复无效，则可用剪刀剪开套叠的外层肠管（图7-68），使其复位，肠壁切口按肠壁缝合法进行双层肠壁缝合。

(4) 详细检查肠管及肠系膜，如无出血、水肿、坏死等病理变化及异常时，即可送回腹腔。

(5) 如有上述病理变化而使肠壁失去正常生理功能时，则应进行肠切除和断端吻合术。

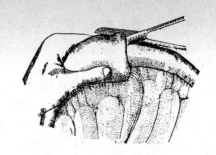

图7-68　剪开套叠肠管外层

7.8.3.2　肠管切除术　腹腔切开后，术者用手将患病肠段拉到腹壁切口之外，并在拉出的肠管下面衬垫用灭菌生理盐水浸湿的纱布，以防止切开的肠管内容物流入腹腔造成污染。在预定要切除的肠段两端距切断部1~2cm处用肠钳或纱布固定。结扎要切除的肠段的肠系膜血管，以防手术时出血。用手术剪将病变肠段剪断。接着将其相应的肠系膜做三角形剪除（图7-69），用含有青霉素的生理盐水清洗肠管断端。缝合肠管时，先将带有肠钳的两肠管断端并拢在一起固定或由助手帮助固定，按照肠断端吻合法进行双层缝合。将肠系膜并拢整齐，用螺旋缝合法缝合。最后用温生理盐水冲洗手术部肠段和肠系膜，涂以油剂青霉素后送入腹腔。

图7-69　肠系膜三角形剪除

7.8.3.3　肠管端端吻合术　肠管吻合方式有端端吻合、侧侧吻合和端侧吻合等，一般情况下多采用端端吻合。

(1) **端端吻合**　将两把肠钳靠拢，检查被吻合的肠管有无扭转。用细丝线先从肠管的系膜侧将上下两段肠管断端做一针浆肌层间断缝合以作牵引。缝时注意关闭肠系膜缘部无腹膜覆盖的三角形区域。在其对侧缘也缝一针（图7-70），用止血钳夹住这两针作为牵引，暂勿结扎。再用0号肠线间断全层缝合吻合口后壁（图7-71），针距一般为0.3~0.5cm。然后，将肠管两侧的牵引线结扎。再缝合吻合口前壁，缝针从一端黏膜入针，穿出浆膜后，再自对侧浆膜入针穿出黏膜，使线结打在肠腔内，将肠壁内翻（图7-72），完成内层缝合。

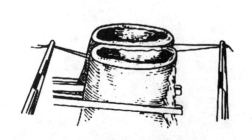

图7-70　在系膜侧及对侧缝线牵引

图7-71　后壁间断全层缝合

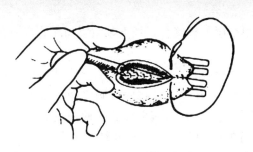

图 7-72 前壁间断全层缝合，内翻肠壁

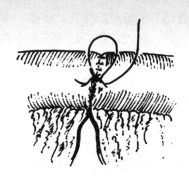

图 7-73 外层间断浆肌层缝合

取下肠钳，再进行外层（第二层）缝合。

用细丝线做浆肌层间断缝合，针距 0.3～0.5cm，进针处距第一层缝线以外 0.3cm 左右，以免内翻过多，形成瓣膜，影响肠管内容物通过（图 7-73）。在前壁浆肌层缝毕后，翻转肠管，缝合后壁浆肌层。注意系膜侧和系膜对侧缘肠管应对齐闭合，必要时可在该处加固 1～2 针，全部完成端端吻合。用手轻轻挤压两端肠管，观察吻合口有无渗漏，必要时追补数针。用拇指、食指指尖对合检查吻合口有无狭窄（图 7-74）。

取下周围的消毒巾，更换生理盐水纱布垫，拿走肠切除吻合用过的污染器械。手术人员洗手或更换手套。再用细丝线缝合肠系膜切缘，消灭粗糙面。缝合时注意避开血管，以免造成出血、血肿或影响肠管的血液循环（图 7-75）。

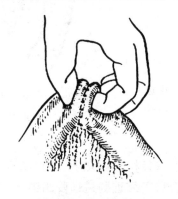

图 7-74 检查吻合口

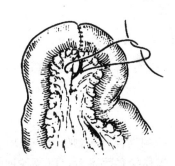

图 7-75 缝合肠系膜切缘

将缝合好的肠管放回腹腔，注意勿扭转，再逐层缝合腹壁切口。

（2）侧侧吻合　在某些肠段出现结石且无法去除或患病动物病情不允许施行肠切除时，才采用侧侧吻合。因为侧侧吻合不符合正常肠管的蠕动功能，吻合口在肠管内无内容物的情况下基本上处于关闭状态。由于两端均将环行肌切断，故吻合口段的肠管蠕动功能大为降低，排空功能不全。肠管内容物下行时往往先冲击残端，受阻后引起强烈蠕动，再自残端反流，才经过吻合口向下运行（图 7-76）。时间长久后，往往在肠管两端形成囊状扩张，进一步发展，可形成粪

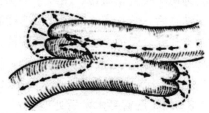

图 7-76 侧侧吻合术后，远端残端受到冲击，形成囊状扩张

团块性结石或引起肠穿孔、肠瘘，即盲袢综合征。患病动物手术后常发生贫血、营养不良，常有腹痛、腹泻症状，远期效果不良。

如做肠切除，应先将远、近肠管断端分别用全层连续缝合，加上浆肌层间断缝合闭合断端，然后进行侧侧吻合。

吻合方法为先用肠钳夹住选定拟进行吻合的两段肠管，以免切开肠壁后造成肠内容物外溢。将两钳并排安置后，在系膜对侧中线偏一侧约0.5cm处，将两段肠壁做一排细丝线浆肌层连续缝合，长约6cm（图7-77）。用纱布垫保护后，在缝线两侧，即两段肠壁的系膜对侧中线，各切开约5cm长的切口。吸尽切开部分的肠内容物，钳夹并结扎出血点。用1~0号肠线从切口一端开始做吻合口后壁全层锁边缝合，线结打在肠腔内，再转至吻合口前壁做全层连续内翻褥式缝合（图7-78），两个线头互相打结，完成吻合口内层缝合。撤除肠钳后在吻合口前壁加做一排浆肌层间断缝合（图7-79）。检查如有渗漏，应加针修补，吻合口两端可多加数针。完成吻合后，用手指检查吻合口大小是否符合要求。

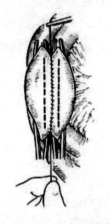

图7-77 后壁浆肌层连续缝合

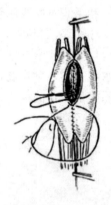

图7-78 切开肠壁后，做后壁锁边缝合和前壁全层连续内翻褥式缝合

图7-79 前壁浆肌层间断缝合

(3) 端侧吻合　端侧吻合一般用于吻合肠管上、下段口径相差悬殊时，或肠结石原因不能去除，需做捷径手术者，以及各种Y形吻合术中。吻合口需靠近肠道远段闭锁端，否则也可能引起盲袢综合征。临床上已较少应用这种吻合方式。

以回肠-横结肠端侧吻合术为例：在回肠末端拟定切断处，向肠系膜根部分离肠系膜，结扎、止血。在近端夹肠钳，远切端夹直止血钳，用纱布垫保护后切断肠管。切除右半结肠后，结肠切除端用全层连续缝合后加浆肌层连续内翻褥式缝合闭锁。回肠近侧断端消毒后，于横结肠前面的结肠带上做双层缝合的端侧吻合，缝合方法同"端端吻合"。最后，关闭肠系膜裂孔（图7-80）。

7.8.3.4 肠管手术术后处理

(1) 肠切除术后继续禁食、胃肠减压1~2d，至肠功能恢复正常为止。小肠手术后6h内即可恢复蠕动，故

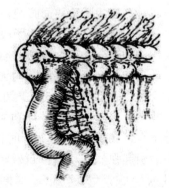

图7-80 回肠-横结肠端侧吻合术

无肠结石的动物，术后第 1 天开始饲喂少量不胀气流质饲料，逐渐加至半流质饲料。对小肠切除多者，或对保留肠管生机仍有疑问者，饲喂应延缓，需待排气、排便、腹胀消失后开始饲喂。

(2) 禁食期间，每天需输液，以补足动物生理需要和损失量。脱水和电解质平衡失调较重者，开始进食后仍应适当输液。

(3) 一般用青、链霉素控制感染，必要时可选用广谱抗生素。

(4) 术后应早活动，以预防肠粘连及肺部并发症。

7.8.3.5 注意事项

(1) 正确判断肠管的生活力　尤其是疑有大段肠管坏死时，由于留下肠管不多，必须争取保留尽可能多的肠管，因而，严格确定肠管是否坏死显得尤为重要。

判定肠管是否坏死，主要根据肠管的色泽、弹性、蠕动、肠系膜血管搏动等征象。如①肠管呈紫褐色、黑红色、黑色或灰白色；②肠壁变薄、变软、无弹性；③肠管浆膜失去光泽；④肠系膜血管搏动消失；⑤肠管失去蠕动能力。具备以上 5 点中的 3 点，经较长时间热敷或放入腹腔内或用 0.25% 普鲁卡因 15～30mL 行肠系膜封闭，而血运均无明显改善时，即属肠管坏死，应予以切除。

(2) 注意无菌操作　肠切除后目前多用开放式吻合，应注意勿使肠管内容物流入腹腔，污染切口，引起感染。吻合完毕后，应更换所用器械和手套后再行关腹操作。

(3) 决定切除范围　在准备切除前，先行全肠检查，决定切除范围，以免遗漏重要病变。

(4) 注意肠管的血液供应　肠系膜切除范围应成扇形，使与切除的肠管血液供应范围一致，吻合口部位肠管的血运必须良好，以保证吻合口愈合。

(5) 肠钳不宜夹得太紧　夹肠钳以刚好阻止肠内容物通过为度，以免造成肠壁损伤，继发血栓形成，影响吻合口愈合。以往在肠钳上套一软胶管，以图减少对肠壁的损伤，但常因此而钳夹太紧，阻断了肠管血运，反而增加损伤。肠钳位置以放置在距吻合口 3～5cm 为宜。如肠内容物不多，进行吻合时，可不用肠钳。

(6) 吻合时宜注意避免肠管扭曲　因连续全层缝合后肠管内径不易扩大，可致狭窄和通过不良，故应该用间断缝合。吻合时肠壁的内翻不宜太多，避免形成肠腔内的瓣膜。全层缝合的线头最好打 3 个结，这样可避免过早松脱。前壁缝合应使肠壁内翻，浆肌层缝合必须使浆膜面对合。不要缝得太深或太浅。吻合完毕后必须仔细检查吻合口，查看有无漏针，尤应注意系膜附着处两面及系膜对侧是否妥善对齐。

(7) 两端肠腔大小悬殊时的吻合　一种方法是将口径小的断端的切线斜度加大，以扩大其口径；另一种方法是适当调整两个切缘上缝线间距离，口径大的一边针距应宽些，口径小的一边应窄些。若差距过大，可缝闭远端，另作端侧吻合术。

(8) 开放肠端吻合　应先止血，以防止术后吻合口出血。

(9) 缝合系膜　不要扎住血管，同时也不要漏缝，以免形成漏洞，产生内疝。

7.8.4　犬胃切开术

7.8.4.1　保定　动物于手术台取仰卧保定。

7.8.4.2　麻醉　按每千克体重 0.04～0.3mL 肌内注射 846 合剂，进行全身麻醉。

7.8.4.3　确定手术部位　采取下腹部腹白线切开。一般小型犬在剑状软骨后 3cm，大

型犬在剑状软骨后4cm，向后各自切开10~15cm。

7.8.4.4 术式

（1）术部常规剪毛、剃毛、消毒处理同开腹术。

（2）在预定的切口部位沿腹中线向后切开10cm的皮肤、皮下组织，钝性分离腹直肌，并按腹膜切开法切开腹膜。

（3）取除镰状韧带并切除。打开腹腔后，腹膜下有一较发达的腹膜褶，称为镰状韧带，常妨碍手术操作，且易继发术后粘连，应予以切除。

（4）腹腔探查，找到胃并牵引至腹壁切口外，用数块温生理盐水纱布垫填塞在胃和腹壁切口之间，以抬高胃壁并将胃壁与腹腔内其他器官隔离开，以减少胃切开时对腹腔和腹壁切口的污染。

（5）确定胃壁切口、穿牵引线、切开胃壁。

①首先在胃的腹面胃大弯与胃小弯之间的预定切开线两端，用艾利氏钳夹持胃壁的浆膜肌层，或用4号丝线在预定切开线的两端，通过浆膜肌层缝合两根牵引线。

②再用手触摸胃内是否有异物，然后在胃大弯和胃小弯之间的无血管区内，纵向切开胃壁。先用外科刀在胃壁上向胃腔内戳一小口，退出手术刀，改用手术剪通过胃壁小切口扩大胃的切口。胃壁切口长度视需要而定。

（6）胃内检查，并取出少量胃内容物或异物。

①胃壁切开后应提起胃壁切口，取出胃内较多的食物，防止胃内容物溢出。

②然后进行胃腔内检查，包括胃体部、胃底部、幽门、幽门窦及贲门部。检查有无异物、肿瘤、溃疡、炎症及胃壁是否坏死。若胃内有异物，则取出异物；若胃壁发生坏死，则应将坏死的胃壁切除或对其他病变进行处理。

（7）胃壁切口的缝合。

①用生理盐水冲洗胃壁切口，清除胃壁及切口表面的血凝块和胃内容物。

②助手将胃壁切口的两创缘对齐，进行胃壁的第一层缝合，即术者用圆直针穿0号的铬制肠线或1~4号丝线进行全层连续螺旋缝合。

③用温青霉素生理盐水对胃壁进行充分冲洗，彻底清除胃壁切口缘的血凝块及污物后转入无菌手术（包括手术器械、缝合器材、手术人员等）。

④术者用1~4号丝线进行第二层的连续伦勃特氏或库兴式缝合。

⑤拆除胃壁上的牵引线或除去艾利氏钳，清理除去隔离的纱布垫后，用温青霉素生理盐水清洗胃壁后还纳入腹腔。若术中胃内容物污染了腹腔，可用温青霉素生理盐水对腹腔进行灌洗，以防感染。

⑥缝合腹壁切口。闭合腹壁切口前先清理创口，可向腹腔内撒入少量抗生素，随后以螺旋缝合法缝合腹膜，螺旋或结节缝合法分别缝合腹白线腱膜和皮下脂肪层，用结节缝合法缝合皮肤。

⑦最后整理皮肤切口，使创缘对合好，局部再次清洁、消毒后装置结系绷带保护创口。

7.8.4.5 术后护理

（1）术后24h内禁饲，不限制饮水。

（2）24h后给予少量肉汤或牛奶，术后3d可开始给予流汁或柔软易消化的食物，应少量多次喂给，逐渐恢复原饲喂量和饲喂方式。

(3) 术后4d内应适当补液,以调整或改善病犬水、电解质代谢和酸碱平衡,补充必要的营养物质。

(4) 为预防感染,术后5d内应连续使用抗生素。

7.8.4.6 适应证 犬胃切开术主要适用于犬胃内异物取出、胃内肿瘤切除、采集胃内活组织以及急性胃扩张等。

7.8.5 阉割术

7.8.5.1 小公猪去势术 见图7-81。

(1) 应用 适用于出生后1~2月龄、体重5~20kg的健康小公猪。

(2) 保定 左侧横卧保定。术者右手提猪右后肢跗部,左手捏住其右侧膝襞部,使猪左侧卧于地面,随即用左脚踏住猪颈部,右脚踏住猪尾。

(3) 术部消毒 阴囊涂擦5%碘酊,再用75%酒精脱碘。

(4) 术式

①固定睾丸。左手掌外缘将猪的右后肢压向前方,中指屈曲压在阴囊颈前部,同时用拇指及食指将睾丸固定在阴囊内,使睾丸纵轴与阴囊纵缝平行。

②切开阴囊及总鞘膜露出睾丸,切断鞘膜韧带露出精索。

③除去睾丸。左手固定精索,右手将睾丸精索扯断先后除去两侧睾丸,创口涂碘酊消毒。

1. 保定　2. 固定睾丸　3. 纵行切开阴囊　4. 摘除睾丸

图7-81　小公猪去势术

7.8.5.2 母猪卵巢摘除术

(1) 应用 适用于体重15kg以下的小母猪。

(2) 保定 采用右侧卧保定,术者左手提起猪左后肢,将猪右侧卧于地,用右脚踩住猪左侧颈部,将猪左后肢向后伸展,使其后躯转为仰卧姿势,并以左脚踩住其左后肢跗部,蹬紧固定。

(3) 术部 左手指抵于左侧荐结节,左手拇指用力下压术部腹壁,此时拇、中指正好相对,拇指按压的部位就是术部,或在左侧倒数第2个乳头外方1~2cm处(图7-82)。

(4) 手术方法 术部周围消毒后,用刀尖(可用桃形刀、鳖形刀或手术刀)刺开拇指按压部位前部皮肤,做一长0.5~1cm的纵切口,然后用刀柄或管形刀顺势插入腹

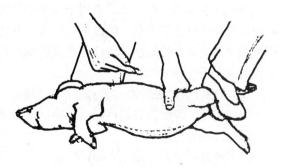

图7-82　母猪卵巢摘除术部

腔，右手拇指用力按压腹壁，子宫角常随腹水一起涌出，立即用右手捏住子宫角，以两手的拇、食指轻轻地轮流向外引导出两侧卵巢、子宫角和子宫体前部，随后用指腹搓断子宫体，除去卵巢、子宫角。切口涂碘酊，提起后肢稍稍摆动一下，即可放开。

7.8.5.3 母犬阉割术

(1) 麻醉　施行全身麻醉。

(2) 保定　一般采取右侧横卧位保定。

(3) 手术部位　由于母犬卵巢肾韧带较短，术部选择在髋结节向腹中线引一垂直线，在此线下腹部，距腹中线 2~4cm 处。

(4) 术式

①术部常规剪毛、消毒。

②沿腹白线纵行切开皮肤。

③分离皮下组织直到腹膜，提起并剪开腹膜，充分暴露腹腔。

④用食指与中指顺着腹壁进入腹腔探寻卵巢。卵巢位于第 3~4 腰椎横突下方的腰沟内，被卵巢囊所包裹。也可以先找到子宫体，再顺着子宫体找到卵巢。子宫体为一质地较硬的管状物，触摸时其手感与肠管、输尿管、血管不同。

⑤探寻到卵巢以后，屈曲指节将之夹在指腹与腹壁之间带出，尽量将卵巢牵出创口外（先剪断卵巢肾韧带），用止血钳夹住子宫卵巢韧带。

⑥只摘除卵巢时，展平子宫阔韧带，在其无血管区用小止血钳撕开一小口，贯穿两根结扎线，分别在卵巢的子宫角侧和卵巢肾韧带侧进行结扎。将结扎线小心向上轻提，先将子宫角侧结扎处与卵巢之间剪断，再将另一结扎处与卵巢之间剪断。此时，应注意观察各断端是否有出血或结扎线是否有松脱。如果没有，则切断两结扎线，摘除卵巢及卵巢囊，将组织器官复位。同法摘除另一侧卵巢。

⑦如果卵巢、子宫一并切除，则先不结扎卵巢的子宫角侧的输卵管与阔韧带，牵拉双侧子宫角显露子宫体，分别在两侧的子宫体阔韧带上穿一根线结扎子宫角至子宫体之间的阔韧带。将子宫与子宫阔韧带分离。双重钳夹子宫体，分别结扎夹钳后方的子宫体连同两侧的子宫头、静脉，于双钳之间切除子宫体，连卵巢一并摘除。除去止血钳，检查两断端是否有出血或结扎线是否松脱。

⑧常规方法闭合腹壁切口，整理创缘，安装结扎绷带。

(5) 术后护理　手术后应严密监视其全身反应。若怀疑腹腔内出血，则应采取方法证实并止血，全身用抗生素预防感染。

(6) 注意事项　母犬阉割术用于母犬的绝育，以及子宫、卵巢、输卵管等疾病的治疗，生理性绝育可只切除卵巢，但卵巢、子宫一并切除可以预防子宫发生疾病。一般的生理性绝育手术并不受犬年龄限制，但最好在其性成熟后或发情期间进行，以 6 月龄以后为宜，术前最好绝食半天。

7.8.5.4 公犬去势术　去势年龄一般在 6 月龄至 1 岁。

(1) 保定　仰卧保定，将两后肢向后外方伸展固定，充分显露阴囊部。

(2) 方法　见图 7-83。

①术部常规剪毛，用 5% 碘酊消毒。

②固定睾丸。术者左手拇指、食指从前方握住阴囊颈部，固定睾丸，

公犬去势术

并使阴囊底壁皮肤绷紧。

③切开阴囊壁，挤出睾丸。根据犬只大小及病情在阴囊最低部位的阴囊缝际向前的腹白线上切一个2~6cm切口。术者右手持刀，在睾丸最突出处，做与阴囊中缝相平行的1个或2个切口，分别挤出睾丸。

④剪开或用手撕开阴囊韧带。

⑤结扎精索，除去睾丸。助手左手抓住睾丸，右手沿精索将阴囊皮肤向腹部推靠，使精索充分显露，术者用消毒缝合线双重单结结扎精索，手拉尾线，在结后约0.3cm处剪断精索，去除睾丸。同时，用碘酊消毒断端，确认无出血时，剪断尾线，让精索端自由缩回。按同样方法，摘除另一侧睾丸。

也可用左手拇指、食指尖端在精索最细部分，不断来回推刮，直至精索刮断为止，摘除睾丸。此法一般用于幼年公犬，但术后要仔细观察是否出血。发现出血，及时处理。不必缝合阴囊切口，可在切口内撒布消炎粉，用碘酊涂擦阴囊四周，消毒切口。

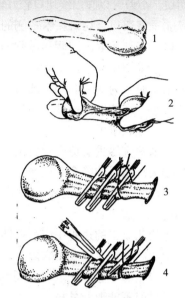

1. 阴囊壁切口　2. 撕开阴囊韧带
3. 结扎精索　4. 除去睾丸
图7-83　公犬去势操作

（3）术后护理　术后阴囊潮红和轻度肿胀，一般不用治疗。伴有泌尿道感染和阴囊切口有感染倾向者，在去势后应给予抗菌药物治疗。

（4）注意事项

①麻醉。在局部麻醉下也可以施行该手术，但术中犬会挣扎，建议用全身麻醉。

②固定睾丸。显露睾丸过程中应注意手法和固定确实。

③鞘膜切开。切开鞘膜时应注意力量适度，避免切到睾丸，以减少出血。

④显露精索。外拉和显露精索时应注意力量，既要保证充分显露精索，又要避免过度拉扯精索，以防其撕裂。

7.8.6　剖宫产术

7.8.6.1　犬剖宫产术

（1）术前准备

①手术器械、敷料的消毒与准备。

②产仔箱、保暖器材准备，以备胎儿取出时应用。

③药物准备。

清创液：冲洗创面、创腔多用灭菌的35~40℃温生理盐水或加入抗生素的温生理盐水。

腹腔内青霉素等抗生素：缝合时投放青霉素粉，作消炎抗菌之用。

催产素：催产素有收缩子宫、促使胎儿外排的作用。术后使用恰当，能帮助母犬排出子宫内残余血液、污物等。

（2）术式

①保定与麻醉。采用仰卧保定，全身麻醉配合局部麻醉。

②手术切口位置。根据具体情况可选取腹白线切口，腹白线左、右旁切口，乳腺外侧左、

右切口。小型犬以腹白线切口较好,出血少、愈合早、不易为被毛污染、创口不易被撕裂。

③子宫切口。切口在术者侧的子宫角靠近子宫体的 3~4cm 处,纵向、避开大血管做子宫切口,有利于取出同侧和对侧的胎儿,也易取出子宫体内的胎儿,切口缝合也较方便。

④手术切口大小。子宫切口大小依据胎儿大小以一手执头,或执两后肢能顺利拉出胎儿为准则,通常为 6~10cm,凡需食指、拇指用力伸入切口,强行外拉,造成切口撕裂者说明切口过小,影响取胎速度。切口过大容易引起胎水流入腹腔、缝合困难而使感染概率加大。

(3) 注意事项

①术中应尽量避免肠管脱出,并尽量减少其体外暴露时间。

②子宫切口的缝合必须严密,以免子宫内的液体流入腹腔。

③切开子宫及取出胎儿时严格防止子宫内的液体流入腹腔,以造成腹腔污染、脏器粘连。

④胎儿取出的过程中应严格防止子宫缩回腹腔。待胎儿全取出后应检查两侧子宫角内有无残留的胎水、血液及胎衣碎片,并应将其尽量排出。

⑤取胎的顺序应先取切口同侧,后取子宫体处,最后取对侧;取出胎儿时,拉头、拉后肢均可,但不能取背外拉。

⑥先取出胎儿,后清洗,要尽量母子兼顾。

7.8.6.2 牛、羊、猪剖宫产术

(1) 确定术部　牛、羊在左侧瘤胃正常穿刺点向下作垂线 17~40cm,由此开始按肋骨弓方向向前下方做 25~30cm 长切口,终点一般在 10~11 肋软骨下 8~9cm 处,羊、猪约 10cm 处。

(2) 保定　取右侧卧保定。

(3) 消毒　术部剪毛、剃毛,0.1% 新洁尔灭清洗,涂以碘酒,用酒精脱碘。一切器械均需煮沸消毒。术者手与手臂常规消毒。

(4) 麻醉　肌内注射静松灵或 846 合剂进行全身麻醉,配合局部浸润麻醉。

(5) 术式

①常规切开腹壁后用灭菌温生理盐水浸湿的大块纱布堵住切口,以防肠管、网膜脱出。

②拉出子宫。一手先伸入腹腔,向前推移盖在子宫大弯上的网膜(牛必要时切开),两手伸于子宫之下,隔着子宫壁握住胎儿的一部分,小心地将子宫大弯拉出腹壁切口。然后用大块纱布隔离腹壁切口,以防子宫切开后胎水流入腹腔。

③切开子宫。牛、羊避开胎盘纵切子宫壁,在拉出孕角子宫大弯上做一切口,切口长度以拉出胎儿为度。猪必须在子宫角基部切开,以利于拉出两子宫角内的胎儿。

④拉出胎儿。先撕破胎膜,然后握住胎儿两后肢或前肢,慢慢将其拉出,如切口长度不够,可用剪刀剪开,再拉出胎儿。

⑤剥离胎衣。猪的胎衣在取出胎儿之后,会自行脱离。牛、羊剥离胎衣费时较长,可剥离其大部,其余部分可等其自行从产道排出。

⑥子宫内放入抗生素(如土霉素 3g),以防感染。

⑦缝合子宫。用纱布彻底清拭子宫壁后,第一层用肠线或丝线进行全层连续缝合,第二层行内翻缝合。

⑧用生理盐水清洗子宫壁后还纳于腹腔,再用灭菌纱布拭去腹腔内的凝血块及血水后,

在腹腔内倒入油剂青霉素300IU。

⑨缝合。用连续缝合法缝合腹膜，撒布氨苄西林粉，结节缝合肌肉和皮肤。

（6）术后护理

①术后如动物体温下降，脉搏微弱，则应采取升温升压措施。牛可用25％葡萄糖500～1 000mL、低分子和中分子右旋糖酐各500mL、10％氯化钙100mL，加入维生素B_1 100～400mg，维生素C 0.5～4g混合静脉滴注，静脉滴注药液必须稍加温，对虚脱和休克有良好疗效。

②肌内注射青霉素300万IU、链霉素400万U，每8h注射1次，连用3d。抗生素腹腔注射，可预防腹膜炎。

③每天静脉滴注10％水杨酸钠50～150mL、40％乌洛托品20～60mL、10％氯化钙50～150mL，连用3d以预防术后败血症。

④取用复方盐水1 000mL、糖盐水1 000mL、10％维生素C 20mL混合，每天2次进行静脉滴注补液，也可静脉滴注补低分子右旋糖酐500～1 000mL。

⑤肌内注射缩宫素50～100IU或麦角新碱10～20mg，以促使子宫收缩，促进胎衣排出。

（7）适应证

①骨盆发育不全、骨折、畸形、肿瘤、交配过早等致使临产母畜骨盆狭窄。

②子宫颈狭窄无继续扩张的迹象或临产母畜子宫颈闭锁。

③胎儿过大无法拉出，胎儿畸形而难于施行截胎术；胎势、胎位、胎向严重异常而无法矫正。

④母畜妊娠期满，因患其他疾病生命垂危，必须用剖宫产术以抢救仔畜。

技能考核

理论考核

1. 外科无菌手术临床意义。
2. 局部与全身麻醉机制。
3. 组织切开、止血、缝合注意事项。
4. 包扎注意事项。
5. 气管切开术、开腹术、肠管手术、胃切开术、阉割术、剖宫产术等临床常用外科手术适应证及手术注意事项。

操作考核

1. 制订手术方案、组织手术分工、手术人员与施术动物准备、手术器械准备、消毒。
2. 手术刀、手术剪、手术镊、止血钳、持针钳及钳类器械、牵引钩类、缝针与缝线等手术器械的识别与使用。
3. 局部麻醉技术、全身麻醉技术。
4. 皮肤切开法、腹膜切开法、止血技术、缝合打结、软组织缝合、剪线与拆线。
5. 各种包扎法、复绷带、石膏绷带。
6. 气管切开术、开腹术、肠管手术、犬胃切开术、阉割术、剖宫产术。

参 考 文 献

郭定宗，2013. 兽医实验室诊断指南［M］. 北京：中国农业出版社.
李玉冰，2012. 兽医临床诊疗技术［M］. 2版. 北京：中国农业出版社.
李玉冰，2014. 兽医基础［M］. 3版. 北京：中国农业出版社.
林德贵，2012. 兽医外科手术学［M］. 5版. 北京：中国农业出版社.
沈建忠，谢联金，2000. 兽医药理学［M］. 北京：中国农业大学出版社.
唐兆新，2008. 兽医临床治疗学［M］. 北京：中国农业出版社.
谢富强，2011. 兽医影像学［M］. 2版. 北京：中国农业大学出版社.
赵德明，2005. 兽医病理学［M］. 北京：中国农业出版社.

读者意见反馈

亲爱的读者：

感谢您选用中国农业出版社出版的职业教育教材。为了提升我们的服务质量，为职业教育提供更加优质的教材，敬请您在百忙之中抽出时间对我们的教材提出宝贵意见。我们将根据您的反馈信息改进工作，以优质的服务和高质量的教材回报您的支持和爱护。

地　　址：北京市朝阳区麦子店街 18 号楼（100125）

　　　　　中国农业出版社职业教育出版分社

联系方式：QQ（1492997993）

教材名称：_____　ISBN：_____

个人资料

姓名：_____所在院校及所学专业：_____

通信地址：_____

电话：_____电子信箱：_____

您使用本教材是作为：□指定教材□选用教材□辅导教材□自学教材

您对本教材的总体满意度：

　从内容质量角度看□很满意□满意□一般□不满意

　　改进意见：_____

　从印装质量角度看□很满意□满意□一般□不满意

　　改进意见：_____

本教材最令您满意的是：

　□指导明确□内容充实□讲解详尽□实例丰富□技术先进实用□其他_____

您认为本教材在哪些方面需要改进？（可另附页）

　□封面设计□版式设计□印装质量□内容□其他_____

您认为本教材在内容上哪些地方应进行修改？（可另附页）

_____

_____

本教材存在的错误：（可另附页）

第_____页，第_____行：_____应改为：_____

第_____页，第_____行：_____应改为：_____

第_____页，第_____行：_____应改为：_____

您提供的勘误信息可通过 QQ 发给我们，我们会安排编辑尽快核实改正，所提问题一经采纳，会有精美小礼品赠送。非常感谢您对我社工作的大力支持！

欢迎访问"全国农业教育教材网"http：//www.qgnyjc.com（此表可在网上下载）

欢迎登录"中国农业教育在线"http：//www.ccapedu.com 查看更多网络学习资源

图书在版编目（CIP）数据

兽医基础 / 李玉冰，施兆红主编 . —4 版 . —北京：中国农业出版社，2019.10（2024.7重印）

中等职业教育国家规划教材　全国中等职业教育教材审定委员会审定　中等职业教育农业农村部"十三五"规划教材

ISBN 978-7-109-26105-1

Ⅰ.①兽… Ⅱ.①李… ②施… Ⅲ.①兽医学－中等专业学校－教材　Ⅳ.①S85

中国版本图书馆 CIP 数据核字（2019）第 241159 号

中国农业出版社出版

地址：北京市朝阳区麦子店街 18 号楼
邮编：100125
责任编辑：李　萍
版式设计：张　宇　　责任校对：刘丽香
印刷：北京中兴印刷有限公司
版次：2001 年 12 月第 1 版　2019 年 10 月第 4 版
印次：2024 年 7 月第 4 版北京第 4 次印刷
发行：新华书店北京发行所
开本：787mm×1092mm　1/16
印张：14
字数：315 千字
定价：36.00 元

版权所有·侵权必究
凡购买本社图书，如有印装质量问题，我社负责调换。
服务电话：010-59195115　010-59194918